P. Windisch

BASICS Vorkurs Medizin

BASICS

Paul Windisch

BASICS Vorkurs Medizin

2., korrigierte Auflage

ELSEVIER

ELSEVIER
Hackerbrücke 6, 80335 München, Deutschland
Wir freuen uns über Ihr Feedback und Ihre Anregungen an books.cs.muc@elsevier.com.

ISBN 978-3-437-42837-1
eISBN 978-3-437-09768-3

2. Auflage 2018

Wichtiger Hinweis für den Benutzer
Ärzte/Praktiker und Forscher müssen sich bei der Bewertung und Anwendung aller hier beschriebenen Informationen, Methoden, Wirkstoff e oder Experimente stets auf ihre eigenen Erfahrungen und Kenntnisse verlassen. Bedingt durch den schnellen Wissenszuwachs insbesondere in den medizinischen Wissenschaften sollte eine unabhängige Überprüfung von Diagnosen und Arzneimitteldosierungen erfolgen. Im größtmöglichen Umfang des Gesetzes wird von Elsevier, den Autoren, Redakteuren oder Beitragenden keinerlei Haftung in Bezug auf jegliche Verletzung und/oder Schäden an Personen oder Eigentum, im Rahmen von Produkthaftung, Fahrlässigkeit oder anderweitig, übernommen. Dies gilt gleichermaßen für jegliche Anwendung oder Bedienung der in diesem Werk aufgeführten Methoden, Produkte, Anweisungen oder Konzepte.

Für die Vollständigkeit und Auswahl der aufgeführten Medikamente übernimmt der Verlag keine Gewähr.
Geschützte Warennamen (Warenzeichen) werden in der Regel besonders kenntlich gemacht (®). Aus dem Fehlen eines solchen Hinweises kann jedoch nicht automatisch geschlossen werden, dass es sich um einen freien Warennamen handelt.

Bibliografische Information der Deutschen Nationalbibliothek
Die Deutsche Nationalbibliothek verzeichnet diese Publikation in der Deutschen Nationalbibliografie; detaillierte bibliografische Daten sind im Internet über http://www.dnb.de/ abrufbar.

18 19 20 21 22 5 4 3 2 1

Um den Textfluss nicht zu stören, wurde bei Patienten und Berufsbezeichnungen die grammatikalisch maskuline Form gewählt. Selbstverständlich sind in diesen Fällen immer Frauen und Männer gemeint.

Planung: Susanne Szczepanek
Gestaltungskonzept: Waltraud Hofbauer, Andrea Mogwitz, Rainald Schwarz
Projektmanagement: Elisabeth Märtz
Redaktion: Dr. Nikola Schmidt, Berlin
Herstellung: Elisabeth Märtz
Satz: abavo GmbH, Buchloe
Druck und Bindung: Drukarnia Dimograf, Bielsko-Biała, Polen
Umschlaggestaltung: Waltraud Hofbauer; SpieszDesign, Neu-Ulm
Titelfotografie: © pirke, AdobeStock.com (Skalpell); © by-studio, Fotolia.com (Pillen); © tom, Fotolia.com (Stethoskop)

Aktuelle Informationen finden Sie im Internet unter **www.elsevier.de** und **www.elsevier.com**

Vorwort

Als Schüler freut man sich, wenn man ein ungeliebtes Fach zu Beginn der Oberstufe nicht mehr belegen muss und sich auf die Dinge konzentrieren kann, die einem wirklich Spaß machen. Wenn man dann allerdings realisiert, dass einem genau dieses Fach auf dem Weg zum Mediziner wieder begegnen wird, fällt die Begeisterung eher gering aus. Auch angehende Studenten, die zunächst eine Ausbildung gemacht oder bereits gearbeitet haben, tun sich oft schwer mit den naturwissenschaftlichen Grundlagen, über die man als frischgebackener Abiturient idealerweise verfügen sollte.
Das Ziel dieses BASICS ist es, das Spielfeld so gut es geht zu ebnen: Die wichtigsten Konzepte der einzelnen Fächer werden Schritt für Schritt erarbeitet, häufige Verständnisprobleme gesondert besprochen und natürlich wird euch auch die Möglichkeit gegeben, euer Wissen zu testen. Da allerdings auch immer die Gefahr besteht, sich in Details zu verzetteln, werden weniger prüfungsrelevante Aspekte nur kurz erwähnt, wohingegen die besonders wissenswerten Fakten deutlich hervorgehoben sind.
Auf diese Weise soll jeder Student in die Lage versetzt werden, mit möglichst geringem Aufwand seine Lücken aus der Schulzeit zu schließen und so mit einem guten Gefühl in Studium und Klausuren zu gehen.
Bevor es losgeht, ein paar grundsätzliche Tipps für angehende Medizinstudenten:

- **Das dickste Lehrbuch ist nicht unbedingt das beste.** Fangt lieber mit den Grundlagen an und arbeitet euch dann weiter durch den Faktendschungel.
- **Was in der Schule funktioniert hat, muss nicht unbedingt die Ideallösung für das Studium sein.** Experimentiert mit verschiedenen Lernmethoden und vernachlässigt auf keinen Fall das Wiederholen des bereits Gelernten.
- **Es muss nicht immer die 1 sein und es gibt keinen NC für Assistenzarztstellen.** Als Mediziner könnt ihr vergleichsweise entspannt auf Jobsuche gehen. Auch bei begehrten Stellen sind Dinge wie der persönliche Eindruck, Famulaturen, experimentelle Doktorarbeiten und eure Motivation oft mindestens genauso wichtig wie eure Leistungen in den Examen.
- **Fangt früh an, euer Wissen zu testen.** Es ist nicht zielführend, erst das gesamte Lehrbuch durchzuackern, um dann zu erkennen, dass man nichts mitgenommen hat. Löst Übungsaufgaben und macht euch mit Multiple-Choice-Fragen vertraut. Nur so erkennt ihr, wo noch Nachholbedarf besteht. Außerdem ist das Kreuzen eine gute Methode, um das Gelernte zu wiederholen.
- **Es ist o.k., nicht alles zu verstehen.** Grundsätzlich ist es natürlich besser, ein Konzept wirklich zu begreifen, als nur die wichtigsten Fakten auswendig zu lernen. In einem Fach wie Medizin, in dem man im Querschnittsbereich der Naturwissenschaften arbeitet, kommt allerdings jeder Student mal an den Punkt, an dem er gezwungen ist, etwas einfach zu akzeptieren. Macht besser ein bisschen Sport, um den Kopf freizubekommen und widmet euch dem Thema noch mal, wenn euch vor der Klausur noch etwas Zeit bleibt.
- **Das Ego zurückstellen.** Wer in der Schule immer Klassenbester war, für den bedeutet das Medizinstudium in der Regel eine Umstellung. Man sollte diese neue Situation nutzen, um seine Fähigkeiten zu verbessern, es heißt schließlich nicht umsonst: „If you're the smartest person in the room, you're in the wrong room."
- **Informiert euch über Stipendien.** Es gibt mehr als ihr glaubt ... und das nicht nur für Einser-Abiturienten.

Zum Schluss fehlt noch eine Phrase wie „Habt Spaß". Allerdings kann das Studium wirklich anstrengend werden, sodass der Spaß manchmal leidet. Denkt in solchen Momenten immer daran, wieso ihr Medizin studiert und wie weit ihr es bereits geschafft habt. In diesem Sinne:

Versucht möglichst viel Spaß zu haben!

Heidelberg, im Januar 2018
Paul Windisch

PS: Wir freuen uns, dass das Buch auf reges Interesse stößt, sodass Ihr nun schon die zweite Auflage in den Händen haltet, bei der wir einige (Tipp-)Fehler der Erstauflage beseitigt haben. Falls Euch beim Lesen trotzdem etwas auffallen sollte, oder Ihr einfach mal über Eure Erfahrungen mit dem BASICS berichten wollt, setzt Euch jederzeit gerne mit uns in Verbindung!

Abkürzungsverzeichnis

a	Beschleunigung
A	Adenin
	Ampere
	Fläche oder Zerfallsaktivität
AS	Aminosäure
ATP	Adenosintriphosphat
c	Ausbreitungsgeschwindigkeit
	Wärmekapazität
C	Coulomb
	Cytosin
	Konzentration
cd	Candela
CDK	Cyclin-Dependent Kinase
D	Energiedosis
DAG	Diacylglycerin
DNA	Desoxyriblonukleinsäure
E	Feldstärke
EN	Elektronegativität
ER	endoplasmatisches Retikulum
f	Frequenz
F	Kraft
FISH	Fluorescence in situ Hybridization
g	Gramm
	Gramm Erdbeschleunigung
G	Gibbs freie Energie
	Guanin
	Leitwert
H	Äquivalentdosis
	Enthalpie
hnRNA	heterogeneous nuclear RNA
HPG	Hagen-Poiseuille-Gesetz
I	Strom
IP	isoelektrischer Punkt
J	Joule
K	Kelvin
	Gleichgewichtskonstante
l	Liter
L	Löslichkeitsprodukt
m	Masse
	Meter
M	Drehmoment
	molare Masse
mRNA	messenger RNA
MAG	Monoacylglycerin
MWG	Massenwirkungsgesetz
MZ	Massenzahl
n	Stichprobenumfang
N	Newton
ORI	Origin of Replication
OZ	Ordnungszahl
p	Druck
	Impuls
P	Leistung
PSE	Periodensystem der Elemente
Q	Wärme
R	allgemeine Gaskonstante
	Widerstand
rRNA	ribosomale RNA
s	Sekunde
	Strecke
S	Siemens
SNARE	soluble N-ethylmaleimide-sensitive-factor attachment receptor
snRNA	small nuclear RNA
SRP	Signal Recognition Particle
Sv	Sievert
T	Periodendauer
	Temperatur
	Thymin
TAG	Triacylglycerin
TIM	Translocase of Inner mitochondrial Membrane
TOM	Translocase of Outer mitochondrial Membrane
tRNA	transfer RNA
U	Spannung
	Uracil
v	Geschwindigkeit
	Reaktionsgeschwindigkeit
V	Volt
	Volumen
W	Arbeit
	Watt
Xist	X inactive specific transcript

Inhaltsverzeichnis

Mathematik

RECHNEN

1 Brüche und Prozente 2
2 Einheiten und Gleichungen 4
3 Potenzen, Logarithmen, Halbwertszeit 6

Chemie

ANORGANIK

4 Grundlagen des Atombaus 10
5 Periodensystem und Orbitalmodell 12
6 Chemische Bindungen 14
7 Intermolekulare Kräfte 18
8 Aggregatzustände und Teilchenbewegungen 20
9 Stoffumwandlungen 22
10 Thermodynamik 25
11 Kinetik 26
12 Säuren und Basen 28
13 pH, pK_s, pK_b und Pufferlösungen 31
14 Neutralisation und Titration 34
15 Redoxreaktionen 36

ORGANIK

16 Grundlagen der organischen Chemie 38
17 Alkane, Alkene und Alkine 40
18 Sauerstoffhaltige funktionelle Gruppen 44
19 Stickstoff- und schwefelhaltige funktionelle Gruppen 48
20 Stereochemie 50
21 Lipide 53
22 Aminosäuren, Peptide und Proteine 54
23 Kohlenhydrate 58
24 Nukleinsäuren 60

Biologie

ZELLBIOLOGIE

25 Zellmembran und Transportmechanismen. 64
26 Zellorganellen 68
27 Zytoskelett, Zellkontakte und Gewebe 72

GENETIK

28 Zellkern und Organisation des Chromatins 75
29 Transkription und Translation 78
30 Zellzyklus 80
31 Replikation und Mitose 82
32 Meiose, Oo- und Spermatogenese 84
33 Die Mendelschen Regeln 87
34 Erbgänge und Stammbäume 89
35 Blutgruppen 92
36 Mutationen 94

MIKROBIOLOGIE

37 Bakterien 96
38 Pilze 100
39 Viren 101
40 Prionen 104

ÖKOLOGIE

41 Grundlagen der Ökologie 105

Physik

GRUNDLAGEN

42 Einführung und Statistik 108
43 Mechanik 110
44 Flüssigkeiten 114
45 Thermodynamik und Gase 116
46 Elektrizität 118

ANGEWANDTE PHYSIK

47 Optik 122
48 Ionisierende Strahlung 124

Übungen

49 Mathematik 128
50 Chemie 129
51 Biologie 132
52 Physik 133

Anhang

53 Abbildungen 136
54 Quellenverzeichnis 138
55 Register 139

Mathematik

BASICS

Rechnen

1 Brüche und Prozente 2
2 Einheiten und Gleichungen 4
3 Potenzen, Logarithmen, Halbwertszeit 6

→ 1 Brüche und Prozente

Die gute Nachricht zuerst: Um im Medizinstudium zu bestehen, muss man kein begnadeter Mathematiker sein. Begriffe wie Integrale und Skalarprodukte sollten euch, zumindest im Physikum, erspart bleiben. Umso wichtiger ist es allerdings, die Grundlagen sicher zu beherrschen. Denn auch wenn die Mathematik normalerweise kein eigenes Prüfungsfach darstellt, werden euch Rechenaufgaben in vielen Klausuren begegnen.

Tipps zum Rechnen ohne Taschenrechner

Da ihr nun Medizin studieren wollt, kann man davon ausgehen, dass ihr mit den Begriffen Addieren, Subtrahieren, Multiplizieren und Dividieren etwas anfangen könnt. Spätestens im Physikum müsst ihr diese Rechenoperationen aber ohne Taschenrechner durchführen können und das kann, wenn man seit der 7. Klasse nicht mehr mit Stift und Papier gerechnet hat, zu Problemen führen.
Doch es gibt Hoffnung: Häufig sind die Aufgaben so konstruiert, dass man bereits durch Überschlagen zum Ziel kommt. Bevor ihr euch in großen Rechnungen verliert, versucht zunächst zu **überschlagen** – wenn ihr Glück habt, liegt nur eine Antwortmöglichkeit in der Größenordnung eures Ergebnisses. Statt 289 × 5 214 rechnet ihr also einfach 300 × 5 200.
Antwortmöglichkeiten? **Multiple-Choice-Klausuren** sind euer treuster Begleiter durchs Medizinstudium. In der Regel gibt es fünf Antwortmöglichkeiten und ihr müsst lediglich euer Kreuzchen richtig setzen. Wenn ihr bei einer Frage nicht weiterkommt, kann es sich als nützlich erweisen, das Pferd von hinten aufzuzäumen und zu schauen, ob ihr durch sinnvolle Rechenoperationen von einer der Antwortmöglichkeiten zu den Werten aus der Frage. Doch dazu später mehr.

> Auch für die Aufgabe 300 × 5 200 gilt: Beim Multiplizieren großer Zahlen nimmt man am besten erst einmal die Nullen am Ende weg, in diesem Fall sind es insgesamt vier.

Nun rechnet man 3 × 52, hängt an das Ergebnis (156) die Nullen wieder an und ist fertig:

$$300 \times 5\,200 = 1\,560\,000$$

Übrigens: Wenn ihr exakt gerechnet hättet (289 × 5 214), wäre euer Ergebnis 1 506 846, also gar nicht so weit entfernt vom Ergebnis unserer Überschlagsrechnung. Wenn die Antwortmöglichkeiten 1,5 Millionen, 3 Millionen, 5 Millionen, 10 Millionen und 12 Millionen gewesen wären, hätten wir uns mit Sicherheit richtig entschieden.
Nach einem ähnlichen Prinzip funktioniert das **Multiplizieren von Dezimalzahlen.** Angenommen, ihr müsst 5,67 × 2,04 rechnen, dann solltet ihr zunächst überschlagen. Wie wär's mit 5,60 × 2,00? Zugegeben, hier kann man ohne große Schwierigkeiten erkennen, dass die Antwort 11,2 ist. Bei komplizierteren Aufgaben kann allerdings ein Trick notwendig werden: Ihr zählt die Nachkommastellen und schaut dann, dass das Ergebnis genauso viele Nachkommastellen hat, wie beide Faktoren zusammen.

$$13{,}\mathbf{27} \times 453{,}\mathbf{7} = 6\,020{,}\mathbf{599}$$

Wenn ihr vergessen habt, wie man **schriftlich multipliziert,** solltet ihr noch mal nachschauen, wie das geht. Dann habt ihr, falls Überschlagen nicht weiterhilft, noch einen Plan B.
Manchmal kann es auch hilfreich sein, zwischen Dezimal- und Bruchschreibweise hin und her zu wechseln. Dafür muss man allerdings mit Brüchen sicher rechnen können …

Bruchrechnung

Manche Menschen werden mit Brüchen nie richtig warm. Da man aber, gerade wenn Formeln ins Spiel kommen, nicht um sie herumkommt, wollen wir in diesem Kapitel euer Wissen auffrischen.
Der Bruchstrich bedeutet nichts anderes als **„geteilt durch".** Ihr könnt also alternativ auch „/" oder „:" verwenden. Da aber aus Gründen der Übersicht der Bruchstrich oft das Mittel der Wahl bleibt, sollte man sich auch mit ihm vertraut machen.

Rechnen mit zwei Brüchen

Multiplizieren

> Brüche zu multiplizieren ist eigentlich ganz einfach: Man multipliziert **Zähler mit Zähler** (stehen über dem Bruchstrich) und **Nenner mit Nenner** (unter dem Bruchstrich).

Um sich das Ganze noch weiter zu vereinfachen, kann man u. U. kürzen, doch dazu später mehr.

$$\frac{1}{2} \times \frac{1}{3} = \frac{1}{6}$$

Dividieren

Man teilt einen Bruch durch einen anderen, indem man **mit dem Kehrwert multipliziert.**

$$\frac{4}{3} \div \frac{5}{11} = \frac{4}{3} \times \frac{11}{5} = \frac{44}{15}$$

Da der Bruchstrich eigentlich für „geteilt durch“ steht, könnte man diese Aufgabe auch so notieren:

$$\frac{\frac{4}{3}}{\frac{5}{11}}$$

Addieren/Subtrahieren

Will man Brüche addieren, muss man zunächst ihre **Nenner gleichmachen.** Im Anschluss **addiert bzw. subtrahiert man die Zähler** und behält den Nenner bei.

$$\frac{1}{5} + \frac{2}{5} = \frac{3}{5}$$
$$\frac{4}{5} - \frac{3}{5} = \frac{1}{5}$$

Wenn nun aber Brüche nicht zufällig denselben Nenner haben? Dann muss man sie gleichnamig machen – es gibt zwei Möglichkeiten:

Kürzen und Erweitern

Kürzen und Erweitern vernachlässigt man in der Schule spätestens dann, wenn man einen Taschenrechner verwenden darf. Grund genug, noch mal auf einige Aspekte einzugehen:

Beim Kürzen **teilt man Zähler und Nenner durch dieselbe Zahl.**

Dies führt dazu, dass sich Zähler und Nenner ändern, **ohne dass sich der Wert des Bruchs verändert.**

$$\frac{40}{310} = \frac{40:10}{310:10} = \frac{4}{31}$$

Kürzen solltet ihr nicht nur, wenn ihr zwei Brüche auf den gleichen Nenner bringen müsst, sondern auch bei der Multiplikation, denn dann könnt ihr mit kleineren Zahlen rechnen. Um sich zu verdeutlichen, dass man bei der Multiplikation kürzen darf, bietet es sich an, beide Faktoren auf einen Bruchstrich zu schreiben. Aber Achtung: Beim Addieren und Subtrahieren darf nicht gekürzt werden … in Summen kürzen schließlich nur die Dummen!

Beim Erweitern **multipliziert ihr Zähler und Nenner eines Bruchs mit derselben Zahl.** Das wird wichtig, wenn ihr zwei Brüche nicht durch Kürzen gleichnamig machen – also auf den gleichen Nenner bringen – könnt.

Wenn euch kein Nenner einfällt, der ein Vielfaches eurer beiden Brüche sein könnte, dann fragt euch, welche Zahl herauskommt, wenn ihr die Nenner eurer beiden Brüche miteinander multipliziert.

$$\frac{3}{7} + \frac{5}{13}$$

$7 \times 13 = 91$, wir erweitern also auf 91

$$\frac{3 \times 13}{7 \times 13} + \frac{5 \times 7}{13 \times 7}$$
$$\frac{39}{91} + \frac{35}{91} = \frac{74}{91}$$

Übrigens: Wenn ihr einen Bruch in eine Dezimalzahl umrechnen wollt, solltet ihr ihn erweitern bzw. kürzen, sodass in seinem Nenner 1, 10, 100 etc. steht.

Rechnen mit einer ganzen Zahl und einem Bruch

Wenn ihr die Regeln zum Rechnen mit zwei Brüchen verinnerlicht habt, kann euch beim Rechnen mit ganzen Zahlen nichts mehr passieren, denn ihr könnt sie jederzeit als Bruch schreiben:

$$4 \times \frac{5}{7} = \frac{4}{1} \times \frac{5}{7} = \frac{20}{7} = 2\frac{6}{7}$$

Zusammenfassung

- Beim Multiplizieren großer Zahlen nimmt man am besten erst einmal die Nullen am Ende weg.
- Um Brüche zu multiplizieren, multipliziert man Zähler mit Zähler (stehen über dem Bruchstrich) und Nenner mit Nenner (unter dem Bruchstrich).
- Man teilt einen Bruch durch einen anderen, indem man mit dem Kehrwert multipliziert.
- Beim Kürzen teilt man Zähler und Nenner durch dieselbe Zahl.
- Beim Erweitern multipliziert ihr Zähler und Nenner eines Bruchs mit derselben Zahl.

→ 2 Einheiten und Gleichungen

Die Einheiten sind beim Lösen von Gleichungen eine gute Stütze, um das Ergebnis zu überprüfen. Zudem liefern sie oftmals wertvolle Hinweise, wenn man mal nicht weiterweiß.
Bevor wir uns ans Rechnen mit Einheiten machen, sollten wir zunächst ein paar grundlegende Dinge klären.

Prozentrechnung

Das Rechnen mit Prozenten kennt man aus dem Alltag, sodass es eigentlich kein großes Problem darstellen sollte. Um auf Nummer sicher zu gehen, gibt es nun aber noch mal ein paar Tipps:

- Wenn ihr angeben müsst, wie viel 27 % von 5 321 sind, solltet ihr wissen, dass 25 % einem Viertel entsprechen. Dann könnt ihr 5 321 durch 4 teilen.
- Eine andere Methode, die bei jedem Wert funktioniert und das Wort „Prozent", also **„Hundertstel"**, wörtlich nimmt, ist die folgende: 27 % kann man auch als 27/100 schreiben. Als Erstes teilt ihr also den Ausgangswert durch Hundert. Da wir nun allerdings Meister des Überschlagens sind, teilen wir am besten 5 000 durch 100.
5 000 : 100 = 50
Nun müssen wir das Ganze mit 27 multiplizieren: 50 × 27 = 1 350
Hätten wir ohne Überschlagen gerechnet, wäre das Ergebnis:
5 321 × 0,27 = 1 436,67
Mit ein bisschen Übung funktioniert diese Technik sogar recht schnell. Zudem lässt sie sich auch für das Rechnen mit Promille (‰) verwenden. Dafür muss man im ersten Schritt allerdings durch 1 000 statt durch 100 teilen.
- Wenn man es richtig eilig hat, sollte man die Brüche bzw. Dezimalzahlen zu den gängigsten Prozenten parat haben. Die wichtigsten sind in → Tab. 2.1 zusammengetragen.
Wenn ihr nun also angeben müsst, wie viel 33 % von einer Zahl sind, teilt ihr einfach durch drei (den Nenner des Bruchs) und spart euch den Umweg über die Hundertstel.

Tab. 2.1 Wichtige Prozente und zugehörige Brüche/Dezimalzahlen

Prozent	Bruch	Dezimalzahl
100 %	1/1	1
75 %	3/4	0,75
50 %	1/2	0,5
33 %	1/3	0,33
20 %	1/5	0,2
12,5 %	1/8	0,125
10 %	1/10	0,1
5 %	1/20	0,05
1 %	1/100	0,01
0,1 % bzw. 1 ‰	1/1000	0,001

SI-Basiseinheiten

Für die Größe „Länge" existieren viele Einheiten: Manche wie „Meter" kennt mit Sicherheit jeder, während andere wie „Elle" heute kaum noch geläufig sind. Daneben gibt es aber auch noch „Zoll", „Fuß" oder „Yard".
Um etwas Ordnung in dieses Chaos zu bringen, wurde das **Système International d' Unités (SI)** geschaffen. In diesem System gibt es Basisgrößen (natürlich mit zugehörigen Basiseinheiten), aus denen sich alle anderen Größen (und auch deren Einheiten) ableiten lassen, diese findet ihr in → Tab. 2.2.
Aber was ist mit Begriffen wie „Watt", der Einheit der Leistung? Anstelle von Watt könnte man auch Joule pro Sekunde (J/s) schreiben. Und anstelle von Joule pro Sekunde kann man Watt (W) auch durch die drei Basiseinheiten kg, m und s darstellen:
$1\ W = 1\ kg \times m^2/s^3$

Tab. 2.2 SI-Basisgrößen und Basiseinheiten

Größe	Einheit	Einheitenzeichen
Länge	Meter	m
Masse	Kilogramm	kg
Zeit	Sekunde	s
Stromstärke	Ampere	A
Temperatur	Kelvin	K
Stoffmenge	Mol	mol
Lichtstärke	Candela	cd

Aus den **Basiseinheiten** des SI-Systems lassen sich alle anderen Einheiten ableiten!

Ihr solltet die sieben Basisgrößen und Einheiten **auswendig** kennen. Zudem solltet ihr euch, wenn wir uns mit der Physik befassen, merken, wie eine geläufige Einheit (z. B. Watt, Joule etc.) durch die Basiseinheiten dargestellt werden kann. Das wird insbesondere beim Rechnen mit Einheiten sehr wichtig.

Vorsätze

Da es sehr unpraktisch wäre, das Gewicht einer Zelle in Kilogramm anzugeben, gibt es Vorsätze (Präfixe), mit denen man seine Einheiten anpassen kann, damit die Zahlen, mit denen man arbeitet, handlicher werden. Eine kleine Zusammenstellung findet ihr in → Tab. 2.3.
Um beim Rechnen mit diesen Vorsätzen nicht durcheinanderzukommen, sollte man von seinem gesunden Menschenverstand Gebrauch machen:
Wenn 1 Meter 100 Zentimetern entspricht, braucht man wesentlich mehr Nanometer (die sind schließlich noch viel kleiner), um auf 1 Meter zu kommen. Stellt euch am Ende jeder Rechenaufgabe die Frage, ob euer Ergebnis „Sinn macht"!
Für eine sichere Methode zum Umrechnen von Vorsätzen müssen wir zunächst noch ein paar andere Konzepte klären.

Lösen von Gleichungen

Keine Angst vor Formeln! Wenn man ein paar Dinge verinnerlicht und jede Gleichung mit System angeht, kann eigentlich nicht viel passieren … zumal man als Mediziner meistens von schwierigen Gleichungen verschont wird.

Allgemeines

Der Begriff **Gleichung** sagt es bereits: Das, was auf der linken Seite des Gleichzeichens steht, entspricht dem auf der rechten Seite. Wir wollen uns anhand eines simplen Beispiels mit Gleichungen und Formeln vertraut machen:

$$\text{Arbeit} = \text{Kraft} \times \text{Weg}$$
$$W = F \times s$$

Wir wollen uns über die Physik zunächst keine Gedanken machen, denn sie wird uns noch im letzten Teil dieses Buches beschäftigen, sodass wir uns jetzt voll und ganz auf die Mathematik konzentrieren können.

Tab. 2.3 Wichtige Vorsätze (weniger wichtige in Klammern)

Präfix	Symbol	Faktor
Giga	G	10^9
Mega	M	10^6
Kilo	k	10^3
(Hekto)	h	10^2
(Deka)	da	10^1
–		1 (10^0)
Dezi	d	10^{-1}
Zenti	c	10^{-2}
Mili	m	10^{-3}
Mikro	µ	10^{-6}
Nano	n	10^{-9}
Piko	p	10^{-12}
Femto	f	10^{-15}
(Atto)	a	10^{-18}

Diese Formel hilft uns weiter, wenn nach der Arbeit gefragt ist und wir die „Kraft" bzw. den „Weg" kennen. Nehmen wir an, die Kraft wäre 4 Newton (N) und die Strecke 3 Meter (m), dann wäre die zu verrichtende Arbeit:

$$W = 4\,N \times 3\,m = 12\,Nm$$

Wenn man nun aber Kraft und Arbeit gegeben hätte und berechnen muss, welcher Weg zurückgelegt wird, muss man die Formel so umstellen, das der Weg (s) alleine steht (auf welcher Seite des Gleichzeichens ist egal). Dafür nutzt man bei Gleichungen ein Prinzip, das dem Erweitern und Kürzen bei Brüchen nicht ganz unähnlich ist. Beim Erweitern und Kürzen geht man davon aus, dass sich der Wert eines Bruchs nicht ändert, wenn man in Zähler und Nenner die gleiche Rechenoperation durchführt.

Bei Gleichungen muss man auf beiden Seiten des Gleichzeichens die gleiche Rechenoperation durchführen, damit sich der Wert der Gleichung nicht ändert. Man spricht dabei auch von **Äquivalenzumformungen.**

Um unsere Gleichung so umzuformen, dass s alleine steht, teilt man auf beiden Seiten durch F:

$$W = F \times s \quad |:F$$
$$W : F = F \times s : F$$

Das Ganze kann man vereinfachen zu:

$$W : F = s$$

Ein kleiner Tipp: Gerade bei komplizierteren Gleichungen fragt man sich manchmal, ob man richtig umgeformt hat. Um das zu überprüfen, muss man einfach in die ursprüngliche Gleichung Zahlen einsetzen, die die Gleichung erfüllen. In unserem Fall wäre das z. B.:

$$W = F \times s$$
$$8 = 2 \times 4$$

Wir haben also für W 8, für F 2 und für s 4 eingesetzt. Setzt man diese Zahlen in die ungeformte Gleichung ein, müsste wieder eine wahre Aussage zustande kommen.

$$W : F = s$$
$$8 : 2 = 4$$

Zugegeben, bei dieser Gleichung muss man diese Methode nicht unbedingt anwenden, aber wenn es schwieriger wird, erinnert euch an sie!

Textaufgaben

Aufstellen der Gleichung

Da die Formeln, mit denen man im Medizinstudium konfrontiert wird, i. d. R. recht simpel sind, liegt die Schwierigkeit meistens darin, aus einer Textaufgabe die nötigen Informationen zu extrahieren und die richtige Formel auszuwählen. Im Idealfall fällt euch schon beim Lesen der Aufgabe ein, welche Formel angewendet werden muss. Passiert dies nicht, braucht es einen **Plan B:**

1. Notiert **sämtliche Informationen,** die ihr der Aufgabenstellung entnehmen könnt. Also z. B.: Strecke (s) = 50 m.
2. Notiert die **Größe,** nach der gesucht wird – bei Multiple-Choice-Klausuren hilft ein Blick in die Antwortmöglichkeiten. Zum Bespiel: Arbeit (W) = ?
3. Notiert alle **Formeln,** die ihr im Kopf habt, in denen die gesuchte Größe vorkommt. Im Idealfall sollten außer der gesuchten Größe nur die bekannten Größen vorkommen, denn dann könnt ihr die Gleichung sofort lösen.
4. Findet ihr keine Gleichung, in der ihr alle Größen, außer der gesuchten kennt, wendet ihr dasselbe Prinzip für die andere fehlende Größe an. Vielleicht findet ihr ja eine Formel, mit der ihr sie berechnen könnt, sodass ihr mit dem Ergebnis die ursprüngliche Gleichung lösen könnt.

Einheiten in Textaufgaben

Folgende Hinweise helfen euch, Einheiten zu eurem Vorteil zu nutzen: Angenommen, ihr sollt in einer Aufgabe die Kraft (F) berechnen und habt die Arbeit W = 10 J und die Strecke s = 5 m gegeben.

- Als Erstes sorgt ihr dafür, dass die Einheiten der gegebenen und gesuchten Größen übereinstimmen. Dafür bietet es sich an, auf die SI-Basiseinheiten zurückzugreifen. Wenn also nach der Kraft gefragt ist (die wird in Newton [N] angegeben) und ihr u. a. die Arbeit in Joule gegeben habt, wisst ihr nicht, wie ihr durch Rechnen von der einen Größe zur anderen kommen sollt. Wenn ihr euch aber erinnert, dass man statt Joule auch Nm also Newton × Meter schreiben könnte, seid ihr schon einen Schritt weiter.
- Jetzt könnt ihr diese Aufgabe lösen, selbst wenn ihr keine Ahnung von Formeln habt. Ihr müsst lediglich schauen, wie sich die Einheit der gesuchten Kraft F aus den Einheiten der gegeben Größen erzeugen lässt. Wie könnt ihr mit Nm und m auf N kommen? Ganz einfach, durch dividieren:

$$N = \frac{Nm}{m}$$

Entsprechend rechnet ihr:

$$F = \frac{W}{s}$$

$$F = 10\frac{Nm}{5m} = 2N$$

Zusammenfassung

- Bei Rechenaufgaben reicht Überschlagen häufig aus.
- Präfixe (Mili, Mikro, Nano etc.) müsst ihr sicher beherrschen.
- Bei komplizierten Textaufgaben in Multiple-Choice-Klausuren helfen euch häufig die Einheiten der Antwortmöglichkeiten weiter.

→ 3 Potenzen, Logarithmen, Halbwertszeit

Auch anspruchsvollere Rechenoperationen, die man als Medizinstudent durchführen muss, sind kein Grund zur Sorge.

Potenzen

Potenzen bestehen aus einer Basis und einer kleinen hochgestellten Zahl, dem Exponenten. Der **Exponent** gibt an, wie oft die Basis mit sich selbst multipliziert wird:

$$2^4 = 2 \times 2 \times 2 \times 2$$

Von besonderer Bedeutung in den Naturwissenschaften sind dabei die Potenzen mit der **Basis 10,** die ihr schon in der Tabelle der Einheitenvorsätze kennengelernt habt. Damit ihr euch an diesen Anblick gewöhnt, werden sie in diesem Kapitel für die meisten Beispielaufgaben verwendet:

$$2 \times \mathbf{10^3} = 2\,000$$

Es gilt: Die Potenz wird zuerst ausgerechnet ($10^3 = 1000$), und dann wird mit 2 multipliziert. Ihr könnt euch auch einfach merken, dass der Exponent der Zehnerpotenz euch sagt, wie viele Nullen ihr an den Faktor davor anhängen müsst, um zum Ergebnis zu kommen. Was bedeutet 10^1? Die 10 wird nicht mit sich selbst multipliziert, sondern steht einfach einmal da – das Ergebnis lautet folglich 10. Was bedeutet 10^0? Wann immer der **Exponent 0** ist, ist der Wert der Potenz 1, völlig unabhängig von der Basis:

$$1^0 = 10^0 = 397^0 = 1$$

Gibt es auch **negative Exponenten?** Aber klar, in diesem Fall wandert die Basis in den Nenner eines Bruchs, der immer den Zähler 1 hat, und der Exponent wird positiv:

$$2^{-5} = \frac{1}{2^5} = \frac{1}{32}$$

Möchte man **zwei Potenzen multiplizieren,** klappt das besonders gut, wenn die Basen der Potenzen gleich sind, denn dann muss man lediglich die Exponenten addieren:

$$10^3 \times 10^5 = 10^{3+5} = 10^8$$
$$10^3 \times 10^{-5} = 10^{3+(-5)} = 10^{-2}$$

Will man zwei Potenzen mit gleicher Basis dividieren, muss man die Exponenten – Überraschung – subtrahieren:

$$10^8 : 10^5 = 10^{8-5} = 10^3$$

Müsst ihr eine **Potenz noch mal potenzieren,** multipliziert ihr die Exponenten:

$$(10^3)^2 = 10^{3\times2} = 10^6$$

Der Vollständigkeit halber: Wenn ihr eine beliebige Wurzel aus einer Potenz ziehen müsst, teilt den Exponenten durch die Wurzel. Für die „normale“ Quadratwurzel teilt ihr folglich den Exponenten durch zwei:

$$\sqrt[3]{7^6} = (7^6)^{\frac{1}{3}} = 7^{\frac{6}{3}} = 7^2$$

Das Wurzelziehen aus Potenzen sollte euch aber in den meisten Prüfungen erspart bleiben.

Sicheres Umrechnen mit Potenzen

Beim Umrechnen von Zentimeter in Meter hat normalerweise niemand Probleme. Muss man von Mikrometer in Zentimeter umrechnen, wird das Ganze schon schwieriger, und soll man Quadratmikrometer in Quadratdezimeter umrechnen, müssen die meisten Studenten erstmal länger überlegen. Damit ihr beim Umrechnen von Einheitenvorsätzen keine Punkte verschenkt, lernen wir an dieser Stelle eine Methode kennen, mit der man auch unter Druck zum richtigen Ergebnis gelangt. Unsere Aufgabe lautet, 23 Mikrometer (µm) in Zentimeter (cm) umzurechnen:

1. Schreibt euch die umzurechnende Größe auf und zwar so, dass ihr die Einheit und den Zahlenwert als Bruch darstellt:

$$\frac{23}{1}\frac{\mu m}{1}$$

2. Nun müsst ihr euch einen Bruch überlegen, der dazu führt, dass sich die „alte“ Einheit rauskürzt und nur die „neue“ Einheit stehenbleibt, wenn ihr ihn multipliziert:

$$\frac{\text{cm}}{\mu\text{m}}$$

3. Jetzt habt ihr hoffentlich im Kopf, was die Vorsilben bedeuten (falls nicht, schaut auf die Faktoren in → Tab. 2.3). Dann solltet ihr wissen, dass 1 Zentimeter 10^4 Mikrometern entspricht. Diese Zahlen schreibt ihr nun vor euren kreierten Bruch.

$$\frac{1}{10^4}\frac{\text{cm}}{\mu\text{m}}$$

4. Nun wird multipliziert und gekürzt:

$$\frac{23}{1} \times \frac{1}{10^4} \times \frac{\mu\text{m}}{1} \times \frac{\text{cm}}{\mu\text{m}}$$
$$= \frac{23}{10^4} \times \frac{\text{cm}}{1}$$
$$= 23 \times 10^{-4}\,\text{cm}$$
$$= 0{,}0023\ \text{cm}$$

Logiktest: 1 µm ist kürzer als 1 cm. Entsprechend muss unser Ergebnis in Zentimeter einen kleineren Zahlenwert haben. Wir sehen – es passt!

Jetzt fragt man sich vielleicht, ob diese umständliche Methode wirklich sinnvoll ist. Wirklich vorteilhaft wird sie v. a. bei schwierigeren Rechnungen. Angenommen, wir müssen 14 Quadratzentimeter in Quadratmikrometer umrechnen:

1. $\frac{14}{1}\frac{\text{cm}^2}{1}$
2. $\frac{\mu\text{m}^2}{\text{cm}^2}$
3. $\frac{10^4}{1}\frac{\mu\text{m}^2}{\text{cm}^2}$

4. Nicht vergessen: Die Zahlenwerte müssen noch quadriert werden:

$$\frac{\left(10^4\right)^2}{1^2}\frac{\mu m^2}{cm^2}=\frac{10^8}{1}\frac{\mu m^2}{cm^2}$$

$$\frac{14}{1}\frac{cm^2}{1}\times\frac{10^8}{1}\frac{\mu m^2}{cm^2}=14\times 10^8 \mu m^2$$

Logarithmen

$Log_2 16$ wird „Logarithmus zur Basis 2 von 16" gelesen und ist eigentlich eine Frage, die lautet: Wie oft muss man die Zahl 2 mit sich selbst multiplizieren, um auf 16 zu kommen. Oder anders geschrieben:

$$2^x = 16$$

Da ihr wisst, dass $2 \times 2 \times 2 \times 2 = 16$ ist, wisst ihr folglich auch:

$$\log_2 16 = 4$$

Im Medizinstudium müsst ihr euch v. a. mit Logarithmen zur Basis 10 befassen (z. B. beim pH-Wert), der auf dem Taschenrechner oder in Lehrbüchern gerne als **log** (ohne Basis) abgekürzt wird. Folglich gilt:

$$\log(1) = 0$$
$$\log(10) = 1$$
$$\log(100) = 2$$

Der natürliche Logarithmus wird als **ln** abgekürzt und hat als Basis die **Eulersche Zahl e** (≈ 2,718 …). Das Rechnen mit Logarithmen bleibt euch an dieser Stelle und meistens auch im Studium erspart. Logarithmen erfreuen sich allerdings großer Beliebtheit bei der **Achsenbeschriftung von Diagrammen,** in denen verschiedene Größenordnungen abgedeckt werden müssen. Die Besprechung dieser Diagramme würde allerdings den Rahmen sprengen.

Halbwertszeit

Radioaktive Stoffe zeichnen sich dadurch aus, dass sie zerfallen. Die Geschwindigkeit dieses Zerfalls ist aber von Stoff zu Stoff unterschiedlich.

Mit der Halbwertszeit gibt man die Zeit an, nach der nur noch die **Hälfte der ursprünglichen Stoffmenge** vorhanden ist.

Das hat den Vorteil, dass die Halbwertszeit für einen Stoff konstant ist, egal ob man nun 10 000 oder 10 000 000 Atome dieses Stoffs betrachtet. Da die Anzahl der Atome, die zerfallen, ebenfalls von der Anzahl der vorhandenen Atome abhängt, gilt die Halbwertszeit auch für die Zerfallsaktivität (→ Abb. 3.1) eines Stoffs.
Nach einer Halbwertszeit sind also nur noch 50 % der Atome vorhanden. Und nach einer weiteren Halbwertszeit? Ganz klar: 25 %! Weil weniger Atome vorhanden sind, nimmt die Zerfallsaktivität folglich ab. Für einen Stoff x mit einer Halbwertszeit von 10 min ergeben sich folglich die Werte aus → Tab. 3.1.

Tab. 3.1 Bei Stoff x mit Halbwertszeit von 10 min dauert es mehr als 40 min, bis die Aktivität unter 10 % gefallen ist.

Halbwertszeiten	Dauer	Teilchen/Zerfallsaktivität
0	0 min	100 %
1	10 min	50 %
2	20 min	25 %
3	30 min	12,5 %
4	40 min	6,25 %
5	50 min	3,125
6	60 min	1,5625

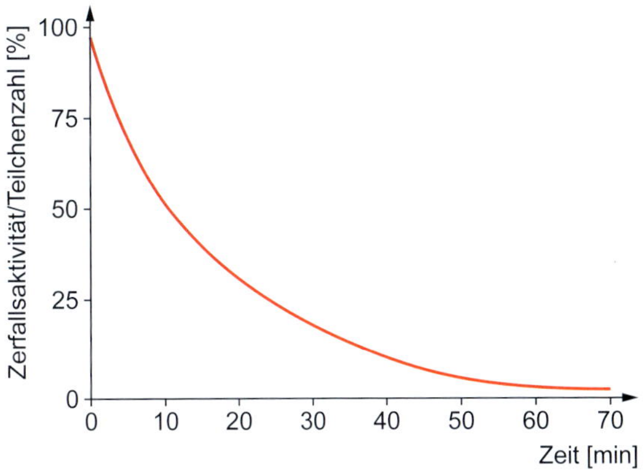

Abb. 3.1 Zerfallsaktivität/Teilchenzahl in Abhängigkeit von der Zeit für Stoff x mit einer Halbwertszeit von 10 min [L231]

Zusammenfassung

- Wenn ihr die Präfixe und das Rechnen mit Potenzen beherrscht, kann euch beim Umrechnen von Einheiten nichts passieren.
- Nach der Halbwertszeit ist nur noch die Hälfte der ursprünglichen Stoffmenge eines radioaktiven Stoffes vorhanden. Die Zerfallsaktivität hat sich ebenfalls halbiert.

Chemie

BASICS

Anorganik

4 Grundlagen des Atombaus 10
5 Periodensystem und Orbitalmodell 12
6 Chemische Bindungen 14
7 Intermolekulare Kräfte 18
8 Aggregatzustände und Teilchenbewegungen . . 20
9 Stoffumwandlungen 22
10 Thermodynamik 25
11 Kinetik 26
12 Säuren und Basen 28
13 pH, pK_s, pK_b und Pufferlösungen 31
14 Neutralisation und Titration 34
15 Redoxreaktionen 36

Organik

16 Grundlagen der organischen Chemie 38
17 Alkane, Alkene und Alkine 40
18 Sauerstoffhaltige funktionelle Gruppen 44
19 Stickstoff- und schwefelhaltige funktionelle Gruppen 48
20 Stereochemie 50
21 Lipide 53
22 Aminosäuren, Peptide und Proteine 54
23 Kohlenhydrate 58
24 Nukleinsäuren 60

→ 4 Grundlagen des Atombaus

Alle Materie besteht aus Atomen, von denen man früher dachte, dass sie unteilbar wären. Dem ist allerdings nicht so und man sollte die drei **Bestandteile eines Atoms** kennen: das **Proton,** das **Neutron** und das **Elektron.** Die weiteren kleineren Elementarteilchen sind für dieses Buch (und das Physikum) nicht relevant.

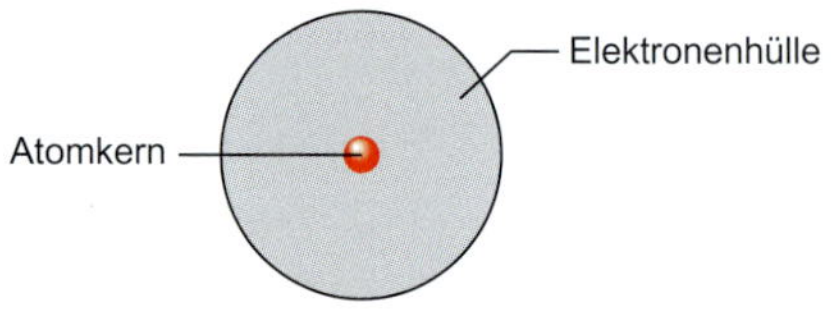

Abb. 4.1 Vereinfachtes Atom [L253]

Eigenschaften von Protonen, Elektronen und Neutronen

Masse

Die Masse eines derart kleinen Teilchens lässt sich schwer in Gramm oder Kilogramm angeben. Sie wäre so klein, dass man sich darunter wenig vorstellen könnte und die Massen der unterschiedlichen Teilchen würden sich nur schwer vergleichen lassen. Man nutzt deshalb einen Trick, der sich in den Naturwissenschaften großer Beliebtheit erfreut: Man gibt die Größe, um die es geht, in Relation zu einer bekannten Größe an (dies nennt man **relative Größe**).
Wenn man z. B. sagt, dass ein Passagierflugzeug beim Start ein Gewicht von bis zu 569 000 kg hat, würde man automatisch Bezugsgrößen suchen, um diese Zahl einordnen zu können (500 Kleinwagen, 150 Elefanten etc.).

> Ein Körper hat überall die gleiche **Masse,** egal ob auf der Erde, dem Mond oder sonst irgendwo im Weltall. Im Unterschied dazu variiert das **Gewicht,** je nachdem, wo man sich befindet (es handelt sich nämlich um die Kraft, die ein Feld, wie etwa das der Erde, auf den Körper ausübt). Die Einheiten der **Masse** sind dabei **kg, g** etc., die des Gewichts bzw. der Gewichtskraft **Newton (N).**

Wenn man also ein „Gewicht" in Kilogramm angibt, ist das streng genommen nicht korrekt. Mehr zu diesem Thema findet ihr in Lehrbüchern der Physik.
Die **relative Atommasse** funktioniert nach dem gleichen Prinzip. In Bezug, auf welche Größe sie definiert ist, kann man in umfangreicheren Lehrbüchern nachlesen ($^1/_{12}$ der Masse eines Kohlenstoff-Atoms). Es ist aber nicht essenziell für den weiteren Verlauf dieses Buches. Da sie relativ zu einer anderen Größe ist, wird keine Einheit benötigt (man spricht von einer **dimensionslosen Größe**). Selbstverständlich kann die Masse eines Atoms auch als **absolute Größe** angegeben werden und hat dann eine Einheit wie etwa Gramm oder Kilogramm. Es gibt zudem eine Einheit, die ebenfalls im Bezug zu $^1/_{12}$ der Masse eines Kohlenstoff-Atoms definiert ist, nämlich das *u* oder **Dalton.**

> Ein **Proton** und ein **Neutron** haben beide die relative **Atommasse** von **etwa 1,** während die Masse eines **Elektrons deutlich kleiner** ist (nur ein Zweitausendstel davon).

Da sich viele Studenten fragen, wie genau sie Zahlenwerte im Medizinstudium kennen müssen, werden die relevanten Zahlen in diesem Buch deutlich hervorgehoben.

Ladung

Atommodell

Was ist Ladung? Den Begriff Ladung kennt ihr aus dem Alltag. Tatsache ist, dass man Ladung schwer beschreiben kann. Man weiß allerdings:

1. Ladung ist eine Eigenschaft eines Körpers.
2. Es gibt zwei „Arten" (man nennt sie **positiv und negativ**).
3. Ladungen können unterschiedlich groß sein (z. B. –3 oder –7).
4. Geladene Körper üben Kräfte aufeinander aus: **Gleichnamige Ladungen stoßen sich ab, ungleichnamige ziehen sich an.**

Modellhaft stellt man sich das Atom als Kugel vor. Diese ist **nicht gleichmäßig von Masse erfüllt,** sondern hat einen Kern und eine Hülle (→ Abb. 4.1). Im Kern sitzen Protonen und Neutronen. Sie werden deshalb auch **Nukleonen,** also Kernteilchen, genannt. Da die Masse eines Protons bzw. eines Neutrons wesentlich größer ist als die eines Elektrons, ergibt sich daraus, dass sich **fast die gesamte Masse eines Atoms in seinem Kern konzentriert.**
In der Hülle befinden sich die Elektronen. Die Elektronenhülle ist im Vergleich zum Kern riesig, während die Elektronen nur verschwindend klein/von geringer Masse sind. Daher ist die Hülle „fast leer".

Ladung von Protonen, Neutronen, Elektronen

> **Protonen** sind **positiv** (+), **Neutronen** sind **neutral** und **Elektronen negativ** (–) geladen.

Die Einheit der Ladung ist eigentlich **Coulomb (C).** Da die Ladung eines einzelnen Protons extrem klein ist, hätte man hier wieder das gleiche Problem wie bei den Massen. Man nutzt also den gleichen Trick und verwendet **relative Ladungen.** Ein **Proton** hat hier die Ladung **+1** und ein **Elektron** die Ladung **–1.** Man erkennt: Die Ladung von Elektron und Proton ist „gleich groß", hat allerdings **unterschiedliche Vorzeichen. Folglich ziehen sich Elektronen und Protonen an,** während sie Neutronen weder abstoßen noch anziehen.
Da die Protonen positiv geladen und die Neutronen elektrisch neutral sind, ist der **Kern also insgesamt positiv geladen.** Die **Atomhülle** ist wegen der Elektronen **negativ geladen,** was erklärt, warum Hülle und Kern sich nicht (freiwillig) voneinander trennen.
Bei einem Atom **entspricht** die **Zahl der Elektronen** normalerweise der **der Protonen.** Das **Atom** insgesamt ist **also elektrisch neutral.** Hat das Atom aber aus bestimmten Gründen ein Elektron weniger, gibt es eine positive Ladung mehr als negative, sodass nun eine Nettoladung von +1 vorliegt. Man spricht in diesem Fall von einem **geladenen Teilchen,** einem **Ion.**

Wichtige Begriffe

Man kann für ein Atom die Zahl der Protonen im Kern angeben. Diese entspricht auch der **Ladung des Kerns** (ein Proton hat die Ladung +1) und wird als Ordnungszahl bezeichnet. Die Anzahl der Protonen bestimmt nämlich, um was für eine Art Atom **(Element)** es sich handelt. So haben z. B. Sauerstoff-Atome immer 8 Protonen im Kern. Dabei ist es egal, ob sie Elektronen dazubekommen oder etwa Neutronen abgeben, wichtig sind nur die Protonen. Da man nach diesem Kriterium die Atome im **Periodensystem der Elemente** anordnet, ist die Bezeichnung Ordnungszahl naheliegend (→ Kap. 5).
Massenzahl Die Massenzahl eines Atoms berechnet sich aus der **Anzahl von Neutronen und Protonen** (die Elektronen werden, da sie so leicht sind, ignoriert). In der geläufigsten Darstellungsform

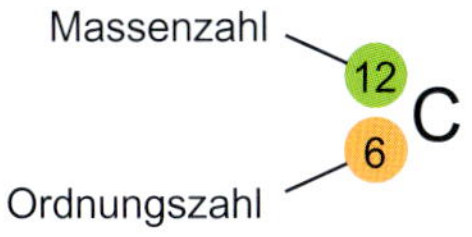

Abb. 4.2 Ordnungs- und Massenzahl beim Kohlenstoff [L253]

findet ihr immer Ordnungs- und Massenzahl an einem Elementsymbol.

> Die **Massenzahl** kann **nie kleiner als die Kernladungszahl** sein, da für die Massenzahl noch die Anzahl der Neutronen zu der der Protonen addiert wird.

Isotop Wie bereits erwähnt, kann ein Element auch über eine unterschiedliche Anzahl an Neutronen verfügen. So gibt es z. B. Kohlenstoff-Atome mit 6 Neutronen, aber auch mit 8 Neutronen. Diese Atome **mit unterschiedlicher Neutronenzahl, aber identischer Protonenzahl,** bezeichnet man als **Isotope.** Die wichtigsten solltet ihr kennen:

$$\text{Tritium } ^{3}\text{H},\ ^{14}\text{C},\ ^{32}\text{P},\ ^{123}\text{I},\ ^{133}\text{I}$$

Von den meisten Elementen gibt es viele natürlich vorkommende Isotope. Man bezeichnet sie auch als **Mischelemente.** Dies erklärt, warum im Periodensystem bei vielen Elementen die relative Atommasse eine Dezimalzahl ist. Man betrachtet die Masse der verschiedenen Isotope und gewichtet diese in Abhängigkeit von der relativen Häufigkeit, mit der sie in der Natur vorkommen. Bei dem angegebenen Wert handelt es sich also nur um einen Durchschnittswert, wobei es sein kann, dass keines der Isotope die im Periodensystem angegebene Masse besitzt. Ist dies allerdings nicht der Fall, spricht man von **Reinelementen** oder bezeichnet sie als **isotopenrein.**

Begriffe wie Isotop, Element etc. sollte man sicher definieren können, da man oftmals durch Falschantworten versuchen wird, euch zu verwirren. Zudem sollte man die unterschiedlichen „Zahlen" herleiten können.

Beispiel Wenn gesagt wird, dass ein Calcium-Ion zweifach positiv geladen ist (Ca^{2+}), die Ordnungszahl 20 und die Massenzahl 40 hat, muss klar sein: Die Ordnungszahl entspricht der Protonenzahl und der Kernladungszahl (beide 20). Die Massenzahl ist die Summe aus Protonen- und Neutronenzahl, also ist die Neutronenzahl ebenfalls 20 (40–20). Da das gesamte Teilchen zweifach positiv geladen ist, muss es 2 Protonen mehr als Elektronen geben. Folglich ist die Elektronenzahl 18 (20–2).

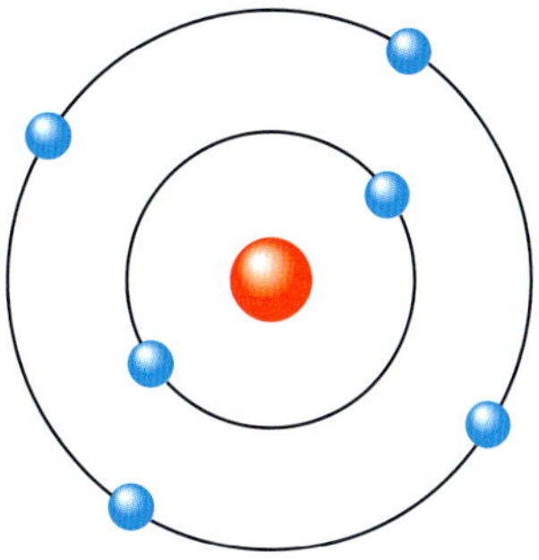

Abb. 4.3 Schalenmodell des Kohlenstoff-Atoms [L253]

Die Elektronenhülle

Die meisten von euch haben vermutlich schon einmal vom **Orbitalmodell** gehört, das benutzt wird, um die Position von Elektronen in der Hülle eines Atoms zu beschreiben. Um die für euch wichtigen Zusammenhänge herleiten zu können, ist es allerdings bereits ausreichend, sich mit einer stark vereinfachten Form zu befassen, die zwar dem Physiker Tränen in die Augen treibt, aber dem Mediziner zum Bestehen der Klausur verhilft:

Die Elektronen in der Hülle eines Atoms kreisen auf **Schalen** um den Kern (→ Abb. 4.3). Es sollte nachvollziehbar sein, dass die Elektronen einen bestimmten **Energiegehalt** haben müssen, um nicht „in den Kern zu stürzen" (da sich positive und negative Ladungen anziehen).

Damit haben die Elektronen, die ihre Bahnen mit der größten Distanz zum Kern ziehen (also weiter außen liegen), die größte Energie, da die Anziehungskräfte offensichtlich nicht groß genug sind, um sie näher an den Kern zu ziehen.

Die Schalen werden vom Kern ausgehend entweder mit Buchstaben benannt (K, L, M, N, O etc.) oder durchnummeriert (1, 2, 3, 4 etc.). Gewinnt ein Elektron an Energie, kann es seine Bahn verändern und nun etwa näher an einer energiereicheren Schale verlaufen. Man bezeichnet ein solches Elektron als **angeregt,** wobei bei der Rückkehr in den **Grundzustand** ein bestimmter Betrag an Energie frei wird. Da alle Elektronen negativ geladen sind, stoßen sich mehrere Elektronen prinzipiell ab, somit kann eine Schale nicht mit unendlich vielen Elektronen besetzt werden. Man erhält die Anzahl der Elektronen, die maximal auf einer Schale sitzen können, indem man die **Nummer der Schale erst mit sich selbst und dann mit 2 multipliziert ($2n^2$).**

> Eine kleine Gedankenstütze: Man sieht den inneren Schalen bereits an, dass sie, da sie vergleichsweise klein sind, weniger Elektronen aufnehmen können. Die **kleinste** Schale heißt passenderweise **K**-Schale. Danach geht es alphabetisch weiter.

Zusammenfassung

- Atome bestehen aus Protonen, Elektronen und Neutronen.
- Ist ein Atom geladen, spricht man von einem Ion.
- Elektronen organisieren sich in Form von Schalen.

Periodensystem und Orbitalmodell

Um die unterschiedlichen Elemente systematisch betrachten zu können, ist es hilfreich, sie zu gruppieren. Diese Systematik ist im **Periodensystem der Elemente (PSE)** verwirklicht (Anhang, → Abb. 53.1).

Prinzipien der Ordnung

Grundsätzlich sind die Elemente nach aufsteigender Ordnungszahl geordnet. Dazu sollte man wissen, dass v. a. die **Valenzelektronen** (die Elektronen, die bei einem Atom auf der äußersten Schale liegen) die chemischen Eigenschaften des Elements bestimmen. In einer **Gruppe** des PSE (Spalte, von oben nach unten) haben alle Elemente die **gleiche Anzahl an Valenzelektronen** und zeigen somit ein **ähnliches Verhalten** (man gibt Gruppen deshalb zusätzlich zu ihrer Nummer auch noch Namen, z. B. Gruppe 8 – die Edelgase).

Da die Protonenzahl der Elektronenzahl entspricht, hat z. B. Kohlenstoff (OZ: 6) auch ein Elektron mehr als Bor (OZ: 5). Wo kommt dieses zusätzliche Elektron hin? Grundsätzlich werden die Schalen **von innen nach außen** mit Elektronen besetzt. Sobald eine Schale vollständig ist (Wie lässt sich noch gleich die maximale Anzahl berechnen?), wird die nächste gefüllt. Allerdings gibt es auch Elemente, bei denen dies nicht zutrifft. So wird z. B. die 3. Schale erst vollständig besetzt, nachdem bereits 2 Elektronen in der 4. Schale platziert wurden. Elemente, bei denen nicht die äußerste Schale besetzt wird, bezeichnet man als **Nebengruppenelemente.** Sie haben alle **1 oder 2 Valenzelektronen** und werden euch v. a. als Spurenelemente im menschlichen Körper begegnen.

Bei den **Hauptgruppen entspricht die Zahl der Valenzelektronen der Nummer der Gruppe.** Man sieht bereits: **Ein Element strebt i. d. R. nach 8 Valenzelektronen.**

Die Zeilen von rechts nach links bezeichnet man als **Periode.** Innerhalb einer Periode **verändern sich die chemischen Eigenschaften,** da sich die Zahl der Valenzelektronen ändert. Die Elemente einer Periode besitzen alle die **gleiche Anzahl an Schalen.** So haben die Elemente der 4. Periode alle 4 Schalen.

Diese Inhalte werden i. d. R. nicht gezielt abgefragt, allerdings sind sie als Grundlage essenziell. Also lohnt sich gründliches Lesen. In diesem Sinne könnt ihr mal ins Periodensystem (Anhang, → Abb. 53.1) schauen und überlegen:

- Wie viele Valenzelektronen hat Sauerstoff?
- Welche Elemente haben die meisten Valenzelektronen?
- Warum befinden sich in der ersten Periode nur zwei Elemente?

Oktettregel

Warum streben Elemente nach 8 Valenzelektronen? Weil ein Atom mit 8 Valenzelektronen sich in einem Zustand befindet, der energetisch sehr günstig ist. Da ein Atom immer bestrebt ist, einen energetisch günstigen Zustand zu erreichen, ist es nun stabil und reagiert nicht weiter. Daraus ergibt sich zudem, dass die Elemente der **8. Hauptgruppe, die Edelgase,** äußerst **reaktionsträge** sind.

> Das Bestreben, 8 Valenzelektronen zu bekommen, also **Edelgaskonfiguration** zu erreichen, bestimmt das **Verhalten eines Stoffes** in chemischen Reaktionen.

So werden die Elemente der 6. und 7. Hauptgruppe **versuchen, 2 bzw. 1 Elektron für sich zu beanspruchen,** um Edelgaskonfiguration zu erreichen. Da es für die Elemente der 1. und 2. Hauptgruppe und der Nebengruppen (alles, was links im PSE steht) zu schwer wäre, bis zu 7 Elektronen aufzunehmen, verfolgen diese eine andere Strategie: Sie **geben alle Elektronen ihrer äußeren Schale ab,** sodass die nächst-innere nun zur äußersten Schale wird. Da diese i. d. R. mit 8 Elektronen besetzt ist, ist nun Edelgaskonfiguration erreicht. Dies gilt allerdings nicht für Lithium oder Wasserstoff (OZ: 1 bzw. 3), sie streben nach der Edelgaskonfiguration des Helium, also 2 Elektronen auf der innersten (und dann auch einzigen) Schale.

Alle Elemente ab der 3. Periode können als Bestandteil chemischer Verbindungen sogar **mehr als 8 Valenzelektronen** für sich beanspruchen, man spricht von einer **Oktettaufweitung ab der 3. Periode.**

Sauerstoff befindet sich in der 6. Hauptgruppe, hat also 6 Valenzelektronen. Könnte er also 2 Elektronen „aufnehmen", hätte es Edelgaskonfiguration.

Selbstverständlich ist das Streben nach Edelgaskonfiguration kein bewusster Vorgang, sondern beruht auf den physikalischen Gesetzmäßigkeiten, denen die Atome unterworfen sind.

Atomradien

Der Atomradius bezeichnet die Distanz vom Kern eines Atoms bis zu einem beliebigen, möglichst weit entfernten Punkt in seiner Hülle.

Wie verhalten sich die Atomradien im Periodensystem? Man sollte meinen, dass die Atomradien mit zunehmender Masse des Atoms (also auch mit steigender Ordnungszahl) zunehmen. Dies ist aber nicht zwingend der Fall. Grundsätzlich sind Atome einer Periode größer als die der vorhergehenden und kleiner als die der nachfolgenden, einfach weil die hinzukommende Schale „mehr Platz braucht". Somit nehmen die **Atomradien** im PSE **von oben nach unten zu.**

Innerhalb einer Periode sieht die Sache anders aus: Da keine zusätzlichen Schalen besetzt werden, aber die Anzahl der negativen Ladungen (Elektronen) sowie die der positiven Ladungen (Protonen) zunimmt, werden die Elektronen aufgrund der stärkeren elektrostatischen Anziehungskräfte näher zum Kern gezogen. Dies äußert sich in einer **Abnahme der Atomradien innerhalb einer Periode (von links nach rechts).**

Elektronegativität

Elektronegativität ist das Vermögen eines Atoms, Elektronen (auch die benachbarter Atome) an sich zu ziehen.

> Atome eines Elements, das weit rechts im PSE steht (Anhang, → Abb. 53.1), ziehen Elektronen stark an sich, um Edelgaskonfiguration erreichen zu können, während die auf der linken Seite eher Elektronen abgeben wollen.

Die **Elektronegativität nimmt also von links nach rechts zu.** Außerdem nimmt die Elektronegativität im PSE **von oben nach unten ab,** da durch die Zunahme des Atomradius die Elektronen benachbarter Atome nicht so nah an den Kern herankommen können und damit nicht so stark angezogen werden (→ Abb. 5.1). Im Periodensystem nimmt somit die Elektronegativität von links nach rechts zu, während der Atomradius abnimmt und umgekehrt. Die größte Elektronegativität hat das Fluor (4,0), die kleinste das Francium. Die Edelgase haben bereits ihr Oktett, also auch kein Bestreben,

H 2,2						
Li 1,0	Be 1,6	B 2,0	C 2,6	N 3,0	O 3,4	F 4,0
Na 0,9	Mg 1,3	Al 1,6	Si 1,9	P 2,2	S 2,6	Cl 3,2
K 0,8			Ge 2,0	As 2,2	Se 2,6	Br 3,0
Rb 0,8					Te 2,1	I 2,7

Abb. 5.1 Elektronegativitäten der wichtigsten Elemente [L253]

andere Elektronen zu binden. Ihr braucht sie folglich bei den Elektronegativitäten nicht zu beachten.
Vielleicht müsst ihr im Praktikum ein paar Elektronegativitäten kennen. Dann solltet ihr euch merken, dass die Elektronegativitäten vom Fluor nach links in 0,5er-Schritten abnehmen (Sauerstoff 3,5, Stickstoff 3 etc.).
Da es mit Sicherheit wichtig ist zu wissen, wie sich Elektronegativität und Atomradien im PSE entwickeln, könnt ihr euch Folgendes merken: Wenn ihr ein Periodensystem vor euch liegen habt und mit der linken Hand salutiert, zeigen die Finger in Richtung zunehmender Elektronegativität und abnehmender Atomradien (Anhang, → Abb. 53.1).
Da man v. a. in mündlichen Prüfungen sein Wissen schön verpacken sollte, sollte man einige Fachbegriffe in sein Repertoire aufnehmen. Wenn z. B. die Zunahme einer Größe mit der Abnahme einer anderen einhergeht (wie hier Atomradius und Elektronegativität), so bezeichnet man diese beiden als **antikorreliert.**

Orbitalmodell

Das Atommodell, mit dem hier die Grundlagen des Periodensystems hergeleitet wurden, wurde über die Jahre weiter verbessert. Man beschreibt dabei Orte, an denen ein Elektron mit einer bestimmten Wahrscheinlichkeit anzutreffen ist, und spricht von **Orbitalen.** Erfreulich ist, dass das Schalenmodell nicht verworfen, sondern vielmehr in das Orbitalmodell integriert wurde.
Man kann nämlich auch innerhalb einer Schale noch genauere Angaben zur Lage eines Elektrons machen.
Da das Orbitalmodell normalerweise in der Schule eher selten behandelt wird, seid ihr auch ohne umfassende Kenntnisse für das Studium gerüstet. Merkt euch vielleicht an dieser Stelle schon mal, dass in einem Orbital **maximal 2 Elektronen** Platz finden.

Zusammenfassung

- Elemente streben nach 8 Valenzelektronen (Oktettregel).
- Die Elektronegativität nimmt im Periodensystem von links nach rechts zu und von oben nach unten ab.
- Die Atomradien nehmen im Periodensystem von links nach rechts ab und von oben nach unten zu.

Chemische Bindungen

Das Ziel eines Atoms ist es, Edelgaskonfiguration zu erreichen. Dies kann durch Eingehen von Bindungen mit anderen Atomen erreicht werden, was die Grundlage für nahezu alle Substanzen bildet, die euch im Alltag begegnen. Das Nachvollziehen der **Bindungstypen** ermöglicht es, sich die **Eigenschaften der resultierenden Stoffe** herzuleiten.

Metallische Bindung

Wie bereits besprochen, haben Atome mit 1 oder 2 Valenzelektronen kein großes Bestreben, diese an sich zu binden, sondern neigen vielmehr dazu, sie abzugeben, um Edelgaskonfiguration zu erreichen (geringe Elektronegativität). Wenn nun mehrere Atome dieses Typs (Metalle) zusammentreten, wirken auf die Valenzelektronen nicht nur die Anziehungskräfte „ihres" Kerns, sondern auch die von benachbarten Atomen. Da die Bindung der Valenzelektronen eines Atoms an den Kern bei den Elementen mit geringer Elektronegativität nicht groß ist, verlassen sie das Atom. Zurück bleibt ein **geladener Atomrumpf.** Die abgegebenen Elektronen sind **delokalisiert** und schwirren als **negativ geladenes Elektronengas** zwischen den Atomrümpfen (→ Abb. 6.1). Ein Elektron kann dabei keinem Atomrumpf mehr zugeordnet werden. Es „gehört quasi allen". Die Anziehungskräfte zwischen Elektronengas und Atomrümpfen halten alles zusammen.
Diesen Zustand bezeichnet man als metallische Bindung.

Eigenschaften

Was bedeutet das für die Eigenschaften von Metallen? Metalle besitzen u. a. eine hohe **Duktilität** (sie sind plastisch verformbar und brechen nicht sofort).
Eine plastische Verformung ist irreversibel, es sei denn, man wendet erneut Kraft auf, um sie rückgängig zu machen. Im Gegensatz dazu steht die **elastische Verformung,** bei der der Körper selbst, ohne äußere Kraft, seine Ausgangsform wiederherstellt.
Dies lässt sich durch die metallische Bindung erklären: Das Elektronengas hält die Atomrümpfe zusammen, gleichzeitig haben die Atomrümpfe keine starre Anordnung, sodass sie sich unter Druck aneinander vorbei bewegen können. Da es kein Bestreben gibt, den Ausgangszustand wiederherzustellen, ist die Verformung plastisch und nicht elastisch.
Übrigens: Reine Metalle sind verformbar! Man denke an die Olympioniken, die ihre Goldmedaille testen wollen, indem sie hineinbeißen. Da olympische Medaillen schon lange nicht mehr aus reinem Gold, sondern aus einer Legierung bestehen, hat das allerdings wenig Sinn.
Eine weitere wichtige Eigenschaft von Metallen ist ihre **elektrische Leitfähigkeit.**
Zur besseren Vorstellung: Man legt an einen Metallblock eine Spannung an (an einer Seite sind viele Elektronen, **Minuspol,** an der anderen wenige, **Pluspol;** → Abb. 6.2). Die vielen Elektronen wollen nun durch den Metallblock zu der Seite, wo wenige Elektronen sind und „drücken" beim Eindringen Elektronen auf der anderen Seite heraus. Es fließt Strom.

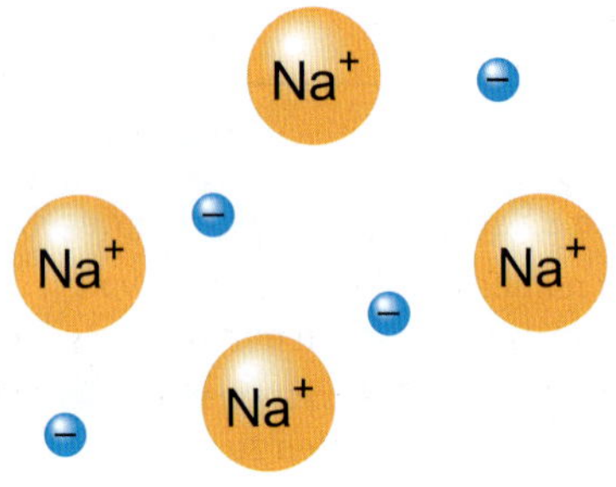

Abb. 6.1 Natrium – Elektronengas und Atomrümpfe [L253]

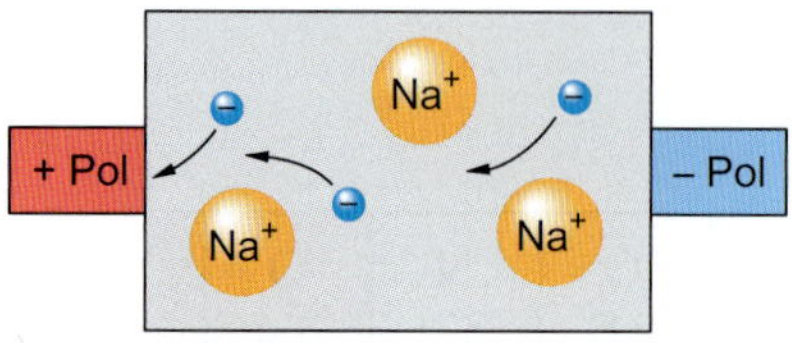

Abb. 6.2 Spannungsquelle an Metallblock [L253]

Bei **Halbmetallen** (z. B. Silizium) können die Valenzelektronen bei Raumtemperatur ihr Atom noch nicht verlassen und damit auch kein Elektronengas bilden. Hierfür braucht es mehr Energie, sodass diese Stoffe erst bei höheren Temperaturen den elektrischen Strom leiten. Man bezeichnet sie folglich auch als **Halbleiter.**
Eine weitere Eigenschaft ist der **metallische Glanz,** auf den hier aber nicht näher eingegangen werden soll.

Legierungen

Selbstverständlich können nicht nur Atome desselben Elements (etwa Kupfer) eine metallische Bindung eingehen. Mischt man verschiedene Metalle, erhält man eine sogenannte **Legierung.** Mischen ist hier nicht im Sinne von Zusammenkippen und kräftig Verrühren zu verstehen, sondern als mehrmaliges Erhitzen und wieder Abkühlen. Deren Eigenschaften können von denen der Ausgangsstoffe abweichen, da sich in Abhängigkeit von der Zusammensetzung verschiedene Phasen und kristalline Strukturen ausbilden können, die dann beispielsweise die Härte erhöhen oder die Leitfähigkeit herabsetzen können.
Als Mediziner sollte man v. a. Zahnfüllungen aus **Amalgam** kennen. Sie bestehen aus Legierungen, die u. a. **Quecksilber (Hg)** enthalten. Weitere Legierungen sind Bronze (Kupfer/v. a. Zinn) und Messing (Kupfer/Zink).

Wenn man sich unsicher ist, ob Zinn das Elementsymbol Sn oder Zn hat, merkt euch: **Zinn macht Sinn.** Dementsprechend hat Zinn das Symbol Sn. Das Zn gehört dagegen zu Zink.

Ionenbindung

Wie bereits besprochen, haben Metalle das Bestreben, ihre Valenzelektronen abzugeben, während Nichtmetalle Valenzelektronen aufnehmen wollen. Es ist naheliegend, dass Metalle und Nichtmetalle Bindungen eingehen, bei denen Elektronen von den Metallen auf die Nichtmetalle übergehen. Da dabei geladene Teilchen, also **Ionen,** entstehen, spricht man von einer Ionenbindung. Der entstehende Stoff ist ein **Salz.** Um Elektronen aus einem Atom zu lösen, es also zu einem Ion zu machen, wird eine **Ionisierungsenergie** benötigt, die bei Metallen so gering ist, dass diese Elektronen abgeben und nun **positiv geladene Ionen** bilden, die als **Kationen** bezeichnet werden. Die Nichtmetalle können Elektronen aufnehmen und werden so zu **negativ geladenen Anionen.** Dadurch wird übrigens mehr Energie frei, als für das Herauslösen der Elektronen bei der Bildung der Kationen notwendig war. Ein solcher Vorgang ist allerdings nur möglich, wenn die Elektronegativitäten von Metall und Nichtmetall weit auseinanderliegen. Im Übrigen geben die Atome immer so viele Elektronen ab, dass sie i. d. R. Edelgaskonfiguration erreichen. Das heißt, Calcium (2. Hauptgruppe) wird nie nur als Ca^{+}-Ion vorliegen, sondern immer auch sein zweites Valenzelekt-

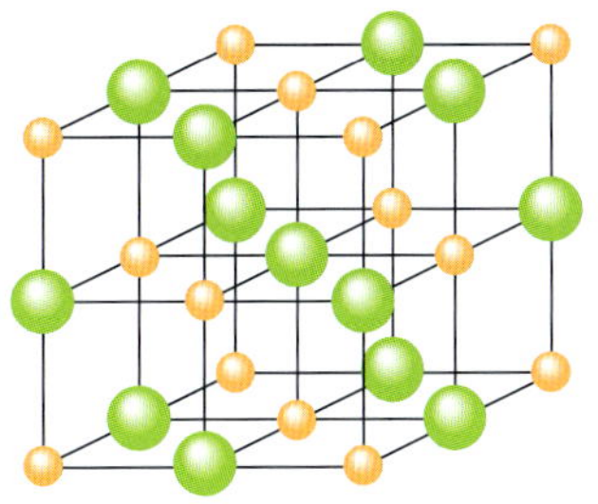

Abb. 6.3 Ionengitter bei NaCl [L253]

ron abgeben, um zum Ca^{2+}-Ion zu werden. Bei der **Aufnahme von Valenzelektronen nimmt der Atomradius** selbstverständlich **zu, bei der Abgabe nimmt er ab.**

Bei der Bildung von Ionen ändern sich **Elektronenkonfiguration, Ladung und Atomradius.** Dagegen bleiben Kernladung und Masse (nahezu) gleich.

Die entstehenden geladenen Teilchen ziehen sich gegenseitig an und lagern sich zu einem festen **Ionengitter** zusammen (→ Abb. 6.3). Die Bindung ist dabei **ungerichtet,** da ein Anion alle Kationen in seiner Umgebung elektrostatisch anzieht und nicht nur ein bestimmtes.

Eigenschaften

Salze sind bei Raumtemperatur i. d. R. fest, da sie durch ihre Gitterstruktur **hohe Schmelzpunkte** haben. Die Energie, die zum Spalten einer Bindung nötig ist, wird passenderweise als Bindungsenergie bezeichnet. Sie beträgt für eine Ionenbindung etwa **400 kJ/mol,** ein Zahlenwert, den man kennen sollte. Feste Salze **leiten den elektrischen Strom nicht,** da die Elektronen nicht durch das Gitter wandern können und die Ionen selbst auch ihren festen Platz haben. Wird das Gitter allerdings gebrochen, indem man das Salz schmilzt oder in Wasser löst (dazu später mehr), können die frei beweglichen Ionen als Ladungsträger den Strom leiten, indem sie zum Plus- bzw. Minuspol wandern. Diese Schmelzen oder wässrigen Lösungen, in denen Ionen den elektrischen Strom leiten, nennt man **Elektrolyte.**

Salzformeln

Ein kleines Beispiel: Natrium und Chlor reagieren unter Bildung eines Salzes. Jedes Natrium-Atom sucht sich 1 Chlor-Atom, an das es 1 Elektron abgibt, und schon haben alle Ionen Edelgaskonfiguration. Natrium und Chlor liegen im Salz zu gleichen Teilen vor. Die **Summerformel** lautet deshalb NaCl (das positiv geladene Ion steht immer vorne).
Bei Calcium und Chlor gibt es ein Problem: Jedes Calcium-Atom will 2 Elektronen abgeben, es steht schließlich in der 2. Hauptgruppe, hat also 2 Valenzelektronen. Wenn 1 Chlor-Atom aber 2 Elektronen aufnehmen würde, hätte es das Oktett überschritten, da es dann 9 Valenzelektronen hätte. Folglich muss es pro Calcium-Atom 2 Chlor-Atome geben, die die Elektronen aufnehmen, sodass wieder alle Teilchen Edelgaskonfiguration haben. Dies äußert sich in der Salzformel $CaCl_2$.
Man muss also beachten, wie viele Elektronen die Teilchen abgeben wollen bzw. welche Ladung die entstehenden Ionen haben werden, um die Salzformel aufstellen zu können.

Die Summenformel gibt eine erste Orientierung, wie ein Stoff aufgebaut ist. Man erhält durch die Symbole die beteiligten Elemente und durch die tiefgestellten Zahlen das Verhältnis der Elemente zueinander.
Beispiel Wasser, H_2O: Wasserstoff und Sauerstoff liegen im Verhältnis 2 : 1 vor.
Es ist wichtig, Salzformeln richtig angeben zu können. Der Prüfer könnte z. B. mehrere Salzformeln nennen und fragen, welche nicht korrekt sein kann:
a. NaCl
b. CaF_2
c. Al_2O_3
d. NaO

Vielleicht verwirrt hier Antwort c). Aluminium steht in der 3. Hauptgruppe und Sauerstoff in der 6. Da Aluminium 3 Elektronen abgeben will, aber Sauerstoff nur 2 aufnehmen kann, muss man 2 Aluminium-Atome (geben dann 6 Elektronen ab) mit 3 Sauerstoff-Atomen (nehmen 6 Elektronen auf) reagieren lassen. Man sucht nach dem **kleinsten gemeinsamen Vielfachen;** c) stimmt also.
Da Natrium nur 1 Elektron abgeben kann und Sauerstoff 2 aufnehmen muss, braucht man in einem Salz 2-mal mehr Natrium als Sauerstoff, folglich trifft Antwort d) nicht zu!

Nomenklatur

Ihr solltet grundsätzlich bedenken, dass ihr bei geladenen Teilchen (z. B. Na^+) von **Ionen** (z. B. Natriumion) und nicht von Element (also Natrium) sprecht. Bei einem Salz nennt man das Kation mit dem deutschen Namen des Elements, das Anion mit dem lateinischen Namen (bzw. einem Teil des lateinischen Namens) und der Endung **„id".** Also:
- NaCl = Natriumchlorid
- CaF_2 = Calciumfluorid

Dabei unbedingt beachten: Die **Übergangsmetalle** (Nebengruppenelemente) **können als unterschiedlich geladene Ionen vorliegen!** Es gibt z. B. 2- und 3-fach positiv geladene Eisen-Ionen (Fe^{2+}/Fe^{3+}). Aus diesem Grund muss in diesem Fall die Ladung der Kationen im Namen deutlich gemacht werden!
Beispiel:
- FeO = Eisen(II)-oxid (gesprochen: Eisen-Zwei-Oxid)
- Fe_2O_3 = Eisen(III)-oxid (gesprochen: Eisen-Drei-Oxid)

Es gibt auch Ionen, die sich aus mehreren Atomen zusammensetzen. Sie entstehen häufig aus Säuren. Da sie in der Nomenklatur von der Endung „id" abweichen, und zum Verständnis noch ein paar zusätzliche Informationen notwendig sind, werden sie zu einem späteren Zeitpunkt im Buch besprochen.

Das Mol

Man kann sich vorstellen, dass die Angabe der Teilchenzahl eines Stoffs eine unfassbar große Zahl sein würde. Im Alltag gibt es einen Trick: Man definiert die Zahl 12 als **ein Dutzend** und spricht nun nicht mehr von 36 Äpfeln, sondern von 3 Dutzend Äpfeln. Ähnlich definiert man in der Chemie eine bestimmte Zahl an Teilchen (nämlich **$6{,}02 \times 10^{23}$**) als **ein Mol.** Diese Zahl bezeichnet man auch als **Avogadro-Konstante** oder **Lohschmidt-Zahl.** Nun muss man also nicht sagen, dass in einem Block Kupfer $12{,}04 \times 10^{23}$ Teilchen sind, sondern man spricht einfach von zwei Mol.

Die **Stoffmenge** ist die Anzahl von Teilchen einer Verbindung in Mol. Man muss dabei beachten, dass Mol zwar der Einheitsname der Stoffmenge ist, aber beim Rechnen stets das kleingeschriebene „mol“ als Einheitszeichen hinter der Zahl steht.

Aber es ist Vorsicht geboten! Wenn man ein Mol Natrium hat, hat man $6{,}02 \times 10^{23}$ Atome. Hat man allerdings ein Mol Wasser (H_2O), hat man $6{,}02 \times 10^{23}$ Wassermoleküle. Da jedes Molekül aber aus 3 Atomen (2-mal Wasserstoff, 1-mal Sauerstoff) besteht, hat man 3-mal mehr, also $18{,}06 \times 10^{23}$ Atome!
Ein Vorteil des Mols: Es ist so definiert, dass ihr aus der relativen Atommasse sofort das Gewicht eines Mols ableiten könnt: Natrium hat z. B. eine Atommasse von 23. Das bedeutet, dass ein Mol, also 6×10^{23} Natrium-Atome, eine Masse von **23 g** haben. Das Ganze klappt auch mit Verbindungen: Ein Wassermolekül hat eine Atommasse von 18 (je 1 pro Wasserstoff und 16 pro Sauerstoff). Ein Mol Wasser hat demnach eine Masse von **18 g.**
Des Weiteren sollte man wissen, dass **ein Mol eines idealen Gases unter Normalbedingungen** (0 °C und 1 013 hPa Druck) **ein Volumen von 22,4 l** hat. Ideale Gase sind zwar nur eine Modellvorstellung, jedoch kommen die Gase, die euch in Übungsaufgaben begegnen, den Charakteristika eines idealen Gases so nah, dass ihr die 22,4-Liter-Regel anwenden könnt.

Die **molare Masse M** ist die Masse, die 1 mol eines Stoffs besitzt. Da sie betragsmäßig mit der relativen Atommasse übereinstimmt, kann man sie i. d. R. aus dem PSE ablesen.
Die Einheit der molaren Masse ist **Gramm pro Mol (g/mol).**
Die **Masse m** erhält man, wenn man sich anschaut, wie viel Mol eines Stoffes man hat, und diese Zahl mit der molaren Masse multipliziert. Entsprechend hat sie die Einheit g oder kg.

Für das Studium ist es immens wichtig, mit den Angaben **molare Masse (M), Masse (m)** und **Stoffmenge (n)** rechnen zu können: Bei Natrium beträgt die molare Masse 23 g/mol. Wenn man nun wissen will, welche Masse 3 mol Natrium haben, multipliziert man sie mit den 3 mol. Mol kürzt sich heraus und man erhält 69 g als Ergebnis. Die zugehörige Formel lautet:

$$m = n \times M$$

Um die anderen Variablen zu berechnen, könnt ihr sie umstellen zu:

$$M = \frac{m}{n} \text{ oder auch } n = \frac{m}{M}$$

Auch bei dieser Formel helfen euch die Einheiten: Die **molare Masse** hat die Einheit **g/mol.** Damit ihr diese Einheit als Ergebnis erhaltet, müsst ihr die Masse durch die Stoffmenge teilen. Auf diese Weise wisst ihr:

$$M = \frac{m}{n}$$

Atombindung

Wir haben die Bindung zwischen Metall- und Metall-Atomen (metallische Bindung) und die zwischen Metall- und Nichtmetall-Atomen (Ionenbindung) kennengelernt. Nun kommen wir zur Bindung zwischen Nichtmetall-Atomen, der **Atombindung** oder **kovalenten Bindung.**
Nichtmetalle wollen Elektronen aufnehmen, um Edelgaskonfiguration zu erreichen. Betrachten wir als Beispiel das Fluor: Es hat im atomaren Zustand 3 gepaarte, freie Elektronenpaare und ein ungepaartes, einzelnes Elektron. Wenn es nun auf ein anderes Fluor-Atom trifft, bilden die beiden einzelnen Elektronen ein **gemeinsames bindendes Elektronenpaar,** das nun von beiden Atomen für sich beansprucht wird, sodass beide Atome Edelgaskonfiguration erreicht haben (→ Abb. 6.4). Das gemeinsame bindende Elektronenpaar wird in der Strukturformel durch einen Strich zwischen den Atomsymbolen angedeutet. Die Elektronegativitäten der Bindungspartner unterscheiden sich bei der Atombindung nur wenig (oder im Falle von F_2 gar nicht), da sonst, wie bei der Ionenbindung, einer der Bindungspartner das Elektronenpaar komplett an sich ziehen würde.

Abb. 6.4 Zwei Fluor-Atome bilden ein Fluor-Molekül. [L253]

„Elektronenpaar“ bedeutet nichts anderes, als dass sich die Elektronen **im selben Orbital** befinden (denn Orbitale können schließlich doppelt besetzt werden).
Fehlt einem Stoff mehr als 1 Elektron zum Oktett, kann er auch mehrere Bindungen eingehen: So bildet Sauerstoff im Wasser 2 Bindungselektronenpaare mit Wasserstoff-Atomen.
Da die Atombindung von einem Atom zu einem anderen weist, bezeichnet man sie als **gerichtet.**
Mit eurem Wissen könnt ihr aus den Hauptgruppen herleiten, wie viele Bindungen ein Atom eingehen will. Dementsprechend wisst ihr auch, ob es freie Elektronenpaare besitzt und wie viele Elektronen ungepaart vorliegen.
Wenn ihr in einer Strukturformel untersucht, ob ein Atom Edelgaskonfiguration besitzt, zählt alle Valenzelektronen an diesem Atom **(freie und gemeinsame Elektronenpaare).** Bedenkt auch, dass bei Atomen ab der dritten Periode (z. B. Phosphor) eine Oktettaufweitung stattfinden kann.

Zweiatomige Gase

Ihr habt am Beispiel des Fluors gesehen, dass ein Atom auch mit anderen Atomen desselben Elements Bindungen eingehen kann. So liegen z. B. in einer Wolke aus Chlorgas alle Chlor-Atome als **dimere Moleküle** (also ein Molekül aus 2 Chlor-Atomen). Da beide Atome identisch sind, spricht man von einem **Homodimer.** Als Medizinstudenten solltet ihr wissen, welche Elemente de facto **nur als zweiatomige Moleküle** vorkommen. Dies sind die Gase **Wasserstoff (H), Stickstoff (N) und Sauerstoff (O)** sowie **alle Halogene** (die 7. Hauptgruppe).

HNO (Hals-Nasen-Ohren-Arzt) und die **Halogene** sind **zweiatomig.** Manche Studenten merken sich Stickstoff, Sauerstoff und Wasserstoff auch als NOH (Nie ohne Homie).

Da dies später beim Aufstellen von Reaktionsgleichungen eine große Rolle spielt, solltet ihr darüber Bescheid wissen.

Einfach-, Doppel- und Dreifachbindungen

Damit man wirklich versteht, warum Stoffe eine bestimmte Anzahl von Bindungen ausbilden und was dabei passiert, sollte man sich etwas detaillierter mit dem Orbitalmodell auseinandersetzen. Weil dieses Buch den Anspruch hat, ein Vorkurs zu sein, sind an dieser Stelle die wichtigsten (und später auch prüfungsrelevanten) Fakten übersichtlich zusammengestellt, sodass ihr schon einmal einen soliden Einblick in das Thema erhaltet.

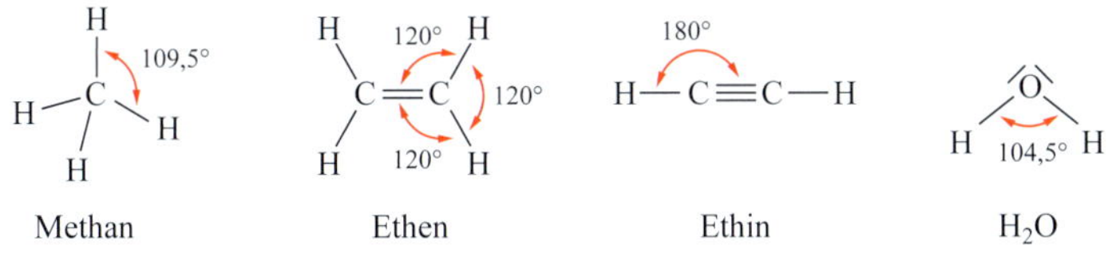

Abb. 6.5 Geometrie wichtiger Moleküle [L253]

Wir betrachten das Element Kohlenstoff. Kohlenstoff steht in der 4. Hauptgruppe und hat folglich 4 Valenzelektronen. Würde Kohlenstoff **4 Bindungen** ausbilden, könnte er nun die insgesamt **8 Elektronen** der 4 gemeinsam bindenden Elektronenpaare für sich beanspruchen und damit Edelgaskonfiguration erhalten. Dem Kohlenstoff stehen dabei verschiedene Möglichkeiten zur Verfügung:

- Das C-Atom bildet vier **Einfachbindungen** zu verschiedenen anderen Atomen aus. Im Fall des Moleküls **Methan** wären das z. B. 4 Wasserstoff-Atome. Obwohl die Atome nun verbunden sind, können sie sich noch **drehen** (sozusagen mit der Bindung als Achse). Die Bindungsenergie beträgt **400 kJ/mol** und liegt damit in der Größenordnung der Ionenbindung.
- Das C-Atom bildet **eine Doppelbindung,** z. B. zu einem anderen C-Atom aus. Nun fehlen ihm noch **zwei weitere Bindungen.** Hierfür kommen entweder eine weitere Doppelbindung oder 2 Einfachbindungen (etwas zu Wasserstoff-Atomen wie im **Ethen**) infrage. Die Doppelbindung besteht aus 2 bindenden Elektronenpaaren. Dabei ist die Bindungsenergie des ersten Elektronenpaars identisch mit der einer Einfachbindung, die des zweiten mit rund 300 kJ/mol geringfügig schwächer. Die gesamte Bindungsenergie der Doppelbindung ist also nicht ganz doppelt so groß wie die der Einfachbindung. Die an der Doppelbindung beteiligten Atome sind nicht drehbar.
- Das C-Atom bildet eine **Dreifachbindung,** z. B. zu einem anderen C-Atom aus. Um Edelgaskonfiguration zu erreichen, benötigt es noch **eine weitere Einfachbindung** (etwa zu einem Wasserstoff-Atom wie im **Ethin**). Die Doppelbindung besteht aus 3 bindenden Elektronenpaaren, von denen das dritte erneut eine Bindungsenergie von rund 300 kJ/mol aufweist. Die Dreifachbindung ist somit natürlich stärker als die Doppelbindung und ebenfalls nicht drehbar. Durch die höhere Bindungsenergie rücken die Atome zudem näher zusammen, sodass der Bindungsabstand kürzer wird (was natürlich auch bei der Doppelbindung verglichen mit der Einfachbindung der Fall ist).

Geometrie

Moleküle sind in der Realität nicht platt, sondern nutzen alle drei Raumrichtungen aus, um sich optimal anzuordnen (→ Abb. 6.5). Dabei ist v. a. relevant, dass sich die negativ geladenen Valenzelektronen untereinander abstoßen. Folglich werden sie versuchen, einen möglichst großen Abstand voneinander einzunehmen. In einem Molekül wie Methan können sich die Elektronenpaare aufgrund der Einfachbindungen so positionieren, dass sie in **vier verschiedene Richtungen** zeigen. Diese Struktur bezeichnet man als **Tetraeder.**
Wie groß ist der Winkel zwischen den Elektronenpaaren? Man könnte intuitiv auf 90° tippen und läge damit falsch, da die Elektronenpaare auch noch „ins Blatt hinein“ bzw. „in unsere Richtung“ ragen können. Tatsächlich beträgt der Winkel für Methan **109,5°.** Im Wassermolekül (H_2O) ist die Sache etwas anders: Zwar liegen auch hier die Elektronenpaare weder in Doppel- noch in Dreifachbindungen vor, aber bei 2 von ihnen handelt es sich um freie und nicht um gemeinsam bindende Elektronenpaare und diese brauchen mehr Platz. Das bewirkt, dass der Winkel zwischen den bindenden Elektronenpaaren auf **104,5°** schrumpft.

Das **Wassermolekül** ist **nicht linear, sondern gewinkelt** gebaut!

Dieser Umstand wird im nächsten Kapitel wieder wichtig.
Im Ethen liegt eine Doppelbindung aus 2 Elektronenpaaren vor. Betrachten wir nun das linke C-Atom: Die Elektronenpaare, die an H-Atome binden, versuchen sich jeweils soweit wie möglich von allen anderen zu entfernen. Die beiden Elektronenpaare, die die Doppelbindung ausbilden, können sich zwar von den anderen Elektronenpaaren entfernen, nicht aber voneinander, sodass sich die Elektronen nur in **drei verschiedene Richtungen** anordnen können. Um maximalen Abstand zu erzielen, entsteht eine **trigonal-planare** (dreieckig-ebene) Struktur mit Bindungswinkeln von rund **120°.**
Im Ethin liegt eine Dreifachbindung vor. Hier können die Elektronenpaare nur in zwei Richtungen zeigen, da die 3 Elektronenpaare der Dreifachbindung zusammenbleiben müssen. Die ideale Anordnung, um einen möglichst großen Abstand zu erzielen, ist deshalb **linear** mit einem Winkel von **180°.**

Koordinative Bindung

Die **koordinative Bindung** ist die letzte Bindung, mit der man sich im Medizinstudium auseinandersetzen muss. Sie liegt in **Metallkomplexen** vor (→ Abb. 6.6). Auch hier wird die Bindung durch 1 Elektronenpaar vermittelt, das zwischen den Bindungspartnern liegt. Im Unterschied zur Atombindung stammt es hier allerdings **komplett von einem der Bindungspartner** (dem **Liganden**), während der andere Bindungspartner (das **Zentralion/-atom**) kein Elektron zur Bindung beisteuert.

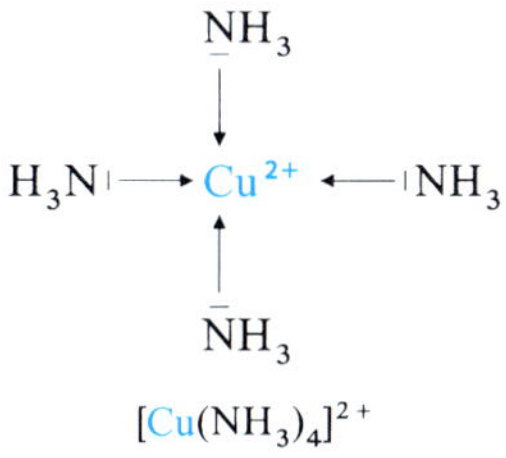

Abb. 6.6 Tetraammin-kupfer(II)-Ion als Beispiel für einen Metallkomplex [L253]

Zusammenfassung

- Eine metallische Bindung ist ungerichtet und entsteht zwischen Atomen mit geringen Elektronegativitäten.
- Eine Ionenbindung ist ungerichtet und entsteht zwischen Atomen mit stark unterschiedlichen Elektronegativitäten.
- Eine Atombindung ist gerichtet und entsteht, wenn sich die Elektronegativitäten der beteiligten Partner nicht ganz so stark unterscheiden.
- Die koordinative Bindung ist ebenfalls gerichtet und wird euch im Studium noch detaillierter beschäftigen.

→ 7 Intermolekulare Kräfte

Ihr wisst nun, wie in einem Molekül, z. B. Wasser, die Atome zusammenhalten. Allerdings liegen Wassermoleküle i. d. R. nicht einzeln vor, sondern lagern sich mit anderen Wassermolekülen zusammen, sodass wir sie auch mit bloßem Auge erkennen können. Die dafür verantwortlichen Kräfte wirken zwischen den Molekülen und werden deshalb als **intermolekular** bezeichnet. Obwohl sie weit weniger stark sind als die Atombindungen innerhalb eines Moleküls, sind sie für die Eigenschaften von Verbindungen aus Nichtmetallen von großer Bedeutung.
Die hier als intermolekulare Kräfte aufgeführten Bindungen können auch innerhalb eines großen Moleküls, also **intramolekular,** vorkommen. Dabei beeinflussen sie v. a. die Struktur des Moleküls, während die Atombindungen dessen Zusammenhalt sichern.

> Metalle und Salze bilden keine Moleküle!

Der Zusammenhalt eines Metallblechs oder des Kochsalzes in der Küche kommt zustande, da beide aus geladenen Teilchen bestehen (Atomrümpfe/Elektronengas bzw. Ionen), die sich gegenseitig anziehen.

Dipole

Wenn 2 Fluor-Atome eine Atombindung eingehen, beanspruchen beide Atome das bindende Elektronenpaar gleichermaßen für sich, da sie die **gleiche Elektronegativität** haben. Es liegt keine ungleiche Ladungsverteilung vor, sodass man von einem **unpolaren** Molekül spricht. Dies ist auch dann der Fall, wenn sich die **Elektronegativitäten nur wenig unterscheiden.** Ihr solltet euch merken, dass dies bei der Bindung zwischen **Kohlenstoff** (EN 2,5) und **Wasserstoff** (EN 2,0) der Fall ist.
Unterscheiden sich die Elektronegativitäten stark wie etwa beim **Fluorwasserstoff** (HF), wird das bindende Elektronenpaar stark in Richtung des Flur-Atoms und damit vom Wasserstoff weggezogen (→ Abb. 7.1). Da die Elektronen negativ geladen sind, ist das Molekül auf der Seite des Fluors nun stärker negativ, auf der Seite des Wasserstoffs eher positiv geladen. Man spricht von positiven und negativen **Partialladungen** und kennzeichnet sie mit δ+ und δ–. Moleküle mit zwei Ladungsschwerpunkten bezeichnet man als **Dipol.** Da in unserem Beispiel (wie auch bei allen anderen Halogenwasserstoffen, also HCl etc.) die Ladungsverschiebung von Dauer ist, spricht man hier von einem **permanenten Dipol.**

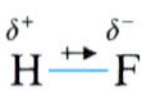

Abb. 7.1 Fluorwasserstoff mit Partialladungen [L253]

Dementsprechend gibt es auch **temporäre Dipole.** Sie entstehen, da die Elektronen ständig in Bewegung sind, sodass es unvermeidlich ist, dass sich irgendwann in einem Teil des Moleküls mehr negative Ladungen befinden als in einem anderen. Merkt euch, dass es deshalb auch in unpolaren Molekülen (etwa solchen, die nur aus H und C bestehen) zur Ausbildung von zwischenmolekularen Kräften kommen kann, die auf Wechselwirkungen zwischen Dipolen beruhen.
Zudem kann ein Dipolmolekül in einem anderen Molekül einen Dipol **induzieren,** indem es z. B. die Elektronen des benachbarten Moleküls zu seinem positiven Ladungsschwerpunkt zieht.

Van-der-Waals-Kräfte

Ungleichnamige Ladungen ziehen sich an. Dementsprechend werden sich die Partialladungen von benachbarten Fluorwasserstoff-Molekülen anziehen, und damit dafür sorgen, dass die beiden Moleküle zueinander hingezogen werden.
Auch wenn ein Molekül an sich unpolar ist, können sich **Van-der-Waals-Kräfte aufgrund von temporären Dipolen** ausbilden. Da sich in einem großen Molekül mehr temporäre Dipole ausbilden können als in einem kleinen, sind die Van-der-Waals-Kräfte zwischen Propan-Molekülen stärker als zwischen Ethan-Molekülen und **nehmen grundsätzlich mit zunehmender Kettenlänge der C-Atome zu** (→ Abb. 7.2).
Die Van-der-Waals-Kräfte lassen sich noch weiter unterteilen, je nachdem, ob Kräfte zwischen permanenten, temporären oder induzierten Dipolen vorliegen. Van-der-Waals-Kräfte gehören mit einer Bindungsenergie von **10 kJ/mol** zu den schwachen Bindungen.

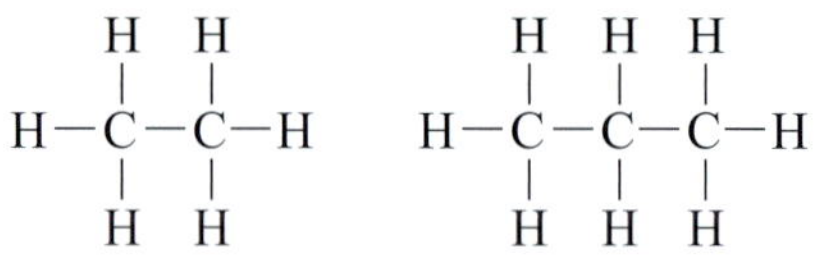

Ethan Propan

Abb. 7.2 Ethan und Propan [L253]

Wasserstoffbrückenbindungen

Da Wasserstoffbrücken in der Biochemie etwa bei der Basenpaarung in der DNA oder bei der Struktur von Proteinen eine wichtige Rolle spielen, lohnt es sich für euch, ihre Entstehung nachzuvollziehen.
Da Wasserstoff eine für ein Nichtmetall sehr geringe Elektronegativität hat, wird ihm das bindende Elektronenpaar in einer Atombindung etwa mit **Sauerstoff, Fluor** oder **Stickstoff** fast völlig entzogen. Das H-Atom ist nun stark positiviert und zieht deshalb negative Ladungen an. Dies gilt besonders für **freie Elektronenpaare** sowohl innerhalb des eigenen als auch in benachbarten Molekülen. Das positivierte H-Atom wird als **Wasserstoffbrücken-Donor** bezeichnet, während man das Atom mit dem freien Elektronenpaar **Wasserstoffbrücken-Akzeptor** nennt (→ Abb. 7.3).
Wasserstoffbrücken sind mit einer Bindungsenergie von **40 kJ/mol stärker als Van-der-Waals-Kräfte,** aber **schwächer als kovalente bzw. Atombindungen.**

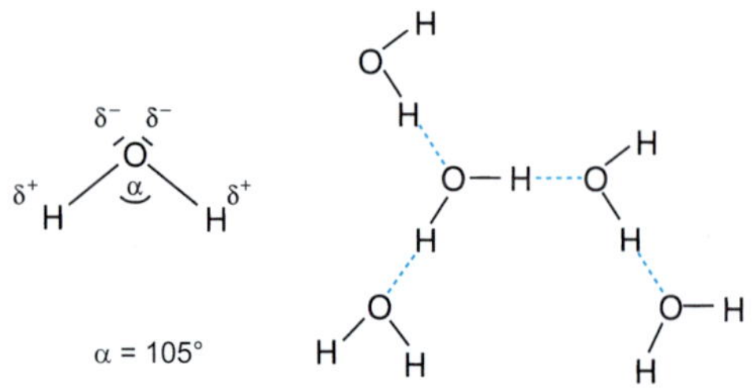

Abb. 7.3 Partialladungen im Wassermolekül und Wasserstoffbrücken zwischen Wassermolekülen [L253]

> Die Begriffe **Donor** (*lat. donare* = spenden) und **Akzeptor** sind in der Chemie weit verbreitet.

Hydrophobe Wechselwirkungen

Aus dem Alltag weiß man, dass sich Öl und Wasser nicht mischen. Dies lässt sich durch einen der Grundsätze erklären, der für den weiteren Verlauf eures Medizinstudiums essenziell sein wird:

> Gleiches löst sich in Gleichem.

Das heißt: Polare Substanzen, wie z. B. Wasser, lösen sich in anderen polaren Substanzen, wohingegen sich unpolare Stoffe in anderen unpolaren Stoffen lösen.

Geraten unpolare Stoffe jedoch in ein polares Lösungsmittel oder umgekehrt, so lagern sich diese zusammen, sodass nur ein geringer Teil der unpolaren Moleküle mit dem polaren Lösungsmittel in Kontakt tritt.
Ihr solltet einfach an einen Tropfen Öl in Wasser denken, um euch dieses Prinzip zu verdeutlichen.
Diesem Verhalten liegen intermolekulare Kräfte zugrunde, die **hydrophoben Wechselwirkungen.** Die Bindungsenergie einer solchen Bindung liegt mit rund **10 kJ/mol** etwa auf dem Niveau der Van-der-Waals-Kräfte. Auch hydrophobe Wechselwirkungen können innerhalb von Molekülen vorkommen, und zwar dann, wenn diese so groß sind, dass es in ihnen polare wie auch unpolare Bereiche gibt.

Zusammenfassung

- Zwischen Molekülen mit permanenten oder temporären Dipolen können sich Van-der-Waals-Kräfte ausbilden.
- Wasserstoffbrücken sind stärker als Van-der Waals-Kräfte und spielen bei der Basenpaarung in der DNA eine entscheidende Rolle.
- Hydrophobe Wechselwirkungen entstehen zwischen unpolaren Strukturen in polaren Lösungsmitteln.

Aggregatzustände und Teilchenbewegungen

Die drei klassischen Aggregatzustände **fest, flüssig** und **gasförmig** kennt ihr aus dem Alltag (→ Abb. 8.1). Diese lassen sich mit dem Wissen, das ihr im Verlauf der vorhergehenden Kapitel erworben habt, gut erklären. Merkt euch, dass ein Stoff grundsätzlich alle Aggregatzustände annehmen kann, auch wenn enorme Temperaturen notwendig sein können, um etwa gasförmiges Eisen zu erzeugen.

Exkurs: Temperatur

In den Naturwissenschaften wird die Temperatur meistens in **Kelvin (K)** und nicht in **Grad-Celsius (°C)** angegeben. Bei Formeln in der Physik **müsst** ihr die Angaben in Kelvin einsetzen, um korrekte Ergebnisse zu erhalten. Warum verwendet man nicht die geläufigere Einheit?
Ihr hört im Wetterbericht, dass es nächste Woche 30 °C warm werden soll. Wenn die Temperatur diese Woche nur 15 °C beträgt, könnte man versucht sein zu sagen, dass es nächste Woche „doppelt so warm" wird. Das würde stimmen, wenn der **absolute Nullpunkt,** also die tiefstmögliche Temperatur bei 0 °C liegen würde. Tatsächlich liegt er aber bei ca. –273 °C. Man hat also die Kelvin-Skala geschaffen und den absoluten Nullpunkt als 0 Kelvin definiert. Um die Angelegenheit zu vereinfachen, entspricht aber eine Temperaturänderung um 1 °C auch einer Änderung um 1 Kelvin. Das erleichtert die Umrechnung immens: Wenn man von Grad Celcius in Kelvin umrechnen möchte, addiert man einfach 273 auf die Angabe in Grad Celcius. Umgekehrt zieht man beim Umrechnen in Grad Celcius 273 ab.

Aggregatzustände und Übergange

Feststoffe

Auch wenn wir es nicht sehen können: In einem Eisenblech sind die Atome in Bewegung. Sie bewegen sich dabei allerdings nicht frei, sondern haben ihren festen Platz, an dem sie zwar hin und her schwingen, aber ihre Position nicht grundlegend verändern. Dieser Bewegung liegt eine Energie zugrunde, die sich **kinetische Energie** nennt. Die kinetische Energie der Teilchen können wir als Temperatur wahrnehmen.
Wenn die kinetische Energie eines Teilchens gleich Null ist, finden auch keine Schwingungen mehr statt, der **absolute Nullpunkt** ist erreicht, da die Temperatur nicht weiter sinken kann. Schließlich sind keine „negativen" Schwingbewegungen möglich.
Warum haben die Teilchen in einem Feststoff feste Plätze? Das liegt daran, dass sie von unterschiedlichen Kräften in Position gehalten werden. In Metallen sind dies die elektrostatischen Anziehungskräfte zwischen Atomrümpfen und Elektronengas, in Salzen die Wechselwirkungen, die das Ionengitter verursachen und in molekularen Verbindungen sorgen die intermolekularen Wechselwirkungen für den Zusammenhalt.
Die Konsequenzen können wir mit bloßem Auge erkennen: Da „kaum Platz" zwischen den Molekülen ist, lassen sich Feststoffe **nicht komprimieren.** Außerdem ist bei einem Feststoff die **Form definiert.** Während sich Flüssigkeiten und Gase, wenn man sie von einem Behälter in einen anderen füllt, anpassen, hat ein Eisenblech immer dieselbe Form – egal ob in eurer Badewanne oder auf eurem Schreibtisch.

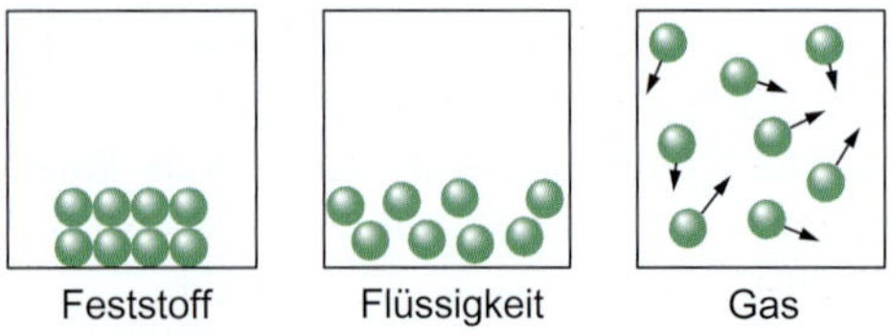

Abb. 8.1 Die drei Aggregatzustände [L253]

Flüssige Stoffe

Erhöhen wir nun die Temperatur unseres Feststoffs, schwingen die Teilchen stärker, bleiben aber nach wie vor an ihrem Platz. Erst wenn die kinetische Energie, die sich in den Schwingungen äußert, stark genug ist, um die **Anziehungskräfte zu überwinden,** haben die Teilchen keine festen Plätze mehr und der Stoff wird flüssig, er **schmilzt.** Umgekehrt bezeichnet man den Übergang eines Stoffs vom flüssigen in den festen Zustand als **Erstarren** oder **Gefrieren.** In flüssigen Stoffen können die Teilchen aneinander vorbeigleiten, dementsprechend ist die **Form nicht definiert.** Da die Anziehungskräfte die Teilchen aber noch eng beieinanderhalten, sind auch Flüssigkeiten **quasi nicht komprimierbar.**

Gase

Erst bei weiterem Erwärmen lösen sich die Teilchen voneinander. Die Flüssigkeit wird gasförmig, sie **siedet.** Der Übergang eines Gases in den flüssigen Zustand wird als **Kondensation** bezeichnet. Gase besitzen **keine definierte Form** und haben kein definiertes Volumen (passen sich ihrem Behältnis an). Sie sind folglich auch **komprimierbar.** Die Anziehungskräfte zwischen den Teilchen sind überwunden. Da sich sowohl in Flüssigkeiten als auch in Gasen die Teilchen ohne festen Platz bewegen können, spricht man hier von der **Brownschen Molekularbewegung.** Gase können zudem auch direkt aus Feststoffen entstehen. Dies ist bei Normaldruck etwa beim CO_2 der Fall. Man nennt diesen Vorgang **Sublimation.** Um ihn beim Wasser beobachten zu können, muss man den Druck stark reduzieren.

Folgen für die Chemie

Die Aggregatzustände werden euch in der Physik noch detaillierter beschäftigen. Für die Chemie ist eine Erkenntnis wichtig: Die Anziehungskräfte zwischen den Bestandteilen eines Feststoffs müssen teilweise oder ganz überwunden werden, um ihn zum Schmelzen oder Sieden zu bringen. Bei Stoffen, in denen diese **Kräfte stark ausgeprägt** sind, brauchen wir viel Energie, um diese zu überwinden, was sich in **höheren Schmelz- und Siedetemperaturen** äußert. Deshalb können wir, wenn uns etwa eine Strukturformel Informationen über intermolekulare Kräfte liefert, Aussagen über die Schmelzpunkte treffen. So haben etwa **langkettige Kohlenwasserstoffverbindungen** aufgrund der **stärkeren Van-der-Waals-Kräfte** einen **höheren Schmelzpunkt** als kurzkettige Verbindungen. Stoffe, die **Wasserstoffbrückenbindungen** ausbilden, haben **grundsätzlich höhere Schmelztemperaturen** als solche, in denen nur die schwächeren Van-der-Waals-Kräfte wirken. Ab einer gewissen Molekülgröße relativiert sich jedoch dieses Phänomen, da dann die Van-der-Waals-Kräfte stärker werden.
Die Eigenschaft, dass Wasser als Molekül mit geringer Masse **bei Raumtemperatur flüssig** (und nicht gasförmig) ist, lässt sich auf die **Ausbildung von Wasserstoffbrücken** zurückführen.
Verbindungen, die ausschließlich aus kleinen geladenen Teilchen bestehen (wie etwa **Salze**), haben aufgrund der im Vergleich zur Teilchenmasse starken Anziehungskräfte **hohe Schmelzpunkte.**

Diffusion und Osmose

Wir haben bereits gelernt, dass Moleküle und Atome schwingen und sich in Flüssigkeiten und Gasen sogar frei bewegen können. Da ein Molekül normalerweise nicht allein in einem Behälter ist, stößt es dabei oft mit anderen Molekülen zusammen, was zu einer Richtungsänderung beider Kollisionspartner führt. Die Bewegungen der Teilchen sind dabei völlig ungerichtet.
Stellen wir uns nun einen Behälter mit Wasser vor. Auf der linken Seite tropfen wir 5 Farbstoffmoleküle ins Wasser, auf der rechten Seite nur eines. Die Farbstoffmoleküle werden sich auch jetzt ohne Richtung bewegen und aneinanderstoßen, wie es ihnen gerade passt. Da aber 5 Moleküle auf der linken Seite sind, ist die Wahrscheinlichkeit, dass eines dieser Moleküle nach rechts wandert, 5-mal höher als die Chance, dass das Farbstoffmolekül von der rechten Seite den Weg nach links findet.
Die an sich ungerichtete Bewegung weist also doch, zumindest **statistisch,** eine Richtung auf – und zwar **vom Ort der hohen zum Ort der niedrigen Konzentration.** Diese Bewegung nennt man **Diffusion** und spricht von **diffundierenden Teilchen** (→ Abb. 8.2). Die Diffusion an sich erfordert keine Energie, läuft also **passiv** ab. Sie kann aber genutzt werden, um Energie zu gewinnen, was die Zellen in unserem Körper auch fleißig machen.
Stellen wir uns nun vor, dass wir es unseren Teilchen etwas schwerer machen: Auf der einen Seite des Gefäßes befinden sich nach wie vor mehr Farbstoffmoleküle als auf der andern. Diesmal trennen wir die Gefäßhälften mit einer **selektiv permeablen Membran,** die nur die Wasser-, nicht aber die Farbstoffmoleküle passieren, man spricht auch von **semipermeablen Membranen.**
Da in dem Gefäß trotzdem ein Konzentrationsausgleich stattfinden soll, wandern nun Wassermoleküle von dort, wo die Konzentration an Farbstoff niedriger ist (der **hypotonen** Seite), auf die andere **(hypertone)** Seite. Diesen Prozess bezeichnet man als **Osmose** (→ Abb. 8.2).
Da durch das einströmende Wasser der Druck in der Gefäßhälfte, in der die Konzentration an gelösten Teilchen zu Anfang höher ist, zunehmen wird, kann man auch sagen, dass auf dieser Seite ein **höherer osmotischer Druck** herrscht. Da sich mit steigender Temperatur die Teilchen mehr bewegen und damit stärker auf die Gefäßwände stoßen, steigt auch der osmotische Druck.

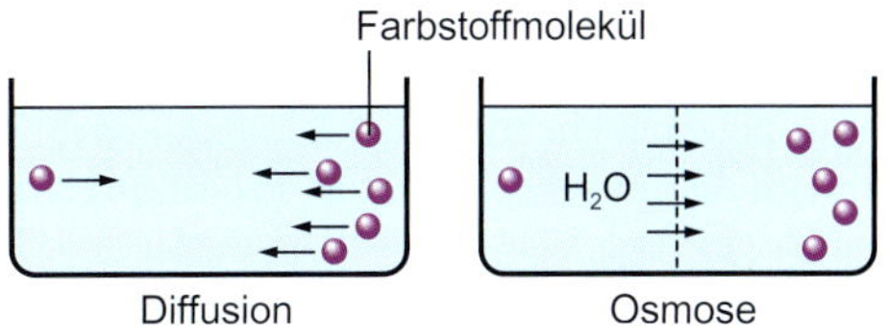

Abb. 8.2 Veranschaulichung von Diffusion und Osmose [L253]

Zum osmotischen Druck können natürlich nur Teilchen beitragen, die die Membran nicht passieren können. Man bezeichnet diese dann als **osmotisch wirksame Teilchen.** Wenn Teilchen die Membran einfach überwinden können, findet ganz normaler Konzentrationsausgleich via Diffusion statt.
Ein Begriff, den ihr für das Physikum noch kennen solltet, ist das **Donnan-Gleichgewicht.** Stellt euch vor, dass statt Farbstoffmolekülen Ionen in unserem Gefäß mit der semipermeablen Membran vorliegen. Einige dieser Ionen können nun die Membran überwinden, andere sind dagegen zu groß. Die beweglichen Ionen werden nun versuchen, unterschiedliche Ladungen und Konzentrationen auszugleichen, um ein Gleichgewicht herzustellen. Eine tiefgreifende Auseinandersetzung mit dem Thema kann man sich sparen, wenn man v. a. verinnerlicht, dass **im Gleichgewicht das Produkt der Konzentrationen von beweglichen Anionen und Kationen intra- und extrazellulär gleich** ist:

$$c(\text{Kation}_{\text{extrazellulär}}) \times c(\text{Anion}_{\text{extrazellulär}}) = c(\text{Kation}_{\text{intrazellulär}}) \times c(\text{Anion}_{\text{intrazellulär}})$$

Das Gleichgewicht stellt sich mit zunehmender Temperatur schneller ein.

Zusammenfassung

- Die kinetische Energie von Teilchen bestimmt die Temperatur.
- Diffusion ist die Teilchenbewegung vom Ort der hohen zum Ort der niedrigen Konzentration, der die an sich ungerichtete, also zufällige, Bewegung der Teilchen zugrunde liegt.
- Die gerichtete Bewegung von Teilchen durch eine semipermeable Membran bezeichnet man dagegen als Osmose.

Eine wesentliche Grundlage der Chemie sind die chemischen Reaktionen, mit denen wir uns in diesem Kapitel beschäftigen wollen. Die Ausgangsstoffe einer chemischen Reaktion bezeichnet man als **Edukte,** während die entstehenden Stoffe **Produkte** genannt werden.

Reaktionsgleichungen

Chemische Reaktionen notiert man in Form einer Gleichung. Dabei stehen die Edukte auf der linken und die Produkte auf der rechten Seite des Reaktionspfeils. Auch als Mediziner sollten wir einfache Reaktionsgleichungen aufstellen können. Als Beispiel soll hier die Reaktion von Wasserstoff und Sauerstoff zu Wasser dienen: Euch sollte bekannt sein, dass Wasserstoff und Sauerstoff zweiatomige Gase sind, und dass 1 Wassermolekül aus 2 Wasserstoff- und 1 Sauerstoff-Atom besteht. Ein erster Entwurf der Reaktionsgleichung müsste folglich lauten:

$$H_2 + O_2 \rightarrow H_2O$$

Dies verstößt allerdings gegen einen Grundsatz, der bei allen Reaktionen in geschlossenen Systemen zutrifft. Dieser besagt, dass **die Masse aller Edukte der Masse aller Produkte entspricht (Erhaltung der Masse).**
Was ist ein geschlossenes System? Ein geschlossenes System ist dadurch gekennzeichnet, dass Teilchen dieses System nicht verlassen können. Ein Austausch von Energie, etwa in Form von Wärme, ist allerdings möglich. Damit ist auch klar, dass in einem geschlossenen System Massenerhalt gelten muss. Die Teilchen werden sich schließlich nicht „in Luft auflösen."
Da dies hier nicht der Fall ist (links 2 Sauerstoff-Atome, rechts nur 1), müsst ihr die Reaktionsgleichung ausgleichen, indem ihr vor die Moleküle **Koeffizienten** schreibt. Da man das Sauerstoffmolekül nicht einfach teilen kann, müsst ihr die Reaktionsgleichung so konstruieren, dass 2 Wassermoleküle entstehen, in denen sind schließlich ebenfalls 2 Sauerstoff-Atome enthalten. Man schreibt:

$$H_2 + O_2 \rightarrow 2H_2O$$

Da nun allerdings auf der Produktseite 4 Wasserstoff-Atome (2 × 2) stehen, benötigt ihr auch mehr Wasserstoffmoleküle:

$$2H_2 + O_2 \rightarrow 2H_2O$$

Ein weiterer Grundsatz bei chemischen Reaktionen besagt, dass **die Ladung der Edukte identisch mit der Ladung der Produkte ist (Erhalt der Ladung).** Dies wird z. B. dann relevant, wenn geladene Teilchen (Ionen) reagieren:

$$NA^+ + Cl^- \rightarrow NaCl$$

Man sieht: Ein Edukt ist positiv geladen, während das andere Edukt negativ geladen ist. Addiert man die Ladungen, erhält man:

$$(+1) + (-1) = 0$$

Die Summe der Ladung der Produkte ist ebenfalls null (NaCl ist ungeladen), sodass der Ladungserhalt erfüllt ist.
Übrigens: Teilchen, die nach einer chemischen Reaktion unverändert aus ihr hervorgehen, haben nicht an ihr teilgenommen und werden i. d. R. auch nicht in der Reaktionsgleichung erwähnt. Dies gilt z. B. für das Lösungsmittel, in dem eine Reaktion stattfindet. Die meisten für Mediziner relevanten chemischen Reaktionen laufen im **wässrigen Milieu der Zelle** ab.

Stöchiometrie

In der Realität lasst ihr selbstverständlich nicht nur ein paar Moleküle miteinander reagieren. Damit ihr trotzdem wisst, welche Stoffmengen ihr einsetzen müsst, bedienen wir uns der Reaktionsgleichung, aus der wir diese – hoffentlich problemlos – herleiten können. Diese Berechnung nennt man Stöchiometrie.
Hier ein kleines **Beispiel:** Wie viele Liter Wasserstoff (unter Normalbedingungen) braucht man, um 360 g Wasser zu synthetisieren? Zunächst benötigt ihr die Summenformel von Wasser, die ihr hoffentlich kennt. Aus der Formel H_2O kann man nun mithilfe des Periodensystems die molare Masse ablesen.
1 mol Wasserstoff hat als Masse 1 g. 1 mol Sauerstoff hat als Masse 16 g. Da in 1 mol Wasser 2 mol Wasserstoff-Atome und 1 mol Sauerstoff-Atome enthalten sind, hat 1 mol Wasser eine Masse von 18 g/mol.
Nun müsst ihr eine kleine Gleichung aufstellen, um zu berechnen, wie viel Mol Wasser man eigentlich herstellen will. Das Ganze ist glücklicherweise recht einfach:
Wenn **1 mol Wasser** eine Masse von **18 g** hat, wie viel Mol haben dann eine Masse von **360 g?**

$$\frac{1\text{ mol}}{x} = \frac{18\text{ g}}{360\text{ g}}$$

Nun müsst ihr nur noch nach **x** auflösen und erhaltet als Lösung: **20 mol.**
Ein beliebter Fehler ist es, zu glauben, dass man nun 40 mol Wasserstoff bräuchte, da ja in einem Molekül Wasser 2 H-Atome zu finden sind. Ihr solltet aber wissen, dass Wasserstoff ein zweiatomiges Gas ist, sodass man eben doch nur 20 mol Wasserstoff braucht.
Man kann auch einfach die Koeffizienten der Reaktionsgleichung betrachten:

$$\mathbf{2}H_2 + O_2 \rightarrow \mathbf{2}H_2O$$

Da diese für Wasserstoff und für Sauerstoff gleich sind (beide 2), kann man davon ausgehen, dass man mit 20 mol Wasserstoff auch 20 mol Wasser erhält.
Wie kann man nun das Ergebnis in Litern angeben? Die Antwort findet sich in → Kap. 6: Ein Mol eines idealen Gases entspricht 22,4 l. Also braucht man 20 × 22,4 l H_2.
Die Reaktion von Wasserstoff und Sauerstoff zu Wasser heißt übrigens **Knallgasreaktion.**
Aufgaben, in denen man die **22,4-Liter-Regel** anwenden muss, verraten sich oft dadurch, dass in der Aufgabenstellung steht, man solle annehmen, dass sich Gas X wie ein ideales Gas verhalte, oder dass Normalbedingungen herrschen.

Exkurs: Konzentration

Gerade in der Biochemie rechnet man oftmals mit Konzentrationen, statt mit absoluten Stoffmengen. Man gibt mit einer Konzentration an, wie viel Gramm, Mol oder Milliliter eines Stoffes in einem bestimmten Volumen des Lösungsmittels gelöst sind.

Löst man z. B. 1 g Zucker in 10 l Wasser, hat die Lösung die Zuckerkonzentration 0,1 g/l. Die simple Formel lautet:

$$C = m/V$$

C = Konzentration, m = Masse, V = Volumen
Um sicherzustellen, dass ihr euch nicht irrt, solltet ihr auch hier prüfen, ob die Einheiten am Ende wirklich g/l ergeben.
Löst man eine Flüssigkeit in einer anderen, kann das Ergebnis natürlich auch in ml/l angegeben werden.
Die häufigste Angabe ist allerdings mol/l. Eine Lösung mit der Konzentration von 1 mol/l wird auch 1-molar genannt. Eine Lösung von 2 mol/l bezeichnet man als 2-molar etc. Abgekürzt wird 1-molar als **1 M.**

Homogenes Gleichgewicht

Nehmen wir an, dass wir eine chemische Reaktion durchführen wollen, bei der zwei Stoffe A und B (die Edukte) zu zwei anderen Stoffen C und D reagieren sollen. Die ganze Reaktion findet in einem geschlossen System statt, sodass alle Edukte und Produkte an Ort und Stelle bleiben.
Wenn die Reaktion beginnt, entsteht in kurzer Zeit eine große Menge an Produkten, wobei natürlich auch eine entsprechend große Menge an Edukten verbraucht wird.
Nach einiger Zeit scheint es aber so, als wäre die Reaktion zum Erliegen gekommen, denn die Konzentrationen der Produkte und Edukte ändern sich nicht mehr. Dieser Eindruck täuscht allerdings, denn in Wirklichkeit entstehen aus den Edukten A und B nach wie vor die Produkte C und D. In gleichem Maß zerfallen aber auch die Produkte C und D wieder in die Edukte. Da diese beiden Reaktionen, die **Hinreaktion** und die **Rückreaktion, gleich schnell ablaufen,** entsteht der Eindruck, als sei die Reaktion zu Ende. Tatsächlich hat sich lediglich ein **Gleichgewicht** eingestellt. Da in diesem Gleichgewicht noch viel Bewegung vorhanden ist (die Reaktionen laufen schließlich noch immer ab), spricht man auch von einem **dynamischen Gleichgewicht.**

> Eine Reaktion, die „in beide Richtungen" ablaufen kann, nennt man **reversibel.**

Das oben Gesagte gilt folglich nur für reversible Reaktionen.
Bevor wir uns nun mit Begriffen wie Enthalpie oder Entropie herumschlagen, machen wir zunächst ein paar simple Überlegungen, mit denen man sich viel Auswendiglernen ersparen kann.

Prinzip von Le Chatelier

Unsere Beispielreaktion läuft in einem geschlossenen System ab. Würde sie in einem offenen System ablaufen und die Produkte wären Gase, die einfach so aus dem Reaktionsgefäß entweichen können, dann würde sich nämlich gar kein Gleichgewicht einstellen. Je mehr Gas entweicht, desto mehr Gas würde neu gebildet werden, bis die Edukte komplett verbraucht sind.
Wir sehen: Nehmen wir dem System Produkte weg, bildet es wieder mehr Produkte, solange bis sich wieder ein Gleichgewicht einstellt.
Dasselbe gilt, wenn wir wieder Edukte in das Reaktionsgefäß schütten, nachdem sich das Gleichgewicht eingestellt hat: Es wird mehr Produkt entstehen. Umgekehrt kann man auch Produkte zugeben, sodass vermehrt Edukte gebildet werden.
Dieses Phänomen nennt man **Prinzip vom kleinsten Zwang** oder auch **Prinzip von Le Chatelier.**
Können auch aus einem geschlossenen System Produkte „entfernt" werden? Gewissermaßen ja!
Wenn man nämlich dafür sorgt, dass die Produkte weiter reagieren, entfernt man quasi Produkte der ersten Reaktion und es werden mehr Edukte verbraucht. Dies ist ein Prinzip, das man sich in der Biochemie zunutze macht, wenn man will, dass eine Reaktion möglichst vollständig abläuft.
Wir üben auf das System einen Zwang aus (wir entfernen Produkte) und das System versucht die Auswirkungen dieses Zwangs zu minimieren (das System bildet mehr Produkte). Dieser Umstand ist allerdings nicht nur auf das Entfernen und Zugeben von Reaktionsteilnehmern beschränkt:
Nehmen wir an, wir befinden uns wieder in einem geschlossenen System und unsere Produkte C und D sind gasförmig, wohingegen die Edukte A und B flüssig sind. Üben wir nun Druck auf das System aus, indem wir den Behälter verkleinern, so wird sich das System auch diesem Zwang entziehen. Statt der Produkte C und D, die als Gase viel Platz benötigen, werden nun vermehrt die Edukte A und B gebildet, um der Druckerhöhung entgegenzuwirken.
Können wir das System noch mehr beeinflussen? Ja, denn die beiden Reaktionen unterscheiden sich auch hinsichtlich der Temperatur, bei der sie ablaufen. Angenommen, unsere Hinreaktion setzt Wärme frei (wie eine Verbrennung, auch **exotherme Reaktion** genannt), dann können wir daraus schließen, dass unsere Rückreaktion Wärme verbraucht **(endotherme Reaktion).** Erhöhen wir nun die Temperatur, wird verstärkt die Reaktion ablaufen, die Wärme verbraucht. Wenn die Rückreaktion Wärme verbraucht, entstehen folglich wieder mehr Edukte.
Am besten merkt ihr euch, dass das System zurück zu seinem Ausgangszustand gelangen will.

Massenwirkungsgesetz

Wäre es nicht praktisch, das Verhältnis von Edukten zu Produkten quantifizierbar zu machen? Da die Konzentration der Edukte und die Konzentration der Produkte konstant sind, wenn sich das Gleichgewicht eingestellt hat, hat man eine Formel zur Berechnung eines Zahlenwerts, der **Gleichgewichtskonstante *K*,** aufgestellt. Diese Formel wird **Massenwirkungsgesetz (MWG)** genannt. Aus diesem Zahlenwert kann man dann ablesen, ob bei einer Reaktion grundsätzlich in erster Linie die Produkte entstehen, das Gleichgewicht also auf der Produktseite liegt, oder ob die Reaktion kaum stattfindet, das Gleichgewicht also auf der Eduktseite liegt.
Wie macht man das? In unserer Beispielreaktion entstehen nach wie vor aus den Edukten A und B die Produkte C und D.

$$A + B \rightleftharpoons D + C$$

Man **multipliziert nun die Konzentrationen der Produkte miteinander** und **dividiert** durch **die multiplizierten Konzentrationen der Edukte.**
Hier lohnt es sich, die einzelnen Schritte nachzuvollziehen. Insbesondere sollte man sich merken, dass die **Produkte im Zähler** stehen, dann kann man sich viel herleiten.
Kleine Eselsbrücke im Hinblick auf zukünftige Prüfungen: Das Ergebnis **(Produkt)** ist alles, was **zählt.**

> Man berechnet die **Produkte** (!) und nicht die Summen der Konzentrationen. Ein beliebter Fehler, der sich auch als Falschantwort anbietet.

$$K = \frac{[C] \times [D]}{[A] \times [B]}$$

Um ein Massenwirkungsgesetz aufstellen zu können, ist es unerlässlich, die Reaktionsgleichung zu kennen. Falls in einer Reaktion Koeffizienten vorkommen, muss man die Konzentration des jeweiligen Edukts oder Produkts hoch diesen Koeffizienten nehmen. Ein **Beispiel** sollte das veranschaulichen:

$$A + B \rightleftharpoons 2C + D$$

$$K = \frac{[C]^2 \times [D]}{[A] \times [B]}$$

Gleichgewichtskonstante

Angenommen, bei der Reaktion liegen nach Einstellung des Gleichgewichtszustands die Edukte in gleicher Konzentration vor wie die Produkte. Im Zähler und im Nenner steht dann die gleiche Zahl und *K* **ist** folglich **gleich 1.**

Wenn das **Gleichgewicht stark auf der Produktseite** liegt, ist der Zähler unseres Bruchs groß und der Nenner klein. ***K* ist dann größer 1.** In der Biochemie bezeichnet man Reaktionen in unserem Körper, deren Gleichgewicht so stark auf der Produktseite liegt, dass die Konzentration der Edukte vernachlässigbar klein wird, als **irreversibel.**

Wenn das **Gleichgewicht stark auf der Eduktseite** liegt, ist der Zähler unseres Bruchs klein und der Nenner groß. ***K* ist dann kleiner 1.**

Eine Besonderheit von ***K*:** Sie ist **unabhängig von Konzentrationsänderungen.** Geben wir Edukte hinzu, wird das System in gleichem Maße verstärkt Produkte bilden (Le-Chatelier-Prinzip!). Nachdem sich das Gleichgewicht erneut eingestellt hat, stehen Zähler und Nenner wieder im selben Verhältnis zueinander.

Man muss allerdings, wenn man ein Massenwirkungsgesetz aufstellt, angeben, bei welcher **Temperatur** die Reaktion stattfindet.

Zur Verdeutlichung:

Wenn sich ein Gleichgewicht in der Reaktion eingestellt hat und man die Temperatur erhöht, läuft verstärkt die endergone (wärmeverbrauchende) Reaktion ab. Wenn die Rückreaktion Wärme verbraucht, entstehen mehr Edukte. Entsprechend wird der Nenner größer und der Zähler kleiner und es ergibt sich eine neue Gleichgewichtskonstante. *K* ist folglich **temperaturabhängig.**

K ist konstant, wenn sich ein Gleichgewicht eingestellt hat. Sie ist allerdings auch abhängig vom **Druck.** Ihr könnt diese Beziehung genau wie bei der Temperatur begründen, wenn ihr noch mal nachlest, wie sich Druckänderungen nach dem Prinzip von Le Chatelier auswirken.

Tab. 9.1 Stoffgemische

Stoffgemisch	Zusammensetzung
Gemenge	Feststoff + Feststoff (denkt an Sand und Kies)
Suspension	Feststoff + Flüssigkeit (denkt an die **Su**ppe, in der Nudeln schwimmen)
Emulsion	Flüssigkeit + Flüssigkeit (denkt an Öl in Wasser)
Aerosol	Flüssigkeit oder Feststoff + Gas (denkt an Nebel oder Rauch)

Gekoppelte Reaktionen

Zu guter Letzt: Wie stellt man das MWG für **gekoppelte Reaktionen** auf, wenn also die Produkte direkt weiter reagieren?

Man muss die Gleichgewichtskonstanten miteinander **multiplizieren,** um die Gleichgewichtskonstante für die gesamte Reaktion zu erhalten.

$$[A] + [B] \rightleftharpoons [C] + [D] \rightleftharpoons [E] + [F]$$

$$K_{ges} = K_1 \times K_2 = \frac{[C] \times [D]}{[A] \times [B]} \times \frac{[E] \times [F]}{[C] \times [D]}$$

Aus der Gleichung erkennt man zudem, dass man die Konzentrationen der Zwischenprodukte noch nicht mal kennen muss, um K_{ges} zu ermitteln, da sich diese einfach kürzen lassen.

Heterogenes Gleichgewicht

Neben homogenen Gleichgewichten gibt es auch **heterogene Gleichgewichte.** Während bei homogenen Gleichgewichten die Reaktion in derselben sog. **Phase,** z. B. dem Lösungsmittel Wasser, stattfindet, zeichnen sich heterogene Stoffgemische durch das Vorhandensein verschiedener Phasen aus.

Was sind eigentlich Phasen? Unterschiedliche Zustandsformen der Materie, die klar voneinander getrennt sind! Was kompliziert klingt, ist eigentlich ganz einfach: Man muss sich nur ein heterogenes Gemisch wie Blut vorstellen (nachdem es eine Weile gestanden hat). Die schweren Bestandteile wandern nach unten und sind klar von den leichten getrennt. Hier habt ihr auch schon ein weiteres Merkmal von heterogenen Gemischen kennengelernt. Man kann sie mit **physikalischen Methoden,** wie etwa dem Ausüben einer Kraft (beim Blut macht dies die Schwerkraft), trennen, wohingegen man zum Spalten chemischer Verbindungen eine **chemische Reaktion** benötigt.

Stoffgemische

Einige wichtige Arten von Stoffgemischen sollte man kennen (→ Tab. 9.1).

> **Zusammenfassung**
> - Beim Ausgleichen von Reaktionen müsst ihr auf den Erhalt von Masse und Ladung achten.
> - Im Gleichgewichtszustand laufen Hin- und Rückreaktion gleich schnell ab.

Thermodynamik

Eine wichtige Bemerkung vorweg, weil sie eine beliebte Falschantwort darstellt: Aus allen Begriffen, die ihr zur Thermodynamik lesen werdet, lassen sich **keine Aussagen hinsichtlich der Geschwindigkeit von Reaktionen** ableiten.

Grundlegende Begriffe

Enthalpie

Wir haben bereits bei der Besprechung der Gleichgewichtsreaktion gelernt, dass es Reaktionen gibt, bei denen Wärme frei wird. Woher kommt die Energie, die bei diesen **exothermen** Reaktionen in Form von Wärme frei wird? Sie ist in den Edukten selbst gespeichert. Diesen „Wärmeinhalt" bezeichnet man als **Enthalpie *H*.**

Stoffe streben grundsätzlich nach einer **niedrigen Enthalpie,** einem energiearmen Zustand. Deshalb wird bei vielen Reaktionen, die uns aus dem Alltag bekannt sind, etwa bei Verbrennungen, Energie in Form von Wärme frei.

Man kann sich merken, dass man selbst auch immer nach einem „energiearmen" Zustand strebt: Wenn man steht, will man sich setzen. Wenn man sitzt, will man liegen etc.
Für Reaktionen kann man auch die Differenz der Enthalpien der Produkte und Edukte ΔH berechnen. Nimmt im Verlauf einer Reaktion die Enthalpie der beteiligten Stoffe ab **(ΔH negativ),** so ist bei der Reaktion Wärme frei geworden und die Reaktion ist **exotherm.** Andererseits gibt es auch Reaktionen, bei denen ΔH positiv ist, also Wärme zugeführt wurde, sodass in diesem Fall die Reaktion **endotherm** ist.
Übrigens: Die Einheit der Enthalpie ist **kJ (Kilojoule)/mol.**

Entropie

Wenn Stoffe nach energiearmen Zuständen streben, wie kann es dann sein, dass es auch Reaktionen gibt, die, obwohl sie spontan ablaufen, Wärme aufnehmen (z. B. das Lösen bestimmter Salze in Wasser)? Es gibt noch etwas anderes, nach dem das Universum strebt: Nach größtmöglicher **Entropie (Unordnung) *S*.**
Sich hier in Details zu verlieren, ist nicht zielführend. Merkt euch einfach, dass ein System, wie die Küche eurer WG, nach größtmöglicher Entropie (Unordnung) strebt.

Gibbs freie Energie

Man kann sich der Frage, warum Reaktionen ablaufen, die Wärme verbrauchen, auch mit einer Formel nähern, die euch im nächsten Kapitel begegnen wird. Dazu braucht man zunächst einmal eine Größe, die das Bestreben einer Reaktion abzulaufen deutlich macht. Diese bezeichnet man als **Gibbs freie Energie (ΔG).**
Bei Reaktionen, die spontan, also gewissermaßen „freiwillig", ablaufen, ist ΔG **negativ.** Diese Reaktionen heißen auch **exergon.** ΔG hat wie H auch die Einheit **kJ/mol.** Andere Reaktionen laufen nicht spontan ab. Bei ihnen ist ΔG positiv und die Reaktionen heißen **endergon** (→ Abb. 10.1).

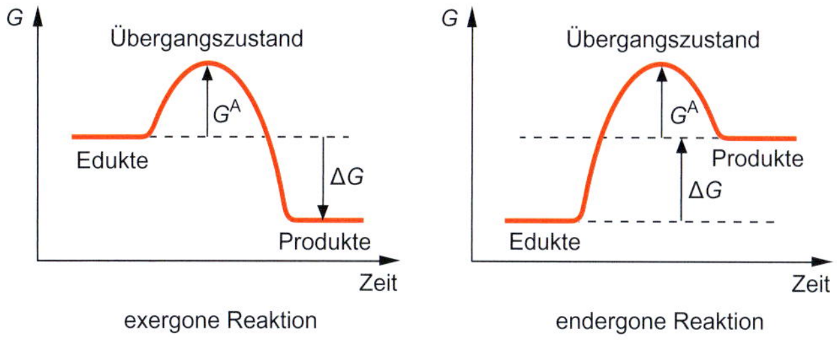

Abb. 10.1 Energieprofile von exergonen und endergonen Reaktionen [L253]

Bei der **Enth**alpie *H* geht es um **Temp**eraturen. Die Begriffe heißen endo**th**erm und exo**th**erm.
Bei der **G**ibbs-Energie fragt man sich, ob eine Reaktion exer**g**on oder ender**g**on ist.

Chemische Reaktionen mit G

Aktivierungsenergie und Energieprofile

Wenn Reaktionen exergon sind, heißt das, dass diese Reaktionen sofort stattfinden, sobald man die Edukte zusammenführt? Nein, denn auch wenn die Produkte einen niedrigeren Energiegehalt haben, muss man zumeist erst ein bisschen Energie, die **Aktivierungsenergie (G^A),** ins System investieren, damit die Reaktion in Gang kommt. Dies wird einem recht schnell klar, wenn man sich die Energieprofile der Reaktionen anschaut.
Die Aktivierungsenergie, die im Profil der endergonen Reaktion angegeben ist, ist die Energie, die man über den Energiegehalt der Produkte hinaus aufgewendet hat. Sie ist identisch mit der Aktivierungsenergie für die exergone Rückreaktion.

Gekoppelte Reaktionen

Was kann der Körper machen, wenn er eine endergone Reaktion ablaufen lassen will? Eine einfache Möglichkeit ist die **Kopplung** der endergonen Reaktion an eine exergone Reaktion.
Sind zwei Reaktionen miteinander gekoppelt, berechnet man die **Gibbs-Energie der Gesamtreaktion, indem man die Gibbs-Energien beider Reaktionen addiert.**
Nicht verwechseln: Die Gleichgewichtskonstanten der Reaktionen werden nach wie vor **multipliziert.**
Ist die Gibbs-Energie der Gesamtreaktion dann negativ, laufen beide Einzelreaktionen, also auch die endergone Reaktion, ab. Das beliebteste Beispiel für eine exergone Reaktion, die unser Körper zur Kopplung nutzt, ist die Hydrolyse von ATP, der bekanntesten Energiewährung der Zelle.

Zusammenfassung

- Die Gibbs-Energie G gibt Auskunft darüber, ob eine Reaktion „freiwillig" abläuft.
- Die Gibbs-Energie wird durch die Änderung der Enthalpie H und der Entropie S im Laufe der Reaktion bestimmt.

Im Gegensatz zur Thermodynamik geht es in diesem Kapitel um nichts anderes als die **Geschwindigkeit chemischer Reaktionen.**

Geschwindigkeitskonstante k

So wie es manche Autos gibt, die schneller fahren können als andere, gibt es auch Reaktionen, die dazu neigen, schneller abzulaufen als andere. Diese Eigenschaft der Reaktion wird in der **Geschwindigkeitskonstante *k*** ausgedrückt.
Schon wieder eine Konstante, die mit diesem Buchstaben abgekürzt wird. Im Gegensatz zur Gleichgewichtskonstante ***K*** ist das ***k*** der Geschwindigkeitskonstante klein.
Während sich die Reaktionsgeschwindigkeit im Verlauf einer Reaktion i. d. R. ändert, ist *k* für eine Reaktion konstant. Je **größer *k*, desto schneller kann eine Reaktion** ablaufen.
Wenn ihr euch jetzt fragt, wie *k* zustande kommt, dann solltet ihr wissen, dass es eine einzige für euch wichtige Verknüpfung zwischen Kinetik und Thermodynamik gibt:
Ihr erinnert euch sicher noch an die Aktivierungsenergie (die Energie, die man zuführen muss, um eine Reaktion in Gang zu bringen, → Kap. 10). **Je größer die Aktivierungsenergie einer Reaktion ist, desto kleiner ist *k*.** Sprich: Eine Reaktion, in die man viel Energie pumpen muss, damit überhaupt was passiert, läuft auch langsamer ab.
Wovon hängt *k* noch ab? Stellt euch eine Lösung vor, in der zwei Arten von Molekülen schwimmen. Wann immer zwei Moleküle zusammenstoßen, kommt es zu einer Reaktion. Wenn man nun die Temperatur erhöht, schwingen die Moleküle auch schneller. Die Wahrscheinlichkeit, dass zwei Moleküle zusammenstoßen, steigt und damit auch die Neigung der Reaktion, schnell abzulaufen. Folglich **nimmt *k* mit steigender Temperatur zu.**
Natürlich existiert bei Gleichgewichtsreaktionen, bei denen es Hin- und Rückreaktion gibt, auch je eine Geschwindigkeitskonstante für Hin- und Rückreaktion. Aus $\boldsymbol{k_{hin}}$ und $\boldsymbol{k_{rück}}$ kann man auch die Lage des Gleichgewichts berechnen.

$$K = \frac{k^{hin}}{k^{rück}}$$

Die Formel ist eigentlich sehr simpel: Wenn die Hinreaktion dazu neigt, schnell abzulaufen (k_{hin} groß), liegt auch das Gleichgewicht stark auf der Produktseite (*K* groß). Ist die Geschwindigkeitskonstante der Rückreaktion groß, nimmt die Gleichgewichtskonstante kleine Werte an.

Reaktionsgeschwindigkeit

Worin besteht der Unterschied zwischen **Reaktionsgeschwindigkeit v** und Geschwindigkeitskonstante k? Zunächst einmal muss dafür geklärt werden, was die Reaktionsgeschwindigkeit ist, und wie man sie überhaupt messen kann. Dafür gibt es zwei Möglichkeiten, die zum gleichen Ergebnis führen: Entweder man misst die **Zunahme der Produktkonzentration pro Zeit,** oder man macht es andersrum und misst die **Abnahme der Eduktkonzentration pro Zeit.** Mathematisch ausgedrückt schreibt man für die Zunahme der Produktkonzentration:

$$v = \frac{dc_P}{dt}$$

Falls euch die Buchstaben **„d"** verwirren, stellt sie euch einfach als Δ vor. Sie sollen nur deutlich machen, dass man hier keinen einzelnen Wert misst, sondern die **D**ifferenz zwischen zwei Werten. Wenn man zu Beginn der Reaktion die Produktkonzentration 1 mol/l bestimmt und diese am Ende der Reaktion 3 mol/l beträgt, setzt man 2 mol/l in die Formel zur Berechnung der Geschwindigkeit ein. Für die Zeit verfährt man genauso.
Die Formel, der die Abnahme der Eduktkonzentration zugrunde liegt, lautet:

$$v = -\,dc_A/dt$$

Warum das Minus in der Gleichung? Wenn man die Differenz der Eduktkonzentrationen bestimmt, ergibt sich ein Problem: Da die Edukte verbraucht werden, ist die Konzentration am Ende der Reaktion geringer als am Anfang. Der Wert, den man in die Gleichung für die Geschwindigkeit einsetzen würde, wäre folglich negativ. Die Geschwindigkeit selbst würde dann auch einen negativen Wert annehmen. Da die Geschwindigkeit aber positiv sein muss, ist das Minus in der Gleichung notwendig.

Exkurs: Katalysatoren

Wenn die Höhe der Aktivierungsenergie die Reaktionsgeschwindigkeit bestimmt, müsste eine Substanz, welche die benötigte **Aktivierungsenergie einer Reaktion reduziert,** deren **Geschwindigkeit und damit auch die Einstellung des Gleichgewichts beschleunigen.** Eine Substanz, die genau das macht, und dazu noch unverändert aus der Reaktion hervorgeht, nennt man Katalysator (→ Abb. 11.1).
Da der Katalysator formal nicht an der Reaktion teilnimmt, muss man ihn weder bei den Edukten noch bei den Produkten angeben. Ein Katalysator hat keinen Einfluss auf die Lage des Gleichgewichts und kann folglich auch keine exergone zu einer endergonen Reaktion machen.

> **Enzyme** sind **Biokatalysatoren.** Ihre Funktion ist sehr wichtig, da viele der Reaktionen, die unser Überleben sichern, nicht ablaufen könnten, wenn Enzyme nicht die benötigte Aktivierungsenergie herabsetzen würden.

Genaueres dazu lernt ihr aber noch in der Biochemie.

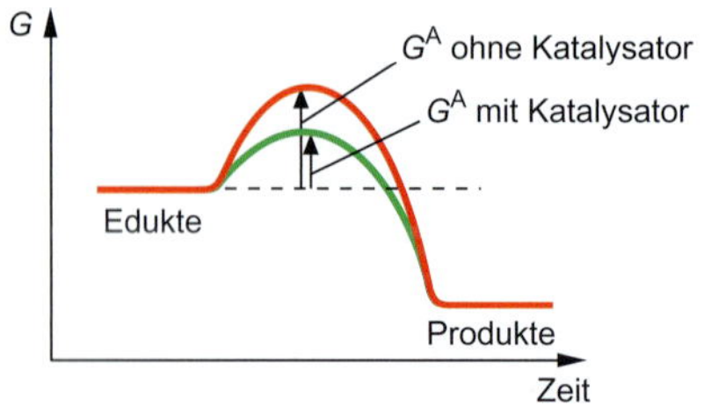

Abb. 11.1 Energieprofile mit und ohne Katalysator [L253]

Exkurs: Geschwindigkeitsbestimmende Reaktion

In der Biochemie gibt es viele Stoffwechselwege, in denen ein Produkt entsteht, um dann sofort in einer Folgereaktion als Edukt zu dienen. Das entstehende Produkt dient als Edukt des nächsten Schritts und so fort. Es kann aber durchaus sein, dass eine Reaktion die Produkte langsamer bildet, als die Folgereaktion sie verbraucht. Diese Reaktion wird als **geschwindigkeitsbestimmende(r) Reak-**

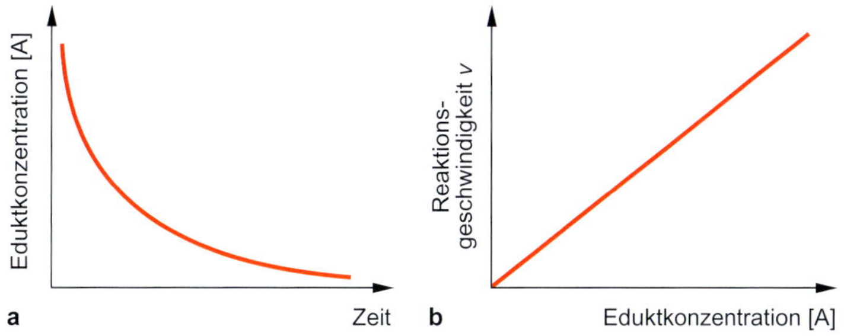

Abb. 11.2 a) Reaktion 1. Ordnung, b) Beziehung zwischen Eduktkonzentration und Reaktionsgeschwindigkeit [L253]

tion/Teilschritt bezeichnet, da sie die Geschwindigkeit des ganzen Stoffwechselwegs limitiert. Schließlich können die folgenden Schritte nicht ablaufen, wenn ihnen keine Edukte bereitgestellt werden.
Der geschwindigkeitsbestimmende Schritt ist der mit der kleinsten Geschwindigkeitskonstante – also der Schritt mit der höchsten Aktivierungsenergie. Auf diese Weise kann man ihn in einem Energieprofil auch leicht erkennen.
Stellt euch den geschwindigkeitsbestimmenden Schritt wie einen Stau vor. Er bestimmt, wie schnell ihr morgens zur Uni kommt, da ihr auf dem restlichen Weg schließlich nicht unendlich schnell fahren könnt.

Reaktionsordnung

Reaktion 1. Ordnung

Um unser Verständnis von Reaktionsgeschwindigkeiten zu verbessern, schauen wir uns nun Reaktionen verschiedener **Ordnung** an. Eine Reaktion, bei der ein großes Molekül in zwei kleinere zerfällt, bezeichnet man als **Reaktion 1. Ordnung.**

> Bei einer Reaktion 1. Ordnung reicht 1 Edukt (Molekül/Atom) zur Bildung der Produkte.

Wovon hängt die Reaktionsgeschwindigkeit ab? Einerseits von der Neigung des Edukts zu zerfallen. Diese Neigung kennen wir bereits als **Geschwindigkeitskonstante *k*. Andererseits ist auch die Konzentration des Edukts** wichtig. Je mehr Edukte da sind, desto mehr Edukte zerfallen und desto schneller ändert sich die Konzentration.

$$v = k \times [A]$$

Man sieht aus der Gleichung, dass sich bei einer Verdopplung der Eduktkonzentration auch die Reaktionsgeschwindigkeit verdoppelt, bei einer Halbierung halbiert etc. Die Geschwindigkeit und die Konzentration sind folglich **proportional.** k ist dabei die **Proportionalitätskonstante.** Wenn man einen proportionalen Zusammenhang grafisch darstellt, ist der Graph immer eine Gerade, dessen Steigung der Proportionalitätskonstante entspricht.
Aus der Gleichung erkennt man auch, dass die Reaktionsgeschwindigkeit während einer Reaktion nicht konstant bleiben wird. Es werden schließlich Edukte verbraucht. Folglich nimmt die Konzentration der Edukte ab, und die Geschwindigkeit der Reaktion sinkt (→ Abb. 11.2). Bei einer Gleichgewichtsreaktion gilt dies nur für die Geschwindigkeit der Hinreaktion. Je mehr Produkte entstehen, desto mehr können zurückreagieren, sodass im Verlauf der Reaktion die Geschwindigkeit der Rückreaktion zunimmt.

> Wenn beide **Reaktionen gleich schnell** ablaufen, ist die **Reaktion im Gleichgewicht.**

Die **Geschwindigkeitskonstanten sind im Gleichgewicht nach wie vor nicht gleich.** Sie ändern sich schließlich im Verlauf der Reaktion nicht.
Radioaktive Zerfälle sind wichtige Reaktionen 1. Ordnung. Um auszudrücken, wie schnell ein Stoff zerfällt, gibt man gerne die **Halbwertszeit $t_{1/2}$** an.

> Die **Halbwertszeit** ist die Zeit nach der, egal bei welcher Ausgangskonzentration, nur noch die Hälfte der Edukte übrig ist.

Man kann die Halbwertszeit berechnen, indem man den natürlichen Logarithmus von 2 durch die Zerfallskonstante dividiert.

$$t_{1/2} = \ln 2/\lambda$$

Mehr als Auswendiglernen muss man diese Gleichung im Rahmen der Chemie zum Glück nicht.
Wieso ist die Halbwertszeit von 1 kg Uran und 100 kg Uran gleich? Zwar sind 100 kg natürlich weitaus mehr, dafür zerfallen auch weitaus mehr Teilchen pro Zeit. Dementsprechend zerfallen 100 kg genauso schnell zu 50 kg wie 1 kg zu 0,5 kg.

Reaktion 2. Ordnung

Es gibt natürlich auch **Reaktionen 2. Ordnung.** Braucht es, um die Produkte zu bilden, zwei Edukte (die aber auch gleich sein können), dann ist das eine solche Reaktion. Gibt es zwei verschiedene Edukte A und B, hängt die Reaktionsgeschwindigkeit von der Konzentration **beider** Edukte ab:

$$v = k \times [A] \times [B]$$

Gibt es nur einen Typ Edukt, von dem es aber zwei Moleküle braucht, um ein Produkt zu bilden, dann wird die Konzentration dieses Edukts zur Berechnung der Geschwindigkeit **quadriert.**

$$v = k \times [A]^2$$

Da auch während einer Reaktion 2. Ordnung Edukte verbraucht werden, nimmt die Reaktionsgeschwindigkeit im Verlauf der Reaktion natürlich ebenfalls ab.

> **Zusammenfassung**
> - Große Aktivierungsenergie = kleine Geschwindigkeitskonstante
> - Ein Katalysator geht unverbraucht aus einer Reaktion hervor, senkt ihre Aktivierungsenergie und beschleunigt sie damit.

→ 12 Säuren und Basen

Definitionen

In vielen Lehrbüchern werden die Definitionen von Säuren und Basen im Verlauf der vergangenen Jahrhunderte aufgeführt. Wir kommen sofort zu den beiden Definitionen, die euch im Studium begegnen werden.

- **Brønsted** (die wichtigere): Säuren sind Verbindungen, die ein Proton abgeben **(Protonen-Donatoren).** Basen sind Verbindungen, die ein Proton aufnehmen **(Protonen-Akzeptoren).**
- **Lewis:** Säuren lagern Elektronenpaare an **(Elektronenpaar-Akzeptoren).** Basen geben Elektronenpaare ab **(Elektronenpaar-Donatoren).**

> **B**ernd **s**ingt **p**olnische **D**ancehits – **B**rønsted-**S**äure = **P**rotonen-**D**onator

Weil die Definitionen überaus wichtig sind, gibt es nun eine kleine **Beispielfrage.** Nutzt die Eselsbrücken, damit auch unter Stress keine Unsicherheiten aufkommen!

Welche Aussage ist richtig?

a) Lewis-Säuren sind Protonen-Akzeptoren.
b) Brønsted-Basen sind Protonen-Akzeptoren.
c) Lewis-Basen sind Elektronenpaar-Akzeptoren.

Ihr seht, dass hier mit den Begriffen Akzeptor/Donator, wie auch mit Proton/Elektron, „gespielt" wird. Am wenigsten verwirrt werdet ihr sein, wenn ihr euch nur den Anfang der Antwortmöglichkeit anschaut, euch die Definition (also z. B. was eine Lewis-Säure macht) selbst herleitet und dann schaut, ob dies mit dem Rest der Antwort übereinstimmt! Dieser Ansatz ist bei MC-Klausuren generell hilfreich.
In diesem Fall ist b) die richtige Antwort.

> Mithilfe der Definitionen von Säure und Base lassen sich chemischen Reaktion vorhersagen.

Betrachten wir eine Verbindung der Elemente Wasserstoff und Fluor (Atombindung) (→ Abb. 12.1).

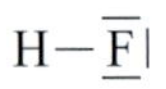

Abb. 12.1 Fluorwasserstoff [L253]

Um zu verstehen, warum dieser Stoff ein Proton abgibt, erinnern wir uns an das Konzept der **Elektronegativität** (das Vermögen eines Stoffes, Elektronen an sich zu ziehen). Wie bereits erklärt, nimmt diese im Periodensystem von „links unten" nach „rechts oben" zu. In unserem Fall bedeutet das, dass Fluor das bindende Elektronenpaar fast gänzlich zu sich zieht. Sobald nun ein anderer Stoff auftaucht, der z. B. ein freies Elektronenpaar besitzt, wird sich das positiv geladene Proton zur negativen Ladung dieses Elektronenpaars hingezogen fühlen und an dieses binden. Das ursprünglich bindende Elektronenpaar des HF verbleibt beim Fluor und verursacht dort eine negative Ladung. Als Beispiel soll uns die Reaktion des Fluorwasserstoffs (auch **Flusssäure** genannt) mit Wasser dienen:

$$H_2O + HF \rightarrow H_3O^+ + F^-$$

Das „Zerfallen" einer Säure (in diesem Fall ist HF schließlich der **Protonen-Donator**) bezeichnet man auch als **Dissoziation** oder **Protolyse.** Zu beachten ist, dass dieser Zerfall nur stattfindet, wenn auch ein Akzeptor für das Proton vorhanden ist. Warum? Weil das Proton eine im Vergleich zu seiner Ladung sehr kleine Masse hat. Es wird quasi von seiner Ladung sofort zu einem Teilchen „geschleift", an das es binden kann. Bei der Reaktion sind geladene Teilchen entstanden: **Ionen.** Das positiv geladene H_3O^+-Ion wird **Oxonium-Ion** genannt.
Warum kann man die Begriffe Proton, Wasserstoffkern und H^+ als Synonyme verwenden? Aus dem Periodensystem erkennt ihr, dass Wasserstoff die Ordnungs- und Massenzahl 1 hat. Sein Kern besteht folglich nur aus einem Proton. Da er keine Ladung hat, muss sich in seiner Hülle noch ein negativ geladenes Elektron befinden. Ein **Wasserstoffkern** ist also ein Wasserstoff-Atom ohne das Elektron in der Hülle – und der besteht eben aus dem **Proton.** Ohne das Elektron kommt es zu einer positiven Ladung, weshalb man H^+ schreibt, um den Unterschied zum ungeladenen Atom zu verdeutlichen.
Wir haben gesehen, dass Moleküle Protonen abgeben, wenn ein Wasserstoffteilchen an einer kovalenten Bindung beteiligt ist, bei der ihm das bindende Elektronenpaar fast völlig entzogen ist. Wann könnte ein Stoff außerdem Protonen abgeben? Ganz einfach: Wenn es mehr hat „als es braucht", also das Molekül insgesamt positiv geladen ist. Dies trifft u. a. auf das Oxonium-Ion aus unserem Beispiel zu.
Wir erkennen: Aus dem Wasser, das ein Proton aufnimmt, also als Base reagiert, entsteht ein Stoff, der selbst ein Proton abgeben könnte, also als Säure reagieren kann. Umgekehrt ist aus HF ein Ion entstanden, das negativ geladen ist, sodass positiv geladene Protonen von ihm angezogen werden. Es kann demnach Protonen akzeptieren und als Base reagieren (Warum es das meistens aber nicht tun wird, erfahrt ihr später)!
Dass aus einer Säure im Zuge einer Dissoziation eine Base wird, ist nicht ungewöhnlich, sondern die Regel. Eine Säure und die aus ihr entstandene Base bezeichnet man als **konjugiertes/korrespondierendes Säure-Base-Paar** (das gilt natürlich für die aus einer Base entstandene Säure!).

Typische Säuren

Man kann Säuren grob in zwei Gruppen gliedern: Die **Sauerstoff-** bzw. **Oxosäuren,** in denen die Protonen, die abgegeben werden sollen, an Sauerstoff-Atome gebunden sind, und alle anderen Säuren. Auch wenn dies i. d. R. nicht abgeprüft wird, kann man mit einigen zusätzlichen Informationen leicht die Stärke von Säuren, auch ohne Kenntnis der pH- und pK_s-Werten, die ihr noch kennenlernen werdet, abschätzen, was durchaus nützlich ist:

- Die **„Nicht-Oxosäuren":** Wie im Fluorwasserstoff ist das Proton direkt an ein elektronegatives Atom gebunden. Grundsätzlich ist zu beachten, dass die Säurestärke, wie oben beschrieben, mit **hoher Elektronegativität** zunimmt. Allerdings spielt der Atomradius noch eine größere Rolle. H^+-Ionen können sich leichter von Atomen mit großem Radius lösen als von solchen mit einem kleinen Radius. Daher ist etwa Tellurwasserstoff trotz der geringeren Elektronegativität des Tellurs eine wesentlich stärkere Säure als Schwefelwasserstoff.

- **Oxosäuren:** Die Mehrzahl der Säuren, die euch im Verlauf der Medizinerkarriere begegnen werden, sind Sauerstoffsäuren. Die Summenformel einer solchen Säure besteht typischerweise aus **mehreren Wasserstoff-Atomen, Sauerstoff-Atomen** und **einem Atom einer anderen Sorte.**

Die **Phosphorsäure** soll uns als typisches Beispiel einer Oxosäure dienen. Ihre Summenformel lautet:

$$H_3PO_4$$

Versucht, bevor ihr weiterlest, die Strukturformel dieser Säure zu zeichnen. Ihr werdet hier mit dem Problem konfrontiert, die Oktettregel nicht erfüllen zu können, egal wie ihr die Atome auch anordnet. Das müsst ihr allerdings auch nicht: Da ab der dritten Periode eine sog. **Oktettaufweitung** möglich ist, kann der Phosphor mehr als 8 Valenzelektronen haben, also die Edelgaskonfiguration überschreiten. Wenn ihr eine **Sauerstoffsäure** zeichnen wollt, könnt ihr euch mit einer zugegebenermaßen recht unwissenschaftlichen Methode helfen, solange euch die Summenformel bekannt ist:

1. Ordnet alle Sauerstoff-Atome um das „Nicht-Wasser-nicht-Sauerstoff-Atom" an.
2. Ordnet jedem Sauerstoff- ein Wasserstoff-Atom zu (sofern genug vorhanden).
3. Zeichnet die Bindungselektronenpaare ein (Sauerstoff will i. d. R. **zwei** Bindungen eingehen).
4. Ergänzt die freien Elektronenpaare.

Mit diesem Wissen könnt ihr alle für euch wichtigen Sauerstoffsäuren zeichnen. Versucht nun einmal einige Säuren, ausgehend von ihrer Summenformel, zu zeichnen und schaut euch im Anschluss ihre Strukturformeln an.
Wovon hängt nun die Stärke einer Sauerstoffsäure ab? Vor allem von der **Elektronegativität des Atoms in der Mitte.**
Hier wird der etwas umständliche Begriff „Atom in der Mitte" verwendet, da **Zentralteilchen** oder **Zentralatom** Begriffe aus der **Komplexchemie** sind!
Denn je stärker diese ist, desto mehr werden die Elektronen des Sauerstoffs zu ihm hingezogen, sodass auch das bindende Elektronenpaar zwischen Wasserstoff und Sauerstoff vom Kern des Wasserstoffs weggezogen wird, was es diesem erleichtert, sich zu lösen. Wenn mehrere OH-Gruppen um das Atom in der Mitte angeordnet sind, „ziehen" sie quasi alle an dessen negativ geladenen Elektronen, was dazu führt, dass das Atom selbst positiver wird und nun ebenfalls stärkere Anziehungskräfte auf die Elektronen der gesamten Verbindung auswirkt. Folglich steigt die Säurestärke auch mit der **Anzahl der O-Atome,** die sich um das Atom in der Mitte anordnen, was sich ganz leicht aus der Summenformel herauslesen lässt.
Wichtige Säuren sind Schwefelsäure, Chlorwasserstoff, „Kohlensäure", Phosphorsäure, Zitronensäure.
Wann spricht man von einer starken Säure? Auch bei der Dissoziation von Säuren und Basen stellt sich ein **Gleichgewicht** ein. Da die Reaktion nicht vollständig abläuft, geben nicht alle Säuremoleküle ihre Protonen ab. Bei starken Säuren ist das aber nur bei vergleichsweise wenigen Molekülen der Fall.

Das Gleichgewicht der Protolyse liegt **auf der Produktseite.** Somit liefert eine starke Säure in Wasser wesentlich mehr H_3O^+-Ionen als die gleiche Menge einer schwachen Säure.

Typische Basen

Nach Brønsted-Definition sind Basen **Protonen-Akzeptoren.** Eine Verbindung wie **Ammoniak** kann in Wasser an seinem freien Elektronenpaar H^+-Ionen anlagern, und bildet so ein **Ammonium-Ion** (→ Abb. 12.2). Das Wassermolekül, das ein H^+-Ion abgegeben hat, ist nun ein negativ geladenes OH^--Ion. **Alle Basen bilden in Wasser OH^--Ionen.** So gibt es auch Verbindungen, die bereits ein OH^--Ion enthalten, und dieses in Wasser lediglich freisetzen, wie z. B. **NaOH (Natriumhydroxid,** in Wasser gelöst spricht man von **Natronlauge).** Das heißt allerdings nicht, dass alle OH^--Ionen, die letztlich im Wasser herumschwimmen, genau die aus dem NaOH sind. Schließlich kann ein OH^--Ion auch ein Proton von einem Wassermolekül aufnehmen, das nun seinerseits zu einem OH^--Ion wird.

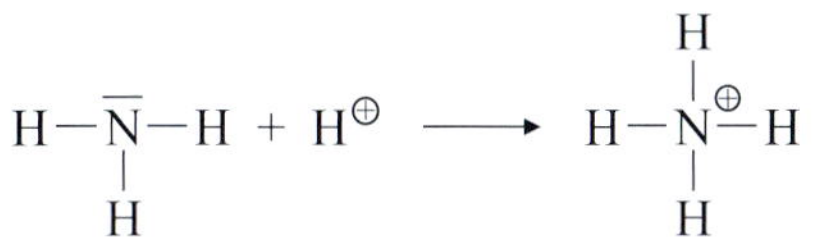

Abb. 12.2 Protonierung von Ammoniak zu Ammonium [L253]

Da OH^--Ionen negativ geladen sind, enthalten die basisch reagierenden Verbindungen, in denen sie vorkommen, meist noch **positive Metallionen,** wodurch sie sich gut identifizieren lassen.

Ampholyte

Wir haben gesehen, dass Wasser, wenn es mit Fluorwasserstoff (HF) reagiert, Protonen aufnimmt und H_3O^+-Ionen bildet, also als Base reagiert. In der Reaktion mit Ammoniak (NH_3) gibt Wasser jedoch Protonen ab, bildet also OH^--Ionen. Es reagiert als Säure. Verbindungen, die sowohl als Base wie auch als Säure reagieren können, bezeichnet man als **amphotere** Verbindungen oder auch **Ampholyte.**

Zusammengesetzte Ionen

Vielleicht erinnert ihr euch: Es gibt Ionen, die nicht nur aus einem einzigen geladenen Atom bestehen. Mittlerweile habt ihr schon Ionen kennengelernt, bei denen es sich nicht um geladene Atome, sondern um **geladene Moleküle** handelt, wie etwa das OH^--Ion. Ihr könnt die Salzformeln für Salze, die solche Ionen enthalten, nach dem gleichen Muster aufstellen, mit dem ihr bereits arbeitet, denn die Verhältnisse der Ionen im Salz richten sich **nur nach der Ladung.**
Um euch die Ladung von solchen Ionen schnell herleiten zu können, müsst ihr eigentlich nur die Verbindungen kennen, aus denen sie entstehen. Wenn ihr wisst, dass Hydroxid-Ionen aus Wasser durch **Abgabe eines Protons** entstehen, wisst ihr, dass sie **einfach negativ geladen** sein müssen.

Tab. 12.1 Wichtige Säuren – Überblick

Säure	Summenformel	Strukturformel	Protonigkeit	Anionen	
Chlorwasserstoff (Salzsäure)	HCl	H–Cl	einprotonig	Cl^-	Chlorid
Salpetersäure	HNO_3	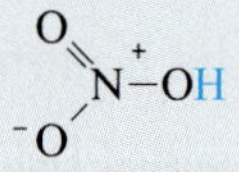		NO_3^-	Nitrat
Essigsäure	$C_2H_4O_2$	CH_3–COOH		CH_3–COO^-	Acetat
Blausäure	HCN	H–C≡N		CN^-	Cyanid
Schwefelsäure	H_2SO_4	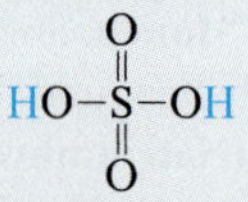	zweiprotonig	HSO_4^- SO_4^{2-}	Hydrogensulfat Sulfat
Schwefelwasserstoff	H_2S			HS^- S^{2-}	Hydrogensulfid Sulfid
Kohlensäure	H_2CO_3	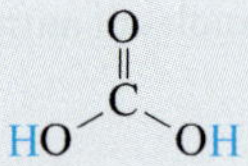		HCO_3^- CO_3^{2-}	Hydrogencarbonat Carbonat
Oxalsäure	$C_2H_2O_4$	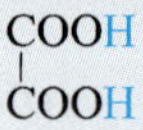		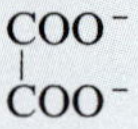	Oxalat
Phosphorsäure	H_3PO_4	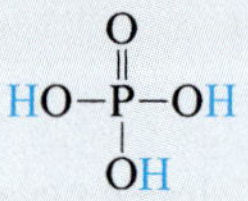	dreiprotonig	$H_2PO_4^-$	Dihydrogenphosphat (primäres Phosphat)
				HPO_4^{2-}	Hydrogenphosphat (sekundäres Phosphat)
				PO_4^{3-}	Phosphat (tertiäres Phosphat)
Citronensäure	$C_6H_8O_7$	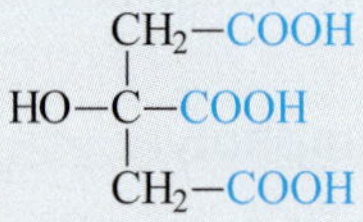		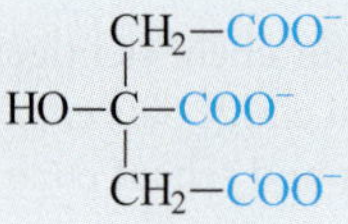	Citrat

Die Nomenklatur dieser Ionen kann sich allerdings schwieriger gestalten: Da sie i. d. R. aus Stoffen hervorgehen, die als Säure reagieren, sind sie negativ geladen, also **Anionen,** sodass man den lateinischen Namen des Elements verwendet. Für große Verwirrung unter Studenten sorgen häufig die Endungen: **Normalerweise** verwenden wir für Anionen **id.** Sind die Anionen allerdings durch **Dissoziation einer Sauerstoffsäure** entstanden, kommen die Endungen **at** oder **it** infrage. Sich hier zu sehr in Details zu verlieren, lohnt sich nicht. Prägt euch einfach Namen von zusammengesetzten Ionen, die euch **oft** begegnen, ein (→ Tab. 12.1).

Zusammenfassung

- Säuren sind Verbindungen, die ein Proton abgeben **(Protonen-Donatoren).** Basen sind Verbindungen, die ein Proton aufnehmen **(Protonen-Akzeptoren).**
- Ampholyte können als Säuren und als Basen reagieren.
- Man unterscheidet Oxosäuren von „Nicht-Oxosäuren“.

13 pH, pK_s, pK_b und Pufferlösungen

pH und pOH

Wer die Herleitung der folgenden Gesetze nicht logisch nachvollziehen kann oder möchte, muss sich keine großen Sorgen machen. Ihr seid auch gut für die Klausur vorbereitet, wenn ihr die Konstanten und hergeleiteten Formeln, die nun folgen, auswendig lernt. Das Verstehen der Zusammenhänge erspart euch allerdings stumpfes Auswendiglernen und ist ein guter Test, ob ihr den bisher behandelten Stoff verstanden habt.
Wir wissen, dass Wassermoleküle Protonen aufnehmen oder abgeben können. Da sich bereits in 1 l Wasser eine enorme Zahl von Wassermolekülen befindet, kann man davon ausgehen, dass es gelegentlich vorkommt, dass ein Proton von einem Wassermolekül auf ein anderes übergeht, sodass ein H_3O^+- und ein OH^--Ion entstehen. Man spricht von der **Autoprotolyse des Wassers.** Wir können das Massenwirkungsgesetz für diese Reaktionsgleichung aufstellen:

$$2H_2O \rightarrow H_3O^+ + OH^-$$

$$K = \frac{[H_3O^+] \times [OH^-]}{[H_2O]^2}$$

Die Konzentration des Wassers kann als konstant angenommen werden. Warum? Die Anzahl der Wassermoleküle, die in Ionen dissoziieren, ist verglichen mit der gesamten Zahl an Wassermolekülen verschwindend gering, sodass es keine Auswirkungen hat, wenn man ein bisschen unpräzise ist. Da wir den Nenner als konstant annehmen, können wir ihn genauso gut weglassen und es bleibt:

$$K = [H_3O^+] \times [OH^-]$$

Diese Gleichung nennt man das **Ionenprodukt** des Wassers. Man hat nun experimentell bestimmt, wie viele Ionen im Wasser vorliegen: Es sind 10^{-7} mol/l H_3O^+ und die gleiche Konzentration von OH^--Ionen. Man verwendet immer Konzentrationen, sodass man dieselben Zahlen nutzen kann, egal ob man mit einem oder mit 70 l arbeitet.

Da beide Konzentrationen identisch sind, ergibt sich für $K = 10^{-14}$ mol^2/l^2.
Wegen der geringen Konzentrationen der Ionen gibt man diese nicht etwa in mol pro Liter an, sondern verwendet den **negativen dekadischen Logarithmus** der Konzentrationen und macht dies durch ein kleines **p** deutlich. Eine H_3O^+-Ionenkonzentration von 10^{-7} entspricht also einem pH von 7. Wenn wir das gesamte Ionenprodukt logarithmieren, erhalten wir:

$$pK = pH + pOH = 7 + 7 = 14$$

Wir sehen: Die Summe aus pH und pOH ergibt immer 14. Da in reinem Wasser die Anzahl von OH^--und H_3O^+-Ionen identisch ist, ist der pH = 7, ebenso wie der pOH. Wird eine Säure in Wasser gelöst, entstehen verstärkt H_3O^+-Ionen. Die Anzahl an OH^--Ionen nimmt ab, da die Säure so viele Protonen mitbringt, dass für normale Wassermoleküle „kein Grund" besteht, ihre Protonen abzugeben. Der pH-Wert wird kleiner, wobei man alle Lösungen mit pH-Werten, die **kleiner als 7** sind, als **sauer** bezeichnet.
Warum wird der pH-Wert kleiner, wenn mehr H_3O^+-Ionen vorhanden sind?
Ein pH-Wert von 2 entspricht einer Konzentration von 10^{-2} mol/. pH 7 entspricht 10^{-7} mol/l. Dementsprechend liegen in einer Lösung mit pH 2 mehr H_3O^+-Ionen vor als in einer mit pH 7. Ihr erkennt auch: Um von pH 5 auf pH 4 zu kommen, müssen **10-mal mehr H_3O^+-Ionen** vorhanden sein.
Um von dem pH-Wert einer Lösung auf deren pOH-Wert zu kommen, müsst ihr einfach den pH-Wert **von 14 subtrahieren.** Bei **pH-Werten, die 7 übersteigen,** ist die Konzentration an OH^--Ionen höher als die der H_3O^+-Ionen, man spricht von **basischen oder alkalischen** Lösungen.

pK_s und pK_b

Starke Säuren liegen in wässriger Lösung quasi komplett dissoziiert vor. Bei starken Basen haben die Moleküle in wässriger Lösung quasi alle ein Proton aufgenommen. Um die „Stärke" einer Säure oder Base quantifizierbar zu machen, definiert man für jede Säure

Säurecharakter (Zunahme der Säurestärke ↑)	pK_s	Säure/konjugierte Base	
stark	–6	HCl / Cl^-	Chlorwasserstoff / Chlorid
	–3	H_2SO_4 / HSO_4^-	Schwefelsäure / Hydrogensulfat
	–1,7	H_3O^+ / H_2O	Hydroniumion / Wasser
	–1,3	HNO_3 / NO_3^-	Salpetersäure / Nitrat
mittelstark	1,9	HSO_4^- / SO_4^{2-}	Hydrogensulfat / Sulfat
	2,0	$H_3PO_4 / H_2PO_4^-$	Phosphorsäure / Dihydrogenphosphat
schwach	4,8	CH_3COOH / CH_3COO^-	Essigsäure / Acetat
	6,4	CO_2 / HCO_3^-	Kohlendioxid / Hydrogencarbonat
	7,1	H_2S / SH^-	Schwefelwasserstoff / Hydrogensulfid
	7,2	$H_2PO_4^- / HPO_4^{2-}$	Dihydrogenphosphat / Hydrogenphosphat
sehr schwach	9,2	NH_4^+ / NH_3	Ammoniumion / Ammoniak
	9,4	HCN / CN^-	Blausäure / Cyanid
	10,4	HCO_3^- / CO_3^{2-}	Hydrogencarbonat / Carbonat
	12,3	HPO_4^{2-} / PO_4^{3-}	Hydrogenphosphat / Phosphat
	15,7	H_2O / OH^-	Wasser / Hydroxidion

Abb. 13.1 pK_s-Werte einiger Säuren, gemessen bei 25 °C [L253]

eine **Säurekonstante** K_s und für Basen eine **Basenkonstante** K_b mithilfe des Massenwirkungsgesetzes:

$$HA + H_2O \rightarrow H_3O^+ + A^-$$

$$K_s = \frac{[H_3O^+] \times [A^-]}{[HA]}$$

$$pK_s = -\log(K_s)$$

Die Herleitung des pK_b kann nach demselben Prinzip durchgeführt werden. Wichtig ist aber v. a. eines: Je **kleiner** die pK_s- und pK_b-Werte, desto **stärker** die Säure/Base (die Werte können auch negativ sein) (→ Abb. 13.1). Ab pK-Werten von **4** gilt eine Säure oder Base nicht mehr als stark, sondern eher als **schwach.** Natürlich ist der Übergang in der Realität fließend.
Außerdem wichtig: Der **pK_s-Wert einer Säure** und der **pK_b-Wert der konjugierten Base** addieren sich zu 14:

$$\mathbf{pK_s + pK_b = 14}$$

Die Säure HCl hat z. B. den pK_s-Wert −6,2. Nach der Dissoziation könnte die entstehende Base Cl^- prinzipiell ein Proton aufnehmen. Ihren pK_b-Wert erhält man durch umstellen der Formel als:

$$pKb = 14 - (-6,2) = 20,2$$

Wir erinnern uns: Ab einem pK_b von 4 spricht man von einer schwachen Base. Folglich ist das Cl^--Ion eine extrem schwache Base.

> Die konjugierte Base zu einer starken Säure ist immer schwach.
> Die konjugierte Säure zu einer starken Base ist ebenfalls schwach.

Stellt euch einfach vor, dass bei einer starken Säure das Proton alles versucht, um sich zu lösen. Dementsprechend wird es nicht freiwillig zu der entstandenen Base zurückkehren.

pH-Wert-Berechnung

Man kann aus der Konzentration einer Säure oder Base in wässriger Lösung berechnen, wie viele H_3O^+/OH^--Ionen entstehen und damit auch, welchen pH-Wert die Lösung haben wird. Hierfür muss man allerdings zwischen starken und schwachen Basen unterscheiden.

Starke Säuren/Basen

Starke Säuren und Basen dissoziieren annähernd vollständig in Wasser. Dementsprechend kann man davon ausgehen, dass die Konzentration der H_3O^+-Ionen, die bei der Protolyse einer starken Säure entstehen, identisch zur Konzentration der Säure ist. Deshalb muss man nur noch den **negativen dekadischen Logarithmus** der Säurekonzentration berechnen, um den pH zu erhalten:

$$pH = -\log([\text{Säure}])$$

Analog kann man den pOH-Wert berechnen, der entsteht, wenn man eine starke Base in Wasser löst:

$$pOH = -\log([\text{Base}])$$

Wenn man eine Salzsäurelösung soweit verdünnt, dass die Säurekonzentration nur noch 10^{-11} mol/l beträgt, könnte man aufgrund der Formel glauben, dass der pH dieser Lösung nun 11 sein muss. Allerdings kann eine Säure in wässriger Lösung nie zu einem basischen pH führen. Richtig ist, dass sich der pH beim Verdünnen immer mehr an den neutralen pH von 7 annähert. Nun kommt noch mehr Wasser hinzu, was selbst auch in OH^--und H_3O^+-Ionen dissoziiert, sodass sich der pH bei 7 einpendelt.

Schwache Säuren/Basen

Die Formel zur pH/pOH-Wert-Berechnung für schwache Säuren/Basen ist etwas komplizierter. Da deren Herleitung für die meisten Klausuren nicht relevant sein sollte, wollen wir an dieser Stelle darauf verzichten. Wenn ihr sie trotzdem nachvollziehen wollt und dabei Hilfe benötigt, gibt es ein großes Spektrum an umfangreichen Chemielehrbüchern, die ihr konsultieren könnt.
Den **pH-Wert** einer **schwachen Säure** berechnet man als:

$$pH = 0,5 \times (pK_s - \log([\text{Säure}]))$$

Für den **pOH-Wert** einer **schwachen Base** gilt:

$$pOH = 0,5 \times (pK_b - \log([\text{Base}]))$$

Mehrprotonige Säuren

Ihr habt bereits eine Säure kennengelernt, die mehr als ein Proton abgeben kann: Die **Phosphorsäure (H_3PO_4).** Säuren dieser Art haben mehrere pK_s-Werte: Das erste Proton wird noch relativ einfach abgegeben. Ein einfach negativ geladenes Ion bleibt zurück. Dessen Ladung erklärt auch, warum das nächste Proton nun nicht mehr so leicht abgegeben wird: Die elektrostatischen Anziehungskräfte hindern es daran. Der pK_s Wert ist höher als der der ersten Dissoziationsstufe. Passiert es nun doch, entsteht ein zweifach negativ geladenes Ion. Für die letzte Dissoziationsstufe gilt das Gleiche. Die Protolysegleichungen für die Phosphorsäure lauten:

$$H_3PO_4 + H_2O \rightleftharpoons H_3O^+ + H_2PO_4^-$$

$$H_2PO_4^- + H_2O \rightleftharpoons H_3O^+ + HPO_4^{2-}$$

$$HPO_4^{2-} + H_2O \rightleftharpoons H_3O^+ + PO_4^{3-}$$

Für die pK_s-Werte gilt dabei:

$$\mathbf{pK_{s1} < pK_{s2} < pK_{s3}}$$

Um die Anionen bei der Benennung unterscheiden zu können, macht man die Anzahl ihrer Wasserstoffteilchen zur Vorsilbe:
$H_2PO_4^-$ = Dihydrogenphosphat
HPO_4^{2-} = Hydrogenphosphat
PO_4^{3-} = Phosphat

Das Dihydrogenphosphat-Ion ist ein weiteres Beispiel für einen **Ampholyt.** Es kann entweder als Säure unter Protonenabgabe zum Hydrogenphosphat-Ion reagieren oder als Base unter Protonenaufnahme wieder Phosphorsäure bilden. Das Hydrogenphosphat-Ion ist ebenfalls ein Ampholyt.

Pufferlösungen

Definition

In vielen Bereichen des alltäglichen Lebens, wie auch im Körper des Menschen, ist es wichtig, dass der pH-Wert von Lösungen annähernd konstant bleibt. Dies kann über eine **Pufferlösung** erreicht werden. Eine Pufferlösung besteht aus einer **schwachen Säure und ihrer konjugierten Base.** Gibt man zu solch einer Lösung eine starke Säure wie HCl, werden die Protonen, die das HCl freisetzt, von der Base des Puffers aufgenommen, ohne dass H_3O^+-Ionen entstehen. Bei Zugabe einer starken Base wie NaOH geben die Säuremoleküle des Puffers Protonen ab, um die OH^--Ionen „abzufangen" und zu H_2O zu neutralisieren. Natürlich kann man auch aus einer **schwachen Base und ihrer konjugierten Säure** eine Pufferlösung herstellen.
Warum verwendet man eine **schwache** Säure und die konjugierte Base für Pufferlösungen? Würde man eine starke Säure verwenden, wäre die konjugierte Base äußerst schwach. Somit würden Protonen, die bei Zugabe einer anderen Säure entstehen, nicht abgefangen werden, sondern könnten ungehindert H_3O^+-Ionen bilden und so den pH-Wert senken.

Henderson-Hasselbalch-Gleichung

Um den pH-Wert eines Puffers berechnen zu können, kann man sich aus dem Massenwirkungsgesetz eine Gleichung herleiten. Einmal mehr ist die Herleitung allerdings wenig klausurrelevant – die Formel (namens **Henderson-Hasselbalch-Gleichung**) dafür umso mehr!

$$\mathrm{pH} = \mathrm{p}K_s + \lg\frac{[\mathrm{A}^-]}{[\mathrm{HA}]}$$

Man erkennt: Der pH-Wert der Pufferlösung hängt nur vom **pK_s-Wert der Säure** sowie vom **Verhältnis der Konzentrationen von Säure und konjugierter Base zueinander** ab. Auch wenn man den Puffer mit Wasser verdünnt, ändert sich sein pH-Wert nicht. Die **Kapazität** eines Puffers wird natürlich auch durch die Anzahl der Moleküle, die vorhanden sind, beeinflusst.
Wenn Säure und Base in gleicher Konzentration vorliegen, ist der Quotient gleich 1. Der Logarithmus zur Basis 10 von 1 ist 0. Somit ist der **pK_s- gleich dem pH-Wert, wenn die Konzentrationen von Säure und Base identisch sind.** Der Puffer ist hier am wirkungsvollsten.
Wenn die Konzentration der Säure **10-mal größer** ist als die Konzentration der Base oder umgekehrt, verliert der Puffer seine Wirkung. Ein Puffer arbeitet also im Bereich von:

$$\mathrm{pH} = \mathrm{p}K_s \pm 1$$

Zusammenfassung

- Der pH ist der negative dekadische Logarithmus der H_3O^+-Ionen-Konzentration.
- Der pK_s-Wert einer Säure und der pK_b-Wert einer Base addieren sich zu 14.
- Der pKb-Wert einer Base und der pK_s-Wert ihre konjugierten Säure addieren sich zu 14.

Was passiert, wenn man eine Säure und eine Base miteinander reagieren lässt? Die Reaktion zwischen Salzsäure und Natriumhydroxid verläuft folgendermaßen:

$$HCl + NaOH \rightleftharpoons NaCl + H_2O$$

Die OH^--Ionen des NaOH bilden mit den H^+-Ionen aus dem HCl Wasser, während die Cl^--Ionen mit den Na^+-Ionen ein Salz bilden, sodass allgemein gilt:

$$\textbf{Säure} + \textbf{Base} \rightleftharpoons \textbf{Salz} + \textbf{Wasser}$$

Diese Reaktion nennt man auch **Neutralisation,** da Ionen, die sonst den pH-Wert beeinflussen würden, sich gegenseitig neutralisieren, was zu einem neutralen pH von 7 führt.
Man macht sich dies zunutze, wenn man die Konzentration von H_3O^+-Ionen in einer unbekannten sauren Lösung bestimmen will und nutzt dafür die **Titration.** Man gibt kontinuierlich eine alkalische Lösung zu, deren Konzentration an OH^--Ionen bekannt ist, solange, bis sich die Ionen gegenseitig vollständig neutralisiert haben. Aus dem Volumen der zugegebenen alkalischen Lösung und deren Konzentration kann man nun berechnen, wie viele OH^--Ionen zur Neutralisation nötig und damit auch wie viele H_3O^+-Ionen ursprünglich in der Ausgangslösung vorhanden waren. Wichtig ist allerdings, ob die verwendeten Säuren und Basen schwach oder stark sind.

Titration einer starken Säure mit einer starken Base

Zum Verständnis ist es hilfreich, zunächst eine Titration zu betrachten, bei der die Konzentrationen von Säure und Base bekannt sind:
In einem Gefäß befinden sich 10 ml 0,1 molare Salzsäure. Die Formel zur Berechnung des pH-Werts einer starken Säure wurde bereits vorgestellt (pH = –log([Säure])), sodass der pH-Wert zu Beginn der Neutralisation gleich 1 ist.
Nun beginnt man mit der Zugabe von 0,1 molarem Natriumhydroxid. Wenn man den pH-Wert im Auge behält, kann man eine Titrationskurve zeichnen (→ Abb. 14.1).
Im Verlauf der Titration gelangt man zu dem Punkt, an dem sich identische Mengen HCl und NaOH im Gefäß befinden. Man bezeichnet ihn als **Äquivalenzpunkt.** An diesem Punkt sind alle H_3O^+-Ionen der Säure mit OH^--Ionen der Base neutralisiert worden, sodass der pH = 7 ist. Der Äquivalenzpunkt entspricht deshalb in diesem Fall auch dem **Neutralpunkt.**
Gibt man nun noch mehr NaOH hinzu, wird der pH-Wert immer alkalischer, solange, bis die Konzentration an OH^--Ionen nahezu genauso hoch ist wie die in der reinen NaOH-Lösung, mit der man titriert hat.
Warum ändert sich der pH-Wert um den Äquivalenzpunkt herum sehr stark, auch wenn man nur wenig Säure zugibt? Hierfür muss man sich klarmachen, dass der pH-Wert als Logarithmus definiert ist. Wenn man von 10^{-2} (also 0,01) auf 10^{-1} (also 0,1) kommen möchte, muss man 0,09 zugeben. Um von 10^{-7} (0,0000001) auf 10^{-6} (0,000001) zu kommen, muss man nur 0,0000009 zugeben. Die starke Änderung des pH-Werts in diesem Bereich beruht also letztlich darauf, dass die „Abstände" auf der Skala kleiner werden. Simple Mathematik!

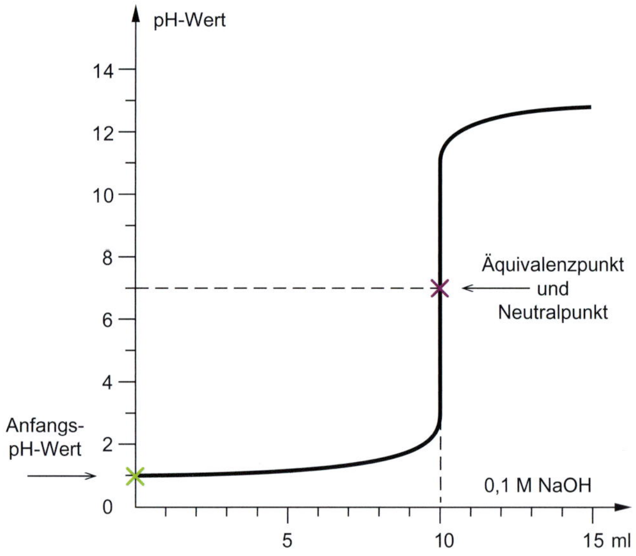

Abb. 14.1 Titration: starke Säure mit starker Base [L253]

Titration einer starken Base mit einer starken Säure

Die Kurve beginnt beim hohen pH-Wert der Ausgangslösung und nimmt, unter Säurezugabe, immer weiter ab. Ansonsten gibt es keine wesentlichen Unterschiede.

Titration einer schwachen Säure mit einer starken Base

Bereits der Ausgangs-pH-Wert berechnet sich bei der Titration einer schwachen Säure nicht wie bei der einer starken, denn schließlich ergibt sich deren pH nach der Formel:

$$pH = 0,5 \times (pKs - \log([\text{Säure}]))$$

Am Beispiel einer 0,1-molaren Essigsäure erhält man:

$$pH = 0,5 \times (4,75 - \log([0,1])) = 2,875$$

Bei der Titration schwacher Säuren sind die **Halbäquivalenzpunkte** von besonderer Bedeutung. Das ist der Punkt, an dem die **Hälfte der Säure neutralisiert** ist. Da hier bereits die Hälfte der Säure neutralisiert wurde, liegen die schwache Säure und die konjugierte Base zu gleichen Teilen vor – und das nennt man **Puffer.** Nach der Henderson-Hasselbalch-Gleichung ist der **pH =** $\mathbf{p}K_s$ und **ändert sich auch bei weiterer Titration zunächst kaum.**
Bei weiterer Titration gelangt man zum **Äquivalenzpunkt.** In diesem Fall **entspricht er allerdings nicht dem Neutralpunkt** (→ Abb. 14.2). Warum nicht? Aus der Essigsäure entstehen bei der Dissoziation Acetat-Ionen. Acetat-Ionen können als Base reagieren und tun dies auch, sodass OH^--Ionen entstehen. Da sich die Natrium-Ionen aus NaOH nicht auf den pH-Wert auswirken, wird die Lösung leicht alkalisch.

Wer sich nicht immer herleiten möchte, welche Ionen den Äquivalenzpunkt wie beeinflussen, kann sich einfach merken, dass der **„starke" Titrationspartner den Äquivalenzpunkt auf seine Seite zieht** (starke Base führt zu alkalischem Äquivalenzpunkt).

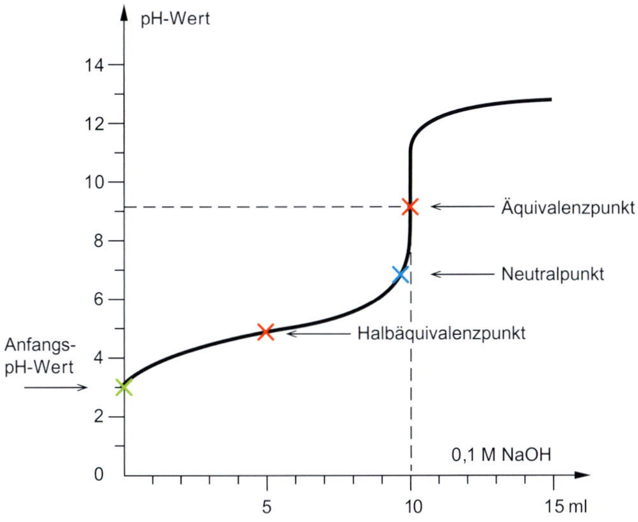

Abb. 14.2 Titration: schwache Säure mit starker Base [L253]

Mit diesem Wissen sollte die **Titration einer schwachen Base mit einer starken Säure** auch kein Problem mehr sein.

Salze

Die Ionenbindung wurde bereits abgehandelt – warum also jetzt noch ein Exkurs zum Thema Salze? Weil für einige der Fakten, die ihr hier präsentiert bekommt, grundlegende Kenntnisse der Thermodynamik notwendig sind.

Zunächst solltet ihr wissen, dass Salze in Wasser in ihre Ionen dissoziieren. Da sich die polaren Wassermoleküle zu den geladenen Ionen hingezogen fühlen, werden die einzelnen Ionen von Hüllen aus Wassermolekülen, **Hydrathüllen,** umgeben. Den gesamten Vorgang bezeichnet man als **Hydratisierung.** Hierzu solltet ihr euch einige Fakten einprägen:

- Wassermoleküle werden weniger stark zum Kern eines Ions hingezogen, wenn die Elektronenhülle des Ions sehr groß ist und die Kernladung abschirmt. Folglich besitzen **kleinere Ionen eine größere Hydrathülle** als große Ionen. Anders gesagt: Die Größe der Hydrathülle und die Atomradien sind innerhalb einer Gruppe im PSE antikorreliert.
- Lösen sich Salze in Wasser, so muss zum Aufbrechen des Gitters die **Gitterenergie** ΔH_U überwunden werden. Gleichzeitig wird aber bei der Bildung der Hydrathülle Wärme frei (**Hydratationsenthalpie** ΔH_H). Aus der Differenz zwischen beiden Enthalpien kann man die **Lösungsenthalpie** ΔH_L berechnen. Sie sagt aus, ob beim Lösen eines Salzes in Wasser Wärme frei oder verbraucht wird: $\Delta H_L = \Delta H_H - \Delta H_U$. Ist ΔH_L dabei > 0, erwärmt sich die Lösung, da die Hydratationswärme die Gitterenergie übersteigt und umgekehrt.
- Man kann selbstverständlich nicht endlos viel Salz in einem Lösungsmittel lösen. Die Löslichkeit hängt u. a. von Salz, Lösungsmittel und Temperatur ab, was uns nicht davon abhält, sie für ein bestimmtes Salz in einem bestimmten Lösungsmittel bei einer bestimmten Temperatur zu quantifizieren. Hierzu gibt man das **Löslichkeits-** oder **Ionenprodukt** an. Das ist das Produkt der Ionenkonzentrationen, die gerade noch gelöst existieren können, ohne dass das Salz auszufallen beginnt, also als Feststoff sichtbar wird. Man berechnet es als:

$$L = [\text{Kation}] \times [\text{Anion}]$$

Zusammenfassung

- Säure + Basen → Salz + Wasser.
- Der „starke" Partner einer Titration zieht den Äquivalenzpunkt auf seine Seite.

→ 15 Redoxreaktionen

Die Redoxchemie befasst sich mit der Abgabe und Aufnahme von **Elektronen.** Da diese Vorgänge auch bei der Energiegewinnung der Zelle von Bedeutung sind, sind sie fester Bestandteil der Chemie im Medizinstudium. Bevor ihr euch in die klausurrelevanten Themen stürzt, sind ein paar Begriffe zu klären:

Definitionen

Oxidation und Reduktion

Gibt ein Stoff Elektronen ab, wird er **oxidiert.**
Nimmt ein Stoff Elektronen auf, wird er **reduziert.**
Reduktion = mehr (Elektronenaufnahme)
Oxidation = Ex (Elektronenabgabe)

Da in der Natur Elektronen nicht einfach abgegeben werden, um dann frei im Raum herumzuschwirren, finden Elektronenabgabe und Aufnahme in einer gekoppelten **REDuktions-OXidations-Reaktion (Redoxreaktion)** statt.

Oxidationszahl

Da es manchmal etwas kompliziert sein kann, zu erkennen, wo Elektronen aufgenommen und wo sie abgegeben werden, nutzt man die **Oxidationszahlen** als Hilfsmittel. Oxidationszahlen sind als „formale Ladungen" definiert. Was zunächst verwirrend klingt, ist eigentlich ganz einfach: Die Oxidationszahl vergleicht den Zustand eines Atoms mit dem Zustand, den es als Element hat. Die folgenden Regeln sollten Klarheit schaffen:

1. Liegt ein Stoff als Element vor, hat er genauso viele Elektronen, wie sie seiner Kernladungszahl entsprechen, und erhält die Oxidationszahl 0.
2. Liegt ein Stoff als Ion vor, hat er genauso viele Elektronen mehr oder weniger, wie es seine Ladung angibt. Seine Oxidationszahl entspricht folglich der Ladung (Mg^{2+} hat 2 Elektronen weniger als das Mg-Atom und somit die Oxidationszahl +2).

Aufpassen muss man bei Molekülen! Zur Erinnerung: Die Atome sind über gemeinsam bindende Elektronenpaare verbunden. Das Elektronenpaar wird bei der Bestimmung der Oxidationszahl immer dem elektronegativeren Partner zugeordnet. Es bietet sich deshalb an, Moleküle zu zeichnen und mit einem Bleistift die Elektronenpaare zuzuordnen (→ Abb. 15.1). Dann zählt man für jedes Atom die Elektronen, die ihm zugeordnet werden und vergleicht diese Anzahl mit der, die es im elementaren Zustand hätte.

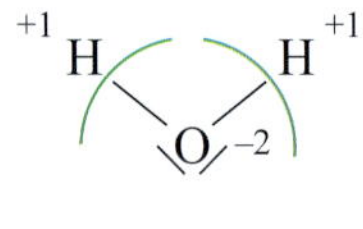

Abb. 15.1 Zeichnerische Bestimmung der Oxidationszahlen [L253]

Möchte man sich das Zeichnen der Strukturformel sparen, kann man sich mit den folgenden Regeln behelfen:

1. Fluor erhält die Oxidationszahl −1.
2. Sauerstoff die Oxidationszahl −2.
3. Die Alkalimetalle (1. Hauptgruppe) und Wasserstoff erhalten die Oxidationszahl +1.
4. Die Erdalkalimetalle (2. Hauptgruppe) erhalten die Oxidationszahl +2.
5. Die Summe aller Oxidationszahlen entspricht der Ladung der Verbindung.

Das Zeichnen eines Moleküls ist jedoch die sicherste Methode zur Bestimmung der Oxidationszahlen. Wenn die Regeln bei einer Verbindung nicht ausreichen, merkt man das zumeist daran, dass sich bei der Oxidationszahlbestimmung nach ebendiesen Regeln ein Widerspruch einstellt, etwa beim **Wasserstoffperoxid (H_2O_2)** (→ Abb. 15.2).

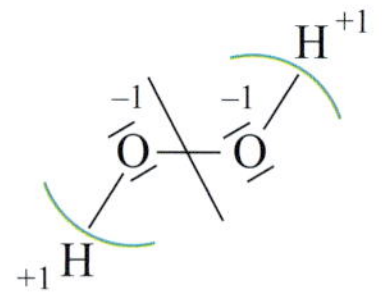

Abb. 15.2 Wasserstoffperoxid [L253]

Wenn man Sauerstoff, gemäß Regel 2, die Oz −2, und Wasserstoff, gemäß Regel 3, die Oz +1 zuweist, ergibt sich als Summe der Oxidationszahlen −2. Da die Verbindung aber ungeladen ist, sollte die Summe eigentlich gleich 0 sein. Abhilfe kann nur Kenntnis der Struktur des Moleküls schaffen.
Bei den Elektronegativitäten haben wir gelernt, dass eine Bindung zwischen Wasserstoff und Kohlenstoff aufgrund ähnlicher Elektronegativitäten als unpolar bezeichnet wird.
Trotzdem wird das bindende Elektronenpaar bei der Bestimmung der Oxidationszahlen dem Kohlenstoff zugewiesen.

Da eine **Reduktion** mit der Aufnahme von Elektronen verbunden ist, bewirkt sie eine **Erniedrigung der Oxidationszahl,** während eine **Oxidation** mit einer **Erhöhung der Oxidationszahl** verbunden ist.

Wenn man nicht mehr weiß, ob eine Oxidation zu einer Erhöhung oder Erniedrigung der Oz führt, muss man nur genau hinschauen: Denn das Wort Oxidationszahlen enthält bereits ein **+**, es ist lediglich ein bisschen gekippt.

Reduktions- und Oxidationsmittel

Die letzten Definitionen, die man kennen sollte:
Ein **Reduktionsmittel** hilft seinem Reaktionspartner, indem es ihn reduziert. Folglich muss es selbst **Elektronen abgeben,** also **oxidiert** werden, was mit einer **Erhöhung der Oxidationszahl** einhergeht.
Ein **Oxidationsmittel** hilft seinem Reaktionspartner, indem es ihn oxidiert. Folglich muss es selbst **Elektronen aufnehmen,** also **reduziert** werden, was mit einer **Erniedrigung der Oxidationszahl** einhergeht.

Spannungsreihe

Man kann bestimmen, ob ein Stoff gerne Elektronen abgibt, also leicht oxidiert wird, oder eben nicht. Diese „Abgabefähigkeit" kann man sogar quantifizieren, dazu aber später mehr. Zunächst solltet ihr nur wissen, dass man Stoffe nach ihrem Bestreben, Elektronen abzugeben, ordnen kann und zwar in der **elektrochemischen Spannungsreihe** (die ihr natürlich nicht auswendig lernen müsst) (→ Abb. 15.3).
Man sieht: Die Stoffe sind so sortiert, dass die oxidationsfreudigen Stoffe, die ihre Elektronen leicht abgeben, oben stehen, und die, die ihre Elektronen gerne behalten (wie das sehr elektronegative Fluor) unten. Anders gesagt: Die **Oxidationskraft** nimmt von oben nach unten zu, da das Fluor auch gerne mal Elektronen aufnimmt, also einen anderen Stoff oxidiert, und zum F^--Ion wird. Die **Reduktionskraft** nimmt von oben nach unten ab, da das Fluor sicherlich keine Elektronen abgeben wird, und somit keinen anderen Stoff reduzieren wird.

	Ox			Red		E^0 (Volt)
geringe Oxidationskraft					hohe Reduktionskraft	
	Na^+	+ e^-	⇌	Na		−2,71
	Mg^{2+}	+ 2 e^-	⇌	Mg		−2,40
	Zn^{2+}	+ 2 e^-	⇌	Zn		−0,76
	Fe^{2+}	+ 2 e^-	⇌	Fe		−0,44
	2 H_3O^+	+ 2 e^-	⇌	H_2 + 2 H_2O		0,00
	Cu^{2+}	+ 2 e^-	⇌	Cu		+0,35
	I_2	+ 2 e^-	⇌	2 I^-		+0,58
	Chinon + 2 H_2O^+	+ 2 e^-	⇌	Hydrochinon + 2 H_2O		+0,70
	Fe^{3+}	+ e^-	⇌	Fe^{2+}		+0,77
	Ag^+	+ e^-	⇌	Ag		+0,81
	Hg^{2+}	+ 2 e^-	⇌	Hg		+0,86
	O_2 + 4 H_3O^+	+ 4 e^-	⇌	2 H_2O + 4 H_2O		+1,24
	Cl_2	+ 2 e^-	⇌	2 Cl^-		+1,36
	F_2	+ 2 e^-	⇌	2 F^-		+2,86
hohe Oxidationskraft					geringe Reduktionskraft	

Abb. 15.3 Wichtige Elemente in der Spannungsreihe [L253]

Übrigens: Die Metalle, die weit unten in der Spannungsreihe stehen, ihre Elektronen also nicht gerne abgeben, heißen **Edelmetalle.** Andere Metalle wie etwa Natrium sind dagegen **unedel.**
Betrachtet man nun einen Stoff in der Spannungsreihe, steht links seine oxidierte Form. Nimmt er die Elektronen auf, gelangt er zur rechts stehenden reduzierten Form.
Eine Reaktion kann also nur stattfinden, wenn die Elektronen **„von rechts oben nach links unten"** fließen. Die reduzierte Form des unedleren Stoffes spendet also die Elektronen, die die oxidierte Form des edleren Stoffes benötigt, um in die reduzierte Form überzugehen. Wenn zwei Reaktionspartner in der Spannungsreihe sehr weit voneinander entfernt sind, ist die **Triebkraft** der Reaktion sehr stark und es wird viel Energie frei.
Ihr solltet ein Metall grob als edel oder unedel einordnen können. Außerdem schadet es nicht, wenn man aus der Spannungsreihe bestimmen kann, ob eine Reaktion freiwillig abläuft.

Elektrochemische Zelle

Betrachten wir nun die Metalle Kupfer und Zink, erkennen wir, dass Kupfer das edlere Metall ist. Taucht man einen Zinkstab (Zn) in eine Kupfersulfat-($CuSO_4$-)Lösung, also eine Lösung, die aus Cu^{2+} und SO_4^{2-}-Ionen besteht, so gehen die Elektronen vom elementaren Zink auf die Kupfer-Ionen über. Diese werden zu elementarem Kupfer reduziert, was sich in einer Kupferschicht auf der Zinkelektrode äußert. Die Zink-Ionen, die aus dem Zink entstehen, gehen nun ihrerseits in Lösung. Die Sulfat-Ionen sind an der Reaktion nicht beteiligt.

$$Zn + Cu^{2+} \rightarrow Cu + Zn^{2+}$$

Um sich den Elektronenstrom, der uns Energie liefern könnte, zunutze zu machen, benötigen wir allerdings einen anderen Versuchsaufbau (→ Abb. 15.4): Taucht man eine Zinkelektrode in eine Zinksulfatlösung (also eine Lösung, die Zink-Ionen enthält) und verbindet diese über einen Draht mit einer Kupferelektrode, die wiederum in eine Kupfersulfatlösung getaucht ist, passiert zunächst nichts. Man könnte zwar glauben, dass das unedlere Zink Elektronen abgibt, sodass die entstehenden Zink-Ionen in Lösung gehen, während die Elektronen zur Kupferelektrode wandern, um dort

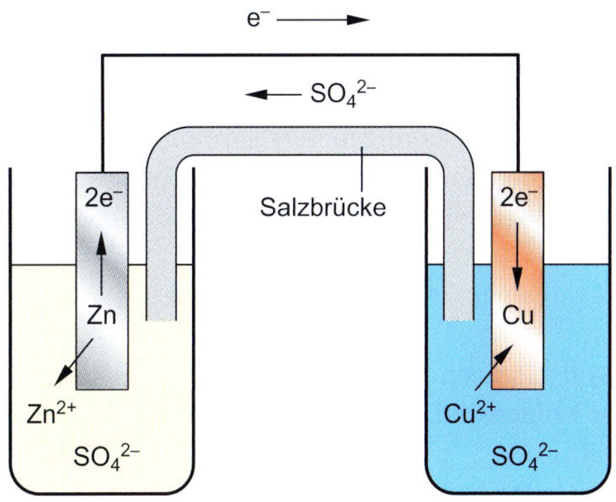

Abb. 15.4 Elektrochemische Zelle aus Zink und Kupfer [L253]

Kupfer-Ionen aus der Lösung zu Kupfer zu reduzieren (den Elektronenstrom könnte man dabei nutzen), aber das passiert nicht, da sich dabei die Kupfer**halbzelle** gegenüber der Zinkhalbzelle negativ aufladen würde. Die Natur strebt schließlich nach Ausgleich! Man kann allerdings Abhilfe schaffen: Indem man es den negativ geladenen Sulfat-Ionen ermöglicht, von der Kupferhalbzelle in die Zinkhalbzelle zu wandern – etwa über eine **Salzbrücke** oder durch eine **semipermeable Membran** –, können sie den Elektronenfluss in die Kupferhalbzelle ausgleichen, indem sie selbst „auswandern" (negativ geladene Elektronen rein – negativ geladene Sulfat-Ionen raus).
Im Zusammenhang mit Elektroden sind auch die Begriffe **Anode** und **Kathode** wichtig:
Die **Anode ist der Ort der Oxidation.** In diesem Beispiel ist die Zinkelektrode die Anode, da hier ein Stoff Elektronen abgibt. Folglich ist die **Kathode der Ort der Reduktion.** In unserem Beispiel werden an der Kupferelektrode die Kupfer-Ionen zu elementarem Kupfer reduziert.

Zusammenfassung

- Elektronenaufnahme = Reduktion, Elektronenabgabe = Oxidation
- In der Spannungsreihe sind Stoffe nach ihrer Oxidations- bzw. Reduktionskraft geordnet.

→ 16 Grundlagen der organischen Chemie

Die organische Chemie befasst sich mit den **Verbindungen des Kohlenstoffs.** Nicht alle Verbindungen, die Kohlenstoff enthalten, gehören jedoch zur organischen Chemie. So zählt man z. B. die Kohlenstoffoxide (CO, CO_2) und Cyanide zur anorganischen Chemie.
Verbindungen, bei denen Wasserstoff an Kohlenstoff gebunden ist, rechnet man zur organischen Chemie. Das sind im einfachsten Fall **Kohlenwasserstoffe.** Andere Elemente, mit denen Kohlenstoff in der organischen Chemie Verbindungen eingeht, sind vor allem **Sauerstoff** und **Stickstoff.** Elemente wie **Phosphor** und **Schwefel** sind zwar nicht ganz so wichtig, werden uns aber trotzdem gelegentlich begegnen.

Kohlenstoff

Warum ist Kohlenstoff für alle Lebewesen ein bedeutendes Element? Zunächst ist er auf der Erde reichlich verfügbar. Zudem reagieren Kohlenwasserstoffe gut mit Sauerstoff, wobei die Reaktion stark exotherm ist. Man unterscheidet dabei die **vollständige Verbrennung,** die stattfindet, wenn reichlich Sauerstoff vorhanden ist und die **unvollständige Verbrennung,** die stattfindet, wenn Sauerstoff nicht im Überschuss vorliegt. Vollständige Verbrennung:

$$CH_4 + 2O_2 \rightarrow CO_2 + 2H_2O$$

Man sieht: Bei der vollständigen Verbrennung eines Kohlenwasserstoffs entsteht lediglich Wasser und das Gas Kohlenstoffdioxid. Die unvollständige Verbrennung gestaltet sich anders:

$$CH_4 + O_2 \rightarrow C + 2H_2O$$

Bei der unvollständigen Verbrennung entsteht in diesem Beispiel elementarer Kohlenstoff. In der Realität erkennt man diesen Kohlenstoff als Ruß.
Ein weiterer Grund, warum Kohlenstoff für die Lebensvorgänge auf diesem Planeten von so großer Bedeutung ist, ist seine Fähigkeit, verschiedene Bindungen auszubilden:
Zur Erinnerung: Kohlenstoff kann **Einfachbindungen, Doppelbindungen** und sogar **Dreifachbindungen** ausbilden.
Doppel- und Dreifachbindung sind vergleichsweise reaktiv und sind auf diese Weise Grundlage für diverse Stoffumwandlungen. Warum sind Doppelbindungen reaktionsfreudiger als Einfachbindungen? Da die zwei bindenden Elektronenpaare zwischen den Atomen liegen, kommt es hier zu einer hohen Dichte negativer Ladung. Es ist naheliegend, dass positiv geladene Teilchen an die Doppelbindung herantreten, und es zu einer chemischen Reaktion kommt.

Bindungspartner des Kohlenstoffs

Wie bereits erwähnt, bindet Kohlenstoff am häufigsten an Wasserstoff. Da Wasserstoff und Kohlenstoff sich in ihrer Elektronegativität kaum unterscheiden, kann die Bindung zwischen Wasserstoff- und Kohlenstoff-Atomen als **unpolar** betrachtet werden. Da auch die Bindung zwischen zwei Kohlenstoff-Atomen selbstverständlich unpolar ist, sind gesättigte Verbindungen, die nur aus Kohlenstoff und Wasserstoff bestehen, grundsätzlich eher wenig reaktiv.
Neben Kohlenstoff- und Wasserstoff-Atomen kann es auch noch andere Teilchen in organischen Verbindungen geben, die man als **Heteroatome** bezeichnet.
Sie sind insofern interessant, als dass sich ihre Elektronegativitäten stark von denen des Kohlenstoffs unterscheiden können (Sauerstoff ist z. B. vergleichsweise stark elektronegativ). Da, wie ihr bereits wisst, das elektronegativere Atom das bindende Elektronenpaar zu sich zieht, bewirkt dies eine lokal stärker negative Ladung und damit eine **Polarisierung** der Atombindung. Am anderen Bindungspartner entsteht ein positiver Ladungsschwerpunkt. Da nun entgegengesetzt geladene Teilchen an der polarisierten Bindung angreifen können, ist die Reaktivität gegenüber einer unpolaren Bindung erhöht.

Induktiver Effekt

Eine weitere Grundlage, die euch das Verständnis der organischen Chemie erleichtern wird, ist der **induktive Effekt.** Das ist der Effekt, den ein Heteroatom auf die Elektronen einer Verbindung ausübt.
Man spricht von einem **negativen induktiven Effekt (–I-Effekt),** wenn ein Atom, wie etwa der Sauerstoff (oder auch Chlor), durch seine hohe Elektronegativität **elektronenziehend** wirkt (→ Abb. 16.1).

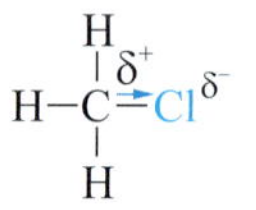

Abb. 16.1 –I-Effekt im Chlormethan [L253]

Man spricht von einem **positiven induktiven Effekt (+I-Effekt),** wenn ein Atom durch einen Überschuss an Elektronen, wie er etwa bei Anionen, also negativ geladenen Teilchen, vorliegt, **elektronenschiebend** wirkt. Auch geringe Elektronegativitäten können zu einem +I-Effekt führen (→ Abb. 16.2).

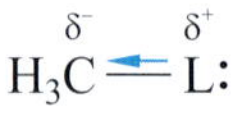

Abb. 16.2 +I-Effekt von Methyllithium [L253]

Heteroatome, wie auch Doppelbindungen, beeinflussen also die Reaktivität einer organischen Verbindung. Diese Strukturen nennt man deshalb auch **funktionelle Gruppen.** Ihr solltet in der Lage sein, die funktionellen Gruppen zu erkennen, die in diesem Buch vorgestellt werden, und die Namen der Stoffklassen, die sich daraus ableiten, sollten euch geläufig sein. Dazu aber später mehr.

Reaktionen

Organische Verbindungen können grundsätzlich auf **vier verschiedene Weisen** reagieren: Substitution, Addition, Eliminierung und Isomerisierung (→ Tab. 16.1).
Eine Reaktion lässt sich noch weiter charakterisieren: Man beschreibt quasi den „Beweggrund“ der angreifenden Gruppe:

- Greift eine Gruppe ein Molekül an, weil sie selbst negativ geladen ist, freie Elektronenpaare besitzt oder über eine elektronenreiche π-Bindung verfügt, so bezeichnet man die Reaktion als **nukleophil** (kernliebend).
- Greift eine Gruppe ein Molekül an, weil sie selbst positiv polarisiert ist (weil ihm etwa ein elektronegativeres Atom das bindende Elektronenpaar entzieht) oder weil sie, wie etwa ein positiv geladenes Kation, eine Elektronenlücke besitzt, so bezeichnet man die Reaktion als **elektrophil** (elektronenliebend). Außerdem wissenswert: Eine Reaktion zwischen einem Elektrophil und einem Nukleophil führt zur Ausbildung einer **kovalenten Bindung.**

- Greift eine Gruppe ein Molekül an, weil sie selbst über ein oder mehrere ungepaarte Elektronen verfügt, so bezeichnet man die Reaktion als **radikalisch.** Radikale können entstehen, wenn eine Bindung zwischen zwei Atomen **homolytisch** gespalten wird, also so, dass jedes Atom ein ungepaartes Elektron erhält. Im Gegensatz dazu ist die **heterolytische** Spaltung vergleichsweise unfair (→ Abb. 16.3). Eins der Atome erhält das gesamte Elektronenpaar und ist nun negativ geladen, während das andere mit einer Elektronenlücke positiv geladen zurückbleibt. Es entstehen also ein Nukleophil und ein Elektrophil.

„Kern-liebend" bezieht sich auf die Tatsache, dass die Kerne von Atomen **positiv** geladen sind. Da bei der angreifenden Gruppe ein Überschuss negativer Ladung vorliegt, ist es nur logisch, dass sie sich zu positiver Ladung hingezogen fühlt.
Umgekehrt fühlen sich elektronenliebende Gruppen durch ihre positive Ladung zu Elektronen hingezogen, da diese **negativ** geladen sind.
Übrigens: Der Begriff „angreifen" bedeutet ganz einfach, dass ein Molekül mit einem anderen eine Reaktion beginnt.
Zu guter Letzt solltet ihr die Termini in → Tab. 16.1 kennen und auf Reaktionen korrekt anwenden können.

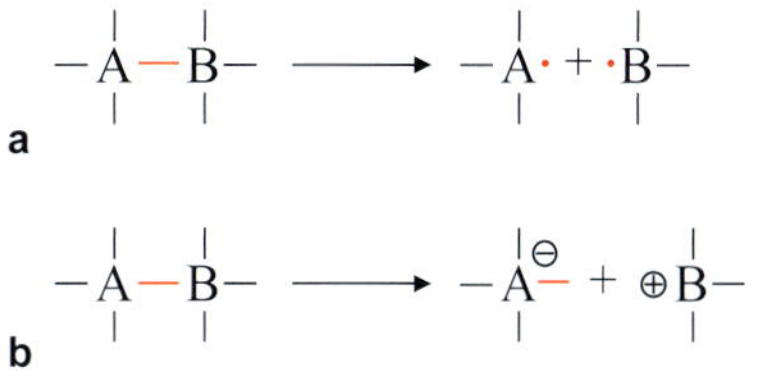

Abb. 16.3 Homolytische (a) und heterolytische (b) Spaltung [L253]

Tab. 16.1 Wichtige Reaktionstypen der organischen Chemie

Typ	Reaktionsgleichung	Hinweise
Substitution	A – B + C ⟶ A – C + B	Ein Substituent (also ein Bindungspartner) wird durch einen anderen ersetzt. Der ursprüngliche Substituent wird frei.
Addition	A = B + C – D ⟶ A(–C)–B(–D)	Aus 2 mach 1!
Eliminierung	A(–C)–B(–D) ⟶ A = B + C – D	Aus 1 mach 2!
Isomerisierung	A(–C)–B(–D) ⟶ A(–D)–B(–C)	Das Molekül wird **umgelagert.** Die **Summenformel bleibt erhalten!**

Zusammenfassung

- Organische Verbindungen können aus Kohlenstoff, Wasserstoff und Heteroatomen bestehen.
- Die Begriffe elektrophil und nukleophil beschreiben den „Beweggrund" einer Gruppe, die mit einem Molekül reagiert.
- Wichtige Reaktionstypen der Organik sind Substitution, Addition, Eliminierung und Isomerisierung.

→ 17 Alkane, Alkene und Alkine

Alkane

Die erste organische Stoffklasse, die wir in diesem Buch kennenlernen werden, sind die **Alkane.**
Alkane sind **Kohlenwasserstoffe,** die sich dadurch auszeichnen, dass jedes C-Atom sp^3-hybridisiert ist, also vier Einfachbindungen zu benachbarten Atomen ausbildet.

Homologe Reihe

Ein möglichst einfaches Alkan besteht nur aus einem C-Atom, das mit vier H-Atomen verbunden ist, das Methan. Kommt nun ein weiteres C-Atom dazu, müssen auch noch zwei weitere H-Atome dazukommen, damit alle Bindungen besetzt sind. Dies ist das zweiteinfachste Alkan, das Ethan (→ Abb. 17.1). Durch eine weitere CH_2-Gruppe entsteht das nächst-komplexere Alkan. Diese Anordnung von einfachen zu komplexen Alkanen bezeichnet man als **homologe Reihe** (→ Tab. 17.1).

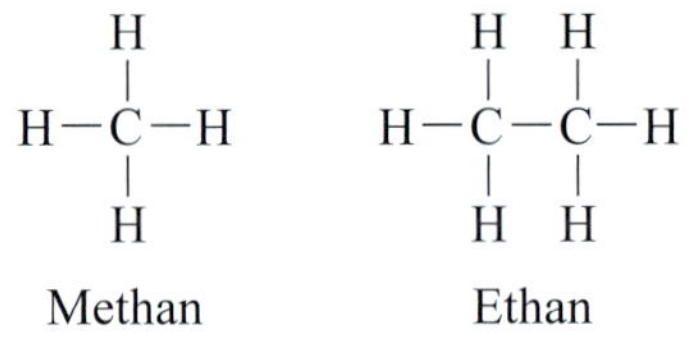

Abb. 17.1 Methan und Ethan [L253]

Ihr erkennt zudem: Die **Siedetemperatur nimmt mit zunehmender Größe des Moleküls zu.** Dieses Phänomen lässt sich durch die **stärkeren Van-der-Waals-Kräfte** erklären. So ist das kurze Propan bei Zimmertemperatur gasförmig (man denke an den Campingkocher), während höhere Alkane erst flüssig, dann zunehmend viskos und ab einer gewissen Kettenlänge auch fest sein können.

> Allen Alkanen liegt eine gemeinsame **allgemeine Summenformel** zugrunde. Diese lautet $\mathbf{C_nH_{2n+2}}$.

Es wurde bereits erwähnt, dass **Summenformeln** das Verhältnis der Atome in einer Verbindung zueinander angeben. **Strukturformeln** dagegen machen deutlich, wie die Atome untereinander verknüpft sind. Bei Alkanen, die genauso lang wie oder länger als Butan sind, kann man allerdings aus der Summenformel mehrere Strukturformeln „basteln", indem man die C-Atome nicht in einer Kette, sondern verzweigt anordnet (→ Abb. 17.2). Solche Moleküle, die sich in ihrer Strukturformel unterscheiden, obwohl sie die gleiche Summenformel haben, nennt man **Konstitutionsisomere.**
Da man die Moleküle nicht alle durch ihre Summenformel eindeutig charakterisieren kann, wurde die **IUPAC-Nomenklatur** (IUPAC steht für International Union of Pure and Applied Chemistry) eingeführt, die jedem Molekül einen eindeutigen Namen zuweist. Deren grundlegende Regeln zur Nomenklatur sollte man kennen. Manche Moleküle haben neben ihrem IUPAC-Namen auch noch einen oder mehrere anderen Namen, die historisch bedingt sind und sich nicht aus der Struktur- bzw. Summenformel ableiten lassen. Da diese Namen aber teilweise nach wie vor gebräuchlich sind, werden sie, dort wo sie noch relevant sind, in diesem Buch erwähnt.
Die Regeln werden dabei immer anhand eines Beispiels eingeführt (→ Abb. 17.2):

Tab. 17.1 Homologe Reihe der Alkane

Name	Summenformel	Siedepunkt bei Normaldruck in °C
Methan	CH_4	−162
Ethan	C_2H_6	−89
Propan	C_3H_8	−42
Butan	C_4H_{10}	0
Pentan	C_5H_{12}	36
Hexan	C_6H_{14}	69
Heptan	C_7H_{16}	98
Octan	C_8H_{18}	126

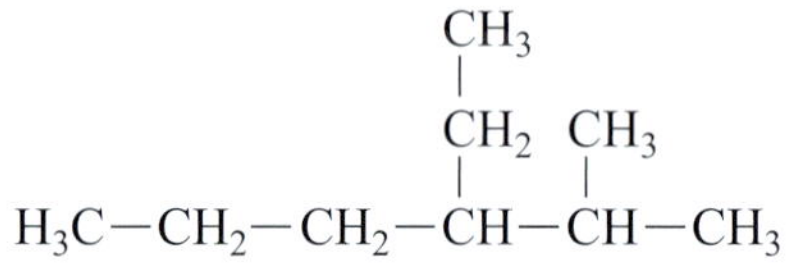

Abb. 17.2 Ein verzweigtes Alkan [L253]

1. Der Stammname der Verbindung wird bei Alkanen durch die **längste Kette** bestimmt, in unserem Fall Hex**an.** Die Endung „an" macht dabei deutlich, dass es sich um ein Alkan handelt.
2. Nun müssen die Seitenketten benannt werden: Dafür nummeriert man die Hauptkette so durch, dass die erste Seitenkette eine möglichst kleine Zahl erhält. In unserem Beispiel können wir der kürzeren Kette die Ziffer 2 zuteilen, während die längere Kette an Position 3 steht. Die Seitenketten erhalten natürlich auch einen Namen. Ein Rest aus einem C-Atom heißt **Methyl,** ein Rest aus zwei C-Atomen **Ethyl.** Die Reste werden also, abhängig von ihrer Länge, wie die Alkane benannt, lediglich mit der Endung „yl" statt „an". Die Position der Seitenkette wird durch eine Zahl und einen Bindestrich vor ihr deutlich gemacht. Die Seitenketten werden dabei **alphabetisch** sortiert. In unserem Beispiel heißt das Molekül mit Seitenketten folglich: **3-Ethyl-2-methylhexan.**

Liegen bei einer Verbindung zwei gleichlange Reste vor, werden die **Positionen beider Reste** angegeben, durch Kommas getrennt und die Vorsilbe „di" angehängt.

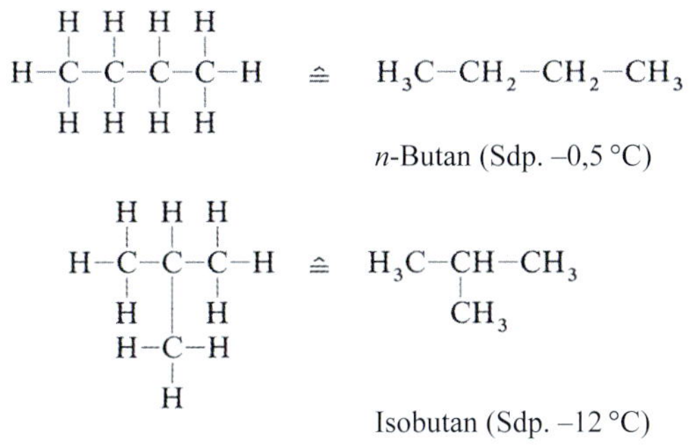

Abb. 17.3 n-Butan und Isobutan [L253]

Übrigens: Der Präfix „*n*", wird im Rahmen der IUPAC-Nomenklatur nicht benötigt, begegnet einem aber des Öfteren im Praktikum. Er gibt an, dass ein Molekül unverzweigt vorliegt. n-Butan ist also eine unverzweigte Kette aus 4 C-Atomen (→ Abb. 17.3).
Wenn ein Stoff als **Iso**-Butan bezeichnet wird, bedeutet dies, dass die Verbindung ein Konstitutionsisomer des n-Butans ist. Diese Verbindung ist folglich verzweigt (→ Abb. 17.3).
Für alle, die mehr üben wollen: Im Internet gibt es Freeware zum Download, mit der man Strukturformeln erstellen kann, die dann vom Programm automatisch benannt werden, sodass man überprüfen kann, ob man mit seinem Namen richtig gelegen hat.
Anhand eines Modells eines Alkans kann man sehen, dass die Atome in der Realität nicht wirklich in einer Linie liegen, wie es die Strukturformel suggeriert. Das liegt daran, dass die C-Atome **sp^3-hybridisiert** sind, sodass die bindenden Elektronenpaare in die Ecken eines **Tetraeders** (Bindungswinkel = **109,5°**) weisen. Die Struktur der meisten Kohlenwasserstoffe ist deshalb eher zickzackartig.
Außerdem: Konstitutionsisomere zeigen **unterschiedliche physikalische Eigenschaften.** Van-der-Waals-Kräfte nehmen mit zunehmender Moleküloberfläche zu. Diese ist **bei verzweigten Molekülen kleiner.** Man kann sich auch vorstellen, dass zwei Isobutan-Moleküle wegen der Verzweigungen schlechter „in Kontakt treten" können, um Anziehungskräfte aufeinander auszuüben. Dementsprechend hat Isobutan einen geringeren Schmelzpunkt als n-Butan.

Konformationsisomere

Betrachtet man das Ethan, erkennt man, dass sowohl Summen- wie auch Strukturformel eindeutig zu genau einem Molekül führen. Es existieren keine Konstitutionsisomere. Zwischen den beiden C-Atomen besteht eine Einfachbindung. Diese ist, wie bereits besprochen, **frei drehbar.** Betrachten wir nun das Molekül so, dass das eine Kohlenstoff-Atom das andere genau verdeckt (man bezeichnet diese Darstellungsweise auch als **Newman-Projektion**), erkennen wir, dass durch Drehen der Einfachbindung mehrere räumliche Anordnungen möglich sind (→ Abb. 17.4).

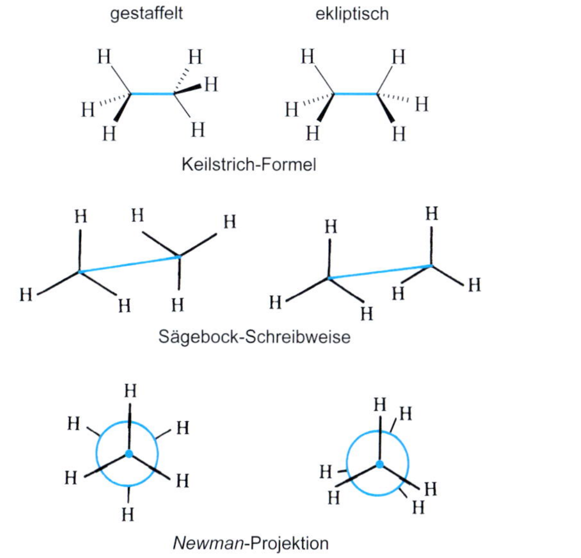

Abb. 17.4 Die verschiedenen Darstellungen und Konformationsisomere des Ethans [L253]

Moleküle mit gleicher Summenformel, gleicher Strukturformel, aber unterschiedlicher Anordnung, nennt man grundsätzlich **Stereoisomere.** Da wir von der einen Anordnung durch simples Drehen in die anderen Anordnungen kommen (also ganz ohne Bindungen auflösen und neu verknüpfen zu müssen), bezeichnen wir diese Strukturen im Speziellen als **Konformationsisomere** oder **Konformere.** Weniger verbreitet, aber naheliegender ist der Begriff **Rotamere.** Unterschiedliche Konformationen können auch mit der **Sägebock-Schreibweise** dargestellt werden.
Doch welche Konformation nimmt das Ethan eigentlich an? Die Natur strebt nach einem energiearmen Zustand. Dieser wird erreicht, wenn die H-Atome in größtmöglichem Abstand, also **gestaffelt,** vorliegen.
Die **verdeckte** oder **ekliptische** Konformation ist durch die Nähe der H-Atome zueinander energiereicher und tritt damit in der Natur nicht bevorzugt auf.

Skelettformeln

Strukturformeln in der organischen Chemie können recht umfangreich werden. Um sich das Zeichnen etwas zu erleichtern, greift man auf Skelettformeln zurück, die mit etwas Erfahrung auch relativ problemlos gelesen werden können (→ Abb. 17.5). Im Unterschied zu den bisher bekannten Schreibweisen werden in den Skelettformeln die C-Atome **nicht** gezeichnet. Man zeichnet lediglich die **Bindungen zwischen den C-Atomen,** sodass man wissen muss,

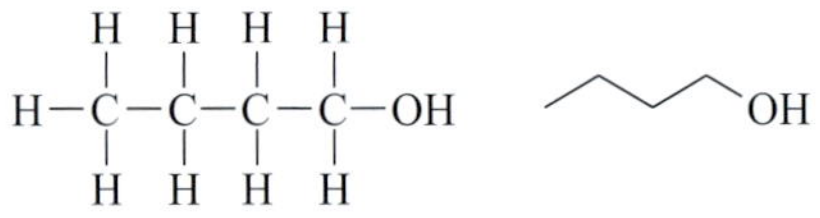

Abb. 17.5 Butanol als Valenzstrich- und Skelettformel [L253]

dass die C-Atome an deren Enden bzw. in den „Knicks" liegen. Die H-Atome werden ebenfalls nicht gezeichnet. Sie muss man in Gedanken ergänzen, indem man sich ansieht, wie viele seiner 4 Bindungen ein C-Atom ausgebildet hat. Die restlichen, nicht eingezeichneten Bindungen sind diejenigen zu den H-Atomen. **Heteroatome** und somit auch **funktionelle Gruppen** werden ebenfalls in den Skelettformeln eingezeichnet.
Darüber hinaus tragen die Skelettformeln auch den räumlichen Anordnungen Rechnung, indem Einfachbindungen zwischen C-Atomen nicht linear, sondern als „Zickzack" gezeichnet werden.

Cycloalkane

Wenn ein Alkan an jedem Ende seiner Kette ein H-Atom abspaltet und eine neue C-C-Bindung ausbildet, entsteht ein Ring. Dieser Ring wird als **Cycloalkan** bezeichnet und besteht nach wie vor nur aus **Einfachbindungen.** Die allgemeine Summenformel lautet $\mathbf{C_nH_{2n}}$.

Nomenklatur

Man benennt Cycloalkane, indem man die Anzahl der C-Atome im Ring bestimmt und den zugehörigen **Alkannamen** wählt (also bei 5 C-Atomen „Pentan"). Nun hängt man nur noch die Vorsilbe **„Cyclo"** an und ist fertig (also „Cyclopentan").
Verfügt der Cycloalkan noch über Seitenketten, nummeriert man diese so, dass die Reste möglichst kleine Zahlen erhalten. Ist nur ein Rest vorhanden, muss man ihm keine Nummer zuweisen.

Cyclopropan ist das kleinste Cycloalkan. Alkane falten sich erst ab drei C-Atomen zu einem Ring.

Stabilität

Prinzipiell streben C-Atome, die über Einfachbindungen verbunden sind, nach einem Winkel von 109,5° zwischen den Elektronenpaaren. Da der Cyclopropanring einem gleichseitigen Dreieck ähnelt, bei dem jeder Winkel bekanntermaßen 60° beträgt, steht dieser unter großer Spannung, weil jedes Kohlenstoff-Atom einen größeren Winkel zwischen seinen bindenden Elektronenpaaren bevorzugen würde. Der Ring ist folglich **instabil** und damit **reaktionsfreudig.** Mit zunehmender Anzahl von C-Atomen im Ring nähern sich die Bindungswinkel zunehmend den 109,5° an, bis diese dann beim **Cyclohexan** erreicht sind, sodass dieses Cycloalkan vergleichsweise **stabil** ist (→ Abb. 17.6).

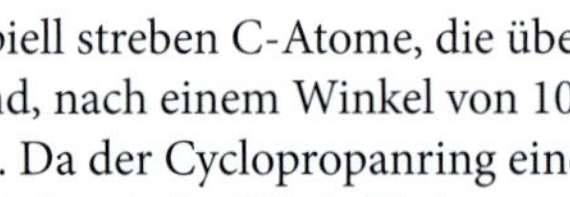

Abb. 17.6 Cyclohexan und Decalin als Beispiele für Mono- und Bicyclen [L253]

Man sollte außerdem bedenken, dass Cyclopropan vollständig und Cyclobutan weitgehend **eben** ist. Beim Cyclopropan kann dies aufgrund seiner trigonalen Struktur nicht anders sein und beim Cyclobutan wird der Ring durch die starke Spannung quasi „plattgezogen". Eine unebene Anordnung führt zu einer zusätzlichen Verringerung der mit 90° ohnehin schon sehr kleinen Bindungswinkel. Ab dem Cyclopentan ist die Ringspannung soweit gesunken, dass der Ring aufgrund der annähernd tetraedrischen Anordnung der Bindungselektronen **uneben** ist. Sobald man in der Chemievorlesung ein Modell einer organischen Verbindung gezeigt bekommt, kann man sich diese Tatsache leicht vorstellen.
Cycloalkane können auch Moleküle bilden, die aus zwei **(Bicyclen)** oder mehr **(Polycyclen)** Ringen bestehen. Dabei ist mindestens ein C-Atom Bestandteil beider Ringe.

Alkene

Alkene sind wie die Alkane Kohlenwasserstoffe. Allerdings enthalten Alkene mindestens eine **C-C-Doppelbindung.** Man bezeichnet sie auch als **ungesättigt,** da sie theoretisch noch mehr H-Atome besitzen können, also noch nicht „gesättigt" sind. Die Bindungswinkel zwischen ihren Elektronenpaaren betragen **120°.** Die allgemeine Summenformel der Alkene lautet $\mathbf{C_nH_{2n}}$.

Die **allgemeine Summenformel** der **Alkene** ist identisch zu der der Cycloalkane. Da man aus der Summenformel des Cyclobutans (C_4H_8) auch das Buten (ebenfalls C_4H_8) basteln könnte, sind die Alkene und die Cycloalkane **Konstitutionsisomere.**

Bei den Alkenen begegnen uns einige Besonderheiten, was die Nomenklatur angeht. Es dreht sich alles um die Doppelbindung:
1. Es reicht nicht aus, einfach die längste Kette zu suchen. Diese Kette muss auch die **Doppelbindung** enthalten. Die Namen der Alkene enden auf **„en".**
2. Man nummeriert nun nicht mehr so, dass die Positionen der Seitenketten die kleinsten Zahlen erhalten, sondern nummeriert das Molekül so durch, dass die **Doppelbindung eine möglichst kleine Nummer erhält.**
3. Die Position der Doppelbindung wird durch eine Zahl vor dem „en" deutlich gemacht, allerdings kann man sie, wenn die Doppelbindung am Anfang der Kette steht, auch weglassen. Sind mehrere Doppelbindungen vorhanden, wird zwischen den Zahlen und dem „en" die Vorsilbe „di" bzw. „tri" eingebaut. Ein Molekül mit drei Doppelbindungen an Position 2, 4 und 7 endet folglich auf „... 2,4,7-trien".
4. Die Seitenketten werden wie gehabt benannt.

Das Molekül in → Abb. 17.7 heißt demnach 3,5-Dimethylhex-2-en.

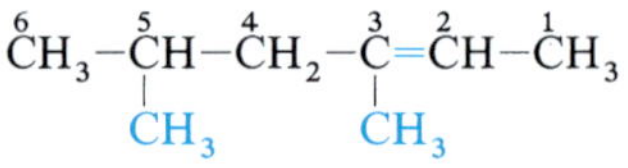

Abb. 17.7 3,5-Dimethylhex-2-en [L253]

Konfigurationsisomere

Bei Alkenen gibt es eine „neue“ Form der Isomerie. Als Beispiel soll das But-2-en dienen, von dem es zwei derartige Isomere gibt. Beide Moleküle besitzen dieselbe Summenformel und die gleiche Strukturformel, denn in dem einen Molekül ist jedes Atom mit den gleichen Atomen verknüpft wie in dem anderen. Es gibt allerdings 2 mögliche räumliche Anordnungen (also wieder **Stereoisomere**), je nachdem, ob die C-Atome auf „derselben“ Seite oder auf „gegenüberliegenden“ Seiten liegen. Da die Doppelbindung aber wie bereits besprochen nicht drehbar ist, lassen sich die Anordnungen nicht durch Drehen in die jeweils andere überführen. Es handelt sich folglich **nicht um Konformere.** Man muss **Bindungen lösen** und dann die Atome neu verknüpfen, um die Anordnung zu ändern. Diese Art der Isomerie bezeichnet man als **Konfigurationsisomerie.**

Wie kann man nun diese beiden Isomere am Namen unterscheiden? Man sucht die beiden Substituenten mit der **höchsten Ordnungszahl.** Stehen diese auf derselben Seite des Moleküls (aber natürlich nicht am selben Ende der Doppelbindung), bezeichnet man das Molekül als **Z-But-2-en.** Stehen sie auf gegenüberliegenden Seiten, heißt es ***E*-But-2-en** (→ Abb. 17.8).

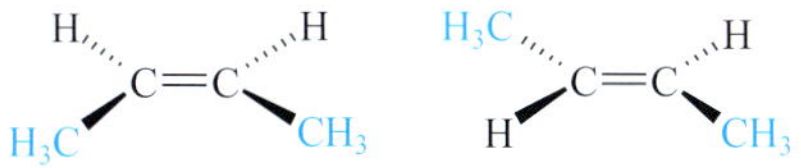

(*Z*)-2-Buten (*cis*-2-Buten) Sdp. 3,7 °C

(*E*)-2-Buten (*trans*-2-Buten) Sdp. 0,9 °C

Abb. 17.8 *Z*/*E*-But-2-en [L253]

Z = zusammen
E = entgegen

Früher verwendete man anstelle von *E*- **„trans-“** und anstelle von *Z*- **„cis-“.**

Doppelbindungen

In größeren Molekülen kann man Doppelbindungen noch weiter charakterisieren:

Konjugierte Doppelbindungen Sind Doppelbindungen durch eine Einfachbindung voneinander getrennt, spricht man von konjugierten Doppelbindungen. Es kommt zu einem **mesomeren Effekt,** der dazu führt, dass Verbindungen mit konjugierten Doppelbindungen energetisch günstiger und damit **stabiler** sind als solche ohne.

Isolierte Doppelbindungen Sind Doppelbindungen durch zwei oder mehr Einfachbindungen voneinander getrennt, spricht man von isolierten Doppelbindungen.

Kumulierte Doppelbindungen Wenn zwei Doppelbindungen unmittelbar benachbart sind, also ein C-Atom zwei Doppelbindungen ausbildet, spricht man von kumulierten Doppelbindungen.

Alkine

Alkine sind ebenfalls **ungesättigte Kohlenwasserstoffe,** wobei sie mindestens eine **Dreifachbindung** enthalten. Die allgemeine Summenformel für ein Alkin mit einer Dreifachbindung lautet C_nH_{2n-2}. Die Nomenklatur gestaltet sich analog zu den Alkenen, wobei nicht die Endung „en“, sondern die Endung **„in“** verwendet wird. Allerdings kann es **weder Konfigurations- noch Koformationsisomerie** geben, da die C-Atome, die an der Dreifachbindung beteiligt sind, zu einer linearen Anordnung in diesem Teil des Moleküls führen. Die Bildung von Cycloalkinen ist dennoch möglich, aber dazu braucht es i. d. R. einen sehr großen Ring (mindestens 8 C-Atome). Das einfachste Alkin, das Ethin, hat noch einen anderen Namen, der nach wie vor gebräuchlich ist: Acetylen (→ Abb. 17.9).

$$H-C\equiv C-H$$

Abb. 17.9 Ethin [L253]

Zusammenfassung

- Grundkenntnisse der IUPAC-Nomenklatur sind essenziell, um organische Moleküle korrekt benennen zu können.
- Skelettformeln vereinfachen die Darstellung komplexer organischer Moleküle.
- Doppelbindungen können konjugiert, isoliert und kummuliert vorliegen.

→ 18 Sauerstoffhaltige funktionelle Gruppen

Zur Erinnerung: Funktionelle Gruppen enthalten **Heteroatome,** die zur **Polarisierung** einer Bindung führen und dadurch die Reaktivität der Verbindung erhöhen. Funktionelle Gruppen beeinflussen den Charakter einer Verbindung so stark, dass man Moleküle mit denselben funktionellen Gruppen zu Stoffklassen zusammenfasst. Allerdings können auch mehrere funktionelle Gruppen in einem Molekül vorkommen.
Sauerstoff ist als Heteroatom Bestandteil vieler funktioneller Gruppen, die im Folgenden vorgestellt werden. Er besitzt **6 Valenzelektronen,** will folglich **2 kovalente Bindungen ausbilden** und besitzt **2 freie Elektronenpaare.**

Alkohole

Besitzt ein Kohlenwasserstoff an einem C-Atom ein Sauerstoff-Atom, an das wiederum ein H-Atom gebunden ist, bezeichnet man dies als **Hydroxy-** oder einfach als **OH-Gruppe.** Den Kohlenwasserstoff, der die Hydroxygruppe trägt, nennt man **Alkohol.**

Die Nomenklatur der Alkohole ist einfach: Man hängt an den Namen des Alkans einfach die Nachsilbe **„ol"** an. Wenn die Hydroxygruppe nicht endständig ist, muss man die Position selbstverständlich noch durch eine Zahl anzeigen.
Natürlich gibt es auch bei den Alkoholen eine homologe Reihe, deren zwei einfachste Vertreter man bereits aus dem Alltag kennt: Methanol ist ein giftiges Nebenprodukt, das bei der alkoholischen Gärung entstehen kann und Ethanol ist als Trinkalkohol geläufig.
Man unterscheidet zudem **primäre, sekundäre und tertiäre Alkohole,** je nachdem, ob das C-Atom, das die Hydroxygruppe trägt, mit **einem, zwei oder drei weiteren C-Atomen** verbunden ist (→ Abb. 18.1). Die **Anzahl der Hydroxygruppen,** die ein Alkohol trägt (schließlich können es mehr als nur eine sein), wird durch die Begriffe **einwertig, zweiwertig etc.** beschrieben.

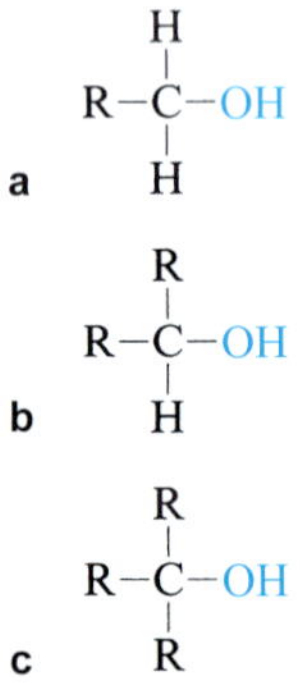

Abb. 18.1 Primärer (a), sekundärer (b) und tertiärer (c) Alkohol [L253]

Da das O-Atom eine wesentlich höhere Elektronegativität als das H-Atom aufweist, kommt es zu einer positiven Polarisierung des Wasserstoff-Atoms, das nun Anziehungskräfte auf freie Elektronenpaare benachbarter Moleküle ausübt. Mit anderen Worten: Hydroxygruppen, also auch Alkohole, bilden **Wasserstoffbrückenbindungen** aus. Dadurch haben Alkohole wesentlich **höhere Schmelz- und Siedepunkte** als etwa Alkane vergleichbarer Länge.
Die Polarität, die durch die Elektronegativität des Sauerstoffs in der Verbindung entsteht, sorgt dafür, dass v. a. **kurze Alkohole gut wasserlöslich** sind. Bei langkettigen Alkoholen liegen dagegen so viele unpolare Bindungen vor, dass auch die Verbindung als Ganzes eher unpolar ist, sodass diese sich schlecht in Wasser löst.

Gleiches löst sich in Gleichem! Eine polare Substanz löst sich in einer anderen polaren (wie etwa Wasser). Eine unpolare Substanz löst sich in einer unpolaren (wie einem Fett, → Kap. 7).

Alkohole können grundsätzlich als Säure und als Base reagieren. Sie sind also, wie Wasser auch, **amphotere Verbindungen.**

Reaktionen an funktionellen Gruppen

Da funktionelle Gruppen so oft an Reaktionen beteiligt sind, kann es manchmal schwierig sein, sich zu merken, welche Produkte bei bestimmten Reaktionen entstehen. Hier eine kleine Hilfe, um doch noch zum richtigen Ergebnis zu gelangen – am Beispiel zweier Alkoholmoleküle (→ Abb. 18.2):

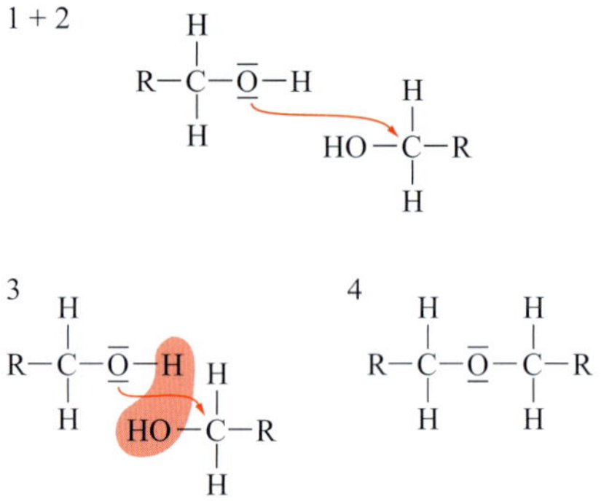

Abb. 18.2 Allgemeines Reaktionsschema an funktionellen Gruppen [L253]

1. Zunächst muss man sich ein Molekül aussuchen, das am anderen angreift.
2. Ungleichnamige Ladungen ziehen sich an. Folglich greift ein freies Elektronenpaar der angreifenden Verbindung an einem positiv polarisierten C-Atom nukleophil an.
3. Sollte das angreifende Atom mit einem H-Atom verknüpft sein, gibt es dieses als H^+-Ion ab, behält also das Elektronenpaar.
4. Binden nun an einem C-Atom mindestens zwei Heteroatome über Einfachbindungen, so ist dies ein Zustand, der i. d. R. nicht beibehalten werden kann. Folglich müssen Moleküle aus diesen Zwischenstufen abgespalten werden. Häufig sind das einfache Verbindungen wie etwa **Wasser.** Sind nicht genug Atome vorhanden, um eine „kleine Verbindung" abzuspalten, kommt es zu keiner Abspaltung.

Benutzt diese Regel in der Klausur nur, wenn euch euer Faktenwissen im Stich lässt!

Reaktionen, die unter Wasserabspaltung ablaufen, heißen **Dehydratisierungen** oder **Kondensationen.** Damit die Rückreaktion stattfinden kann, muss man logischerweise Wasser zuführen. Man spricht dann von einer **Hydrolyse.**

Ether

Wir stellen uns vor: Zwei Alkohole reagieren unter Wasserabspaltung zu einer Verbindung, in der **2 Kohlenstoff-Atome über 1 Sauerstoff-Atom miteinander verknüpft** sind. Eine Substanz, die eine solche funktionelle Gruppe trägt, nennt man **Ether.** Man kann dazu folgende Reaktionsgleichung aufstellen:

Alkohol + Alkohol → Ether + Wasser

Eine solche „Wortgleichung“ sollte man sich gut einprägen! Wenn man sie vergisst, kann man immer noch auf die oben beschriebene Methode zurückgreifen.
Man sollte sich auch merken, ob dabei Moleküle abgespalten werden und wenn ja, welche.
Die IUPAC-Nomenklatur hat sich bei den Ethern noch nicht wirklich durchgesetzt. Man bezeichnet Ether auch als **Alkoxyalkane.** Der längere Rest am O-Atom erhält einfach den Namen des zugehörigen Alkans. Der kürzere Rest wird, abhängig von der Anzahl der C-Atome, als Methoxy (1 C), Ethoxy (2 Cs) etc. bezeichnet (→ Abb. 18.3). Sind die Reste identisch, lässt sich diese Nomenklatur natürlich auch anwenden.

$$H_3C{-}CH_2{-}\underline{\overline{O}}{-}CH_2{-}CH_3$$

Abb. 18.3 Ethoxyethan [L253]

Wenn man bei dieser Verbindung die Atome zählt, erhält man die Summenformel $C_4H_{10}O$.
Das ist dieselbe wie beim Butanol (Exkurs: Skelettformeln, → Kap. 17). Man sieht: **Alkohole und Ether sind Konstitutionsisomere.** Ether können jedoch keine Wasserstoffbrücken ausbilden. Folglich liegen ihre Schmelz- und Siedepunkte tiefer als die der Alkohole. Auch ihre Wasserlöslichkeit ist schlechter.
Ether können außerdem am negativ polarisierten O-Atom Protonen anlagern und reagieren folglich als schwache Basen. Die Bildung und Spaltung von Ethern läuft v. a. in Anwesenheit von Säuren ab – beide Reaktionen sind **säurekatalysiert.**

Aldehyde und Ketone

In der organischen Chemie bzw. der Biochemie wird der Begriff **Oxidation** oft mit der **Abgabe von Wasserstoff-Atomen** bzw. dem **Knüpfen einer Bindung zu einem Sauerstoff-Atom** gleichgesetzt. Den umgekehrten Fall nennt man in der organischen Chemie und Biochemie oft Reduktion.
Warum wird manchmal die Abgabe von H-Atomen (Achtung: **Nicht Protonen!**) als Oxidation bezeichnet? Mit den H-Atomen gehen natürlich auch deren Elektronen verloren. Wie wir wissen, werden diese bei der Bestimmung der Oxidationszahl den C-Atomen zugesprochen, an die die H-Atome gebunden sind (höhere Elektronegativität des C gegenüber dem H). Bei Abspaltung eines Wasserstoff-Atoms wird daher die Oxidationszahl am C-Atom größer, es ist oxidiert worden.
Die Abgabe von Wasserstoff bezeichnet man übrigens als **Dehydrierung** (nicht Dehydratisierung!).
Die Bindung an ein sehr elektronegatives O-Atom führt dazu, dass sich die Oxidationszahl des bindenden C-Atoms erhöht (da dessen Elektron nun dem O zugesprochen wird), sodass man dies ebenfalls als Oxidation bezeichnen kann.

Carbonylgruppe

Ein Alkohol kann durch Abspaltung von 2 H-Atomen vom O-Atom und dem benachbarten C-Atom oxidiert werden. Dabei entsteht eine Doppelbindung zum O-Atom.

Die entstandene funktionelle Gruppe **(C ist mit O durch Doppelbindung verknüpft)** bezeichnet man als **Carbonylgruppe.** Verbindungen, die eine Carbonylgruppe tragen, bezeichnet man als (→ Abb. 18.4):
- **Aldehyde,** wenn die Carbonylgruppe **am Kettenende** steht, also ein **primärer Alkohol** oxidiert wurde.
- **Ketone,** wenn die Carbonylgruppe **nicht am Kettenende** steht, also ein **sekundärer Alkohol** oxidiert wurde.

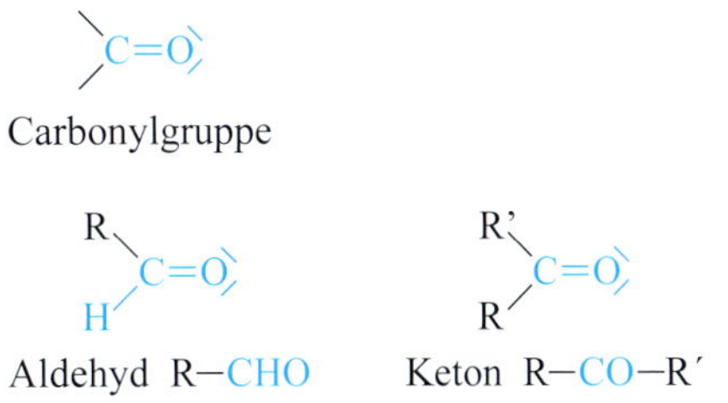

Abb. 18.4 Carbonylgruppe, Aldehyd und Keton [L253]

Was ist mit tertiären Alkoholen? Diese Hydroxygruppen können nicht zu Carbonylgruppen oxidiert werden, da nur ein H-Atom abgespalten werden kann.
Bei Aldehyden erhält die Verbindung die Endung **„al“.** Für die Verbindungen **Methanal** und **Ethanal** solltet ihr aber auch die gebräuchlichen Trivialnamen kennen (Formaldehyd und Acetaldehyd).
Ketone erhalten die Endung **„on“.** Dabei müsst ihr beachten, dass ihr bei Ketonen immer die Position der Carbonylgruppe durch eine Ziffer angeben müsst, da diese schließlich nie am Kettenende stehen kann.
Kurze Aldehyde sind **gut wasserlöslich,** da die C-O-Doppelbindung stark polarisiert ist. Die Löslichkeit nimmt verständlicherweise mit zunehmender Kettenlänge ab. Aufgrund fehlender Wasserstoffbrückenbindungen liegen die **Schmelz- und Siedepunkte tiefer als die vergleichbarer Alkohole.**
Da das Sauerstoff-Atom der Carbonylgruppe durch seine starke Elektronegativität über die Doppelbindung die Elektronen der Verbindung zu sich zieht, wird die an sich unpolare Bindung zwischen dem α-C- und dem H-Atom so stark polarisiert, dass Letzteres als **H^+-Ion abgespalten** werden kann. Das C-Atom wird dadurch negativ geladen – das entstandene Teilchen nennt man **Carbanion** – und anschließend verschieben sich die Elektronen so, dass das O-Atom der Carbonylgruppe die negative Ladung erhält. Zwischen α-C-Atom und dem C, das die funktionelle Gruppe trägt, bildet sich dabei eine Doppelbindung aus. Diese Struktur wird als **Enolat-Ion** bezeichnet. Dass dieses O-Atom gerne H^+-Ionen anlagert, sodass eine Hydroxygruppe entsteht, sollte klar sein! Man bezeichnet diese Struktur als die **Enolform** (→ Abb. 18.5).

„En“ wegen der C-C-Doppelbindung und **„ol“** wegen der Hydroxygruppe.

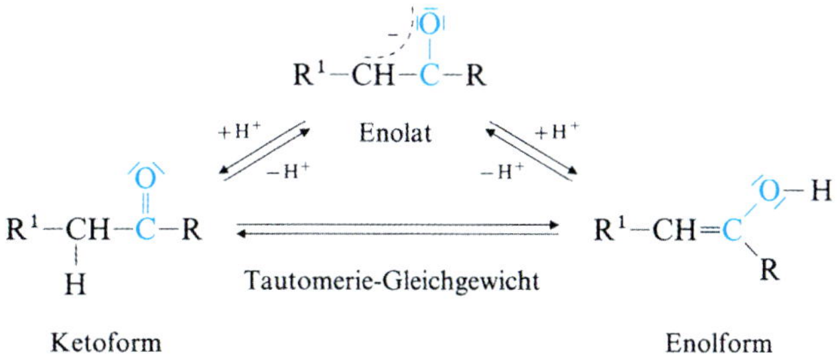

Abb. 18.5 Keto-Enol-Tautomerie [L253]

Da der Sauerstoff durch seine hohe Elektronegativität negativ polarisiert ist, können an ihm grundsätzlich auch **elektrophile Reaktionen** stattfinden.

Reaktionen von Aldehyden und Ketonen

Aldehyde und Ketone können dank ihrer Carbonylgruppe an vielen Reaktionen beteiligt sein. Im Folgenden werden wir uns einige wichtige Reaktionen dieser beiden Stoffklassen ansehen:

Halbacetalbildung (→ Abb. 18.6): Greift ein Alkohol an einem Aldehyd an, entsteht ein **Halbacetal.** Die Reaktion ist ein Beispiel für eine **nukleophile Addition** (aus zwei mach eins!). Außerdem lässt sich hier die Notfallmethode gut anwenden, wobei es zu keiner Abspaltung eines kleinen Moleküls kommt. Greift ein Alkohol an einem Keton an, nannte man das Produkt **früher Halbketal.** Mittlerweile benutzt man aber auch hierfür den Namen Halbacetal. Wir können uns folglich merken:

Alkohol + Aldehyd/Keton → Halbacetal

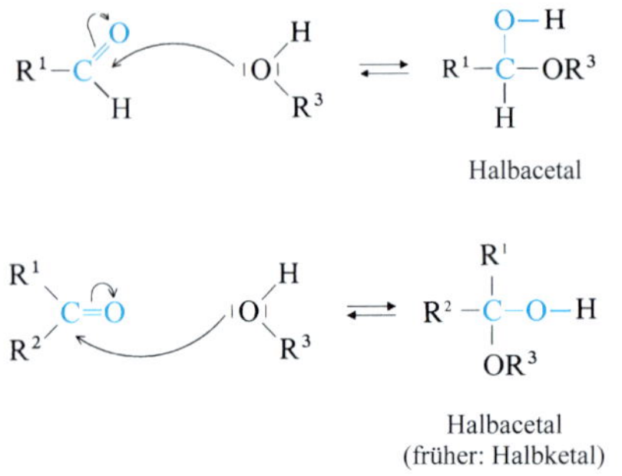

Abb. 18.6 Halbacetalbildung [L253]

Acetalbildung (→ Abb. 18.7) Da das C-Atom in einem Halbacetal positiv polarisiert ist, kann es erneut zu einer **nukleophilen Reaktion** kommen, diesmal allerdings zu einer **Substitution.** Die Notmethode funktioniert dabei ebenfalls und man erkennt, dass Wasser abgespalten wird. Auch hier sollte man sich einprägen, mit welchen Atomen das zentrale C-Atom des Acetals verknüpft ist.

Halbacetal + Alkohol → Acetal + Wasser

Oxidation Ein Aldehyd kann, wie ein Alkohol auch, **oxidiert** werden. Der Aldehyd lagert Wasser an und spaltet dann 2 H-Atome ab. Dabei entsteht eine **Carbonsäure.** Dagegen ist ein **Keton,** aufgrund fehlender H-Atome, **nicht oxidierbar.**

Da Aldehyde im Gegensatz zu Ketonen oxidierbar sind, kann man sie durch Oxidationsmittel nachweisen. Die beiden bekanntesten sollte man kennen:
Die **Fehling-Probe** führt zu einem rötlichen Niederschlag aus Kupfer(I)-oxid, wohingegen das **Tollens-Reagenz** zu einem schwarzen Niederschlag – möglicherweise auch zu einem glänzenden Spiegel – aus elementarem Silber führt.

Carbonsäuren

Carboxylgruppe

Neben Mineralsäuren wie HCl, die im anorganischen Teil präsentiert wurden, gibt es natürlich auch organische Säuren. Diese sind durch eine gemeinsame funktionelle Gruppe gekennzeichnet, die **Carboxylgruppe** (→ Abb. 18.8).

Carboxylgruppen bestehen aus einer **Carb**onylgruppe und einer Hydr**oxylgruppe.**

Die Nomenklatur dieser als Carbonsäuren bezeichneten Verbindungen gestaltet sich vergleichsweise einfach. Man hängt dafür schlicht an den Alkannamen die Endung **„säure"** an. Allerdings

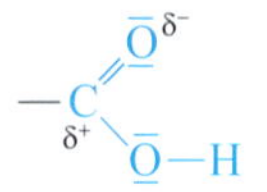

Abb. 18.8 Carboxylgruppe (-COOH) [L253]

sind bei vielen Carbonsäuren auch die Trivialnamen gebräuchlich, die man spätestens für die Biochemie kennen sollte.

Warum erhöhen elektronegative Substituenten die Fähigkeit der Carboxygruppe, ein Proton abzugeben? Durch den –I-Effekt werden die Elektronen der gesamten Verbindung in Richtung des den Effekt ausübenden Atoms gezogen. Dem Proton wird das bindende Elektronenpaar quasi „entrissen", was das Ablösen erleichtert.

Homologe Reihen

Auch bei Carbonsäuren gibt es eine homologe Reihe. In → Tab. 18.1 findet ihr die wichtigsten Vertreter der Säuren mit **einer** Carboxygruppe, der **Monocarbonsäuren.** Die Schmelz und Siedepunkte steigen natürlich wie üblich mit zunehmender Kettenlänge an.

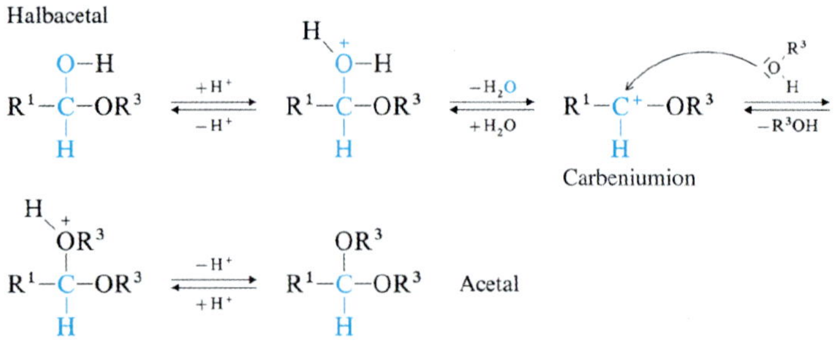

Abb. 18.7 Acetalbildung [L253]

Tab. 18.1 Wichtige Monocarbonsäuren

IUPAC-Name	Trivialname	Name des Anions	Formel	Kettenlänge
Methansäure	Ameisensäure	Formiat	H-COOH	C_1
Ethansäure	Essigsäure	Acetat	H_3C-COOH	C_2
Propansäure	Propionsäure	Propionat	H_3C-CH_2-COOH	C_3
Butansäure	Buttersäure	Butyrat	H_3C-$(CH_2)_2$-COOH	C_4
Hexadecansäure	Palmitinsäure	Palmitat	H_3C-$(CH_2)_{14}$-COOH	C_{16}
Octadecansäure	Stearinsäure	Stearat	H_3C-$(CH_2)_{16}$-COOH	C_{18}

Tab. 18.2 Wichtige Dicarbonsäuren

IUPAC-Name	Trivialname	Name des Anions	Formel	Kettenlänge
Ethandisäure	Oxalsäure	Oxalat	HOOC-COOH	C_2
Propandisäure	Malonsäure	Malonat	$HOOC\text{-}CH_2\text{-}COOH$	C_3
Butandisäure	Bernsteinsäure	Succinat	$HOOC\text{-}(CH_2)_2\text{-}COOH$	C_4
Pentandisäure	Glutarsäure	Glutarat	$HOOC\text{-}(CH_2)_3\text{-}COOH$	C_5

Natürlich gibt es auch mehrwertige Carbonsäuren, z. B. solche mit **zwei** Carboxygruppen, die **Dicarbonsäuren.** Einige wichtige sind in → Tab. 18.2, perfekt zum Auswendiglernen, präsentiert. Andere Säuren, wie auch die Tricarbonsäuren, werden euch v. a. in der Biochemie begegnen. Eins sollte klar sein: Säuren mit mehreren Carboxygruppen haben auch mehrere pK_s-Werte.

Reaktionen von Carbonsäuren

Auch bei den Carbonsäuren kommt ihr an zwei wichtigen Reaktionen nicht vorbei:

Esterbildung Eine Carbonsäure kann mit einem Alkohol reagieren. Wenn ihr die Notfallmethode anwendet, erkennt ihr, dass dabei Wasser abgespalten werden muss. Das Reaktionsprodukt bezeichnet man als Ester (→ Abb. 18.9):

Carbonsäure + Alkohol → Ester + Wasser

Ein Ester kann hydrolytisch wieder in Alkohol und Säure zerlegt werden.

Wenn es in einem Molekül sowohl eine Carboxy- als auch eine Hydroxygruppe gibt, kann dann innerhalb des Moleküls ein Ester entstehen? Ja, das kann passieren! Man spricht dann von einem „zyklischen inneren Ester", einem **Lacton** (→ Abb. 18.10). Wenn die Hydroxygruppe am γ- oder am δ-C-Atom hängt, bezeichnet man das Lacton als γ- oder δ-Lacton.

Für die Hydrolyse von Estern braucht man einen Katalysator. Verwendet man eine **Säu**re, ist die Reaktion **re**versibel. Nutzt man dagegen eine Base, ist die Reaktion irreversibel.

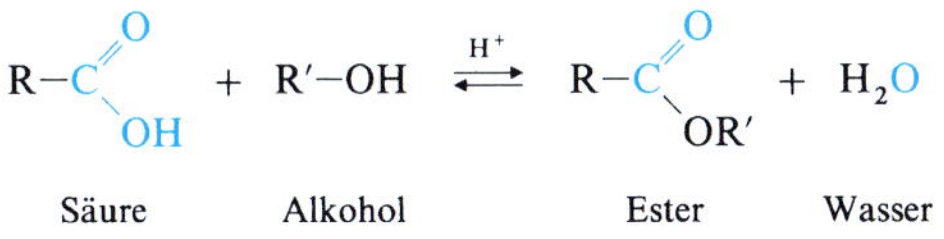

Abb. 18.9 Esterbildung [L253]

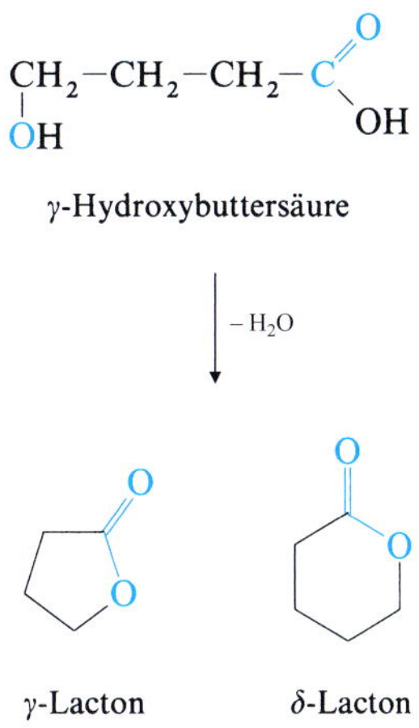

Abb. 18.10 Lactone [L253]

Säureanhydridbildung Die zweite wichtige Reaktion ist die zweier Carboxygruppen miteinander. Beide Gruppen reagieren unter Wasserabspaltung zu einem Säureanhydrid (im Wort „Anhydrid" steckt schon die Wasserabspaltung) (→ Abb. 18.11):

Säure + Säure → Anhydrid + Wasser

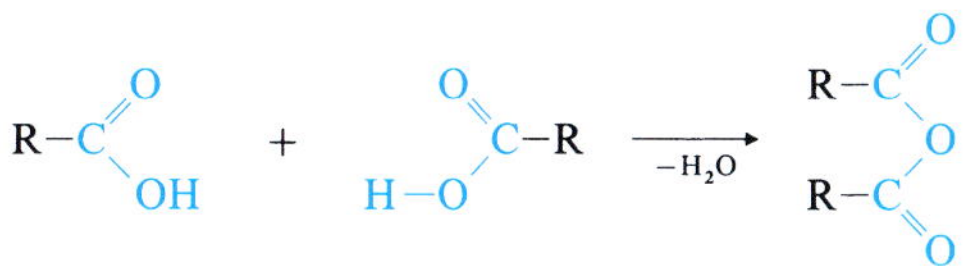

Abb. 18.11 Säureanhydridbindung [L253]

Zusammenfassung

- Wichtige sauerstoffhaltige funktionelle Gruppen sind Alkohole, Ether, Aldehyde, Ketone und Carbonsäuren.
- Aldehyde entstehen bei der Oxidation primärer Alkohole.
- Ketone entstehen bei der Oxidation sekundärer Alkohole.
- Carbonsäure + Alkohol → Ester und Wasser

Stickstoff- und schwefelhaltige funktionelle Gruppen

Stickstoff besitzt als Atom der 5. Hauptgruppe 5 Valenzelektronen. Von diesen 5 bilden 2 ein freies Elektronenpaar, während die anderen 3 Bindungen ausbilden wollen.

Ammoniak und Amine

Das Molekül, das als Grundgerüst für die Stoffklasse dienen wird, mit der sich dieses Kapitel beschäftigt, kennt ihr bereits: Es ist das **Ammoniak,** in dem die Bindungen des Stickstoffs mit Wasserstoff-Atomen besetzt sind. Von ihm leitet sich auch der Name der Stoffklasse ab – die **Amine** (→ Abb. 19.1).
Anstelle der H-Atome können auch C-Atome an das Stickstoff-Atom des Ammoniaks binden.

- Ist nur 1 H-Atom durch ein C-Atom ersetzt, spricht man von einem **primären Amin.**
- Sind 2 H-Atome durch C-Atome ersetzt, spricht man von einem **sekundären Amin.**
- Sind 3 H-Atome durch C-Atome ersetzt, spricht man von einem **tertiären Amin.**

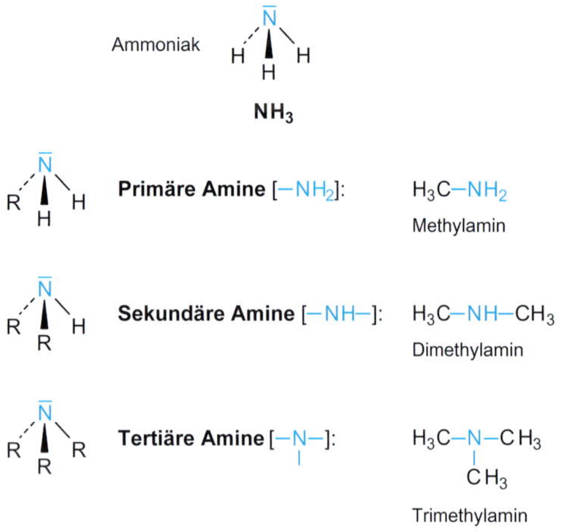

Abb. 19.1 Ammoniak und Klassifizierung der Amine [L253]

Hier besteht Verwechselungsgefahr: Macht euch deshalb zunächst noch mal klar, wie die Begriffe primär, sekundär und tertiär bei den Alkoholen definiert sind.
Wenn ihr euch die Strukturformeln der dargestellten Amine betrachtet, erkennt ihr, dass jedes Stickstoff-Atom ein freies Elektronenpaar besitzt. Wo so viel negative Ladung ist, kann mit Leichtigkeit ein Proton binden, sodass auch die Amine in Wasser **basisch** reagieren.
Es gibt auch eine Situation, in der ein Stickstoff-Atom mit vier C-Atomen (oder organischen Resten) verbunden ist. Es trägt dann eine positive Ladung und man spricht von einem **quartären Ammonium-Ion** (→ Abb. 19.2).

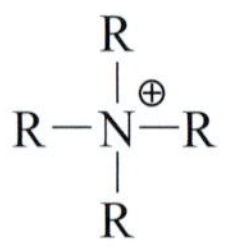

Abb. 19.2 Quartäres Ammoniumsalz [L253]

Reaktionen von Aminen

Auch zu den Aminen gibt es zwei wichtige Reaktionen, die ihr kennen, und deren Produkte ihr erkennen solltet:

Iminbildung Da das C-Atom einer Carbonylgruppe positiv polarisiert ist, kann das freie Elektronenpaar eines (primären) Amins an diesem C-Atom angreifen. Im Rahmen dieser Reaktion zwischen einem Aldehyd bzw. Keton und dem Amin entsteht zunächst ein **Zwitterion.** Zwitterionen tragen innerhalb eines Moleküls positiv und negativ geladene funktionelle Gruppen. Ihre Nettoladung addiert sich zu null. Aus diesem Zwitterion wird ein Wassermolekül abgespalten. Das Produkt ist ein Imin (auch Schiff-Base genannt), das ihr sehr gut an der charakteristischen **Doppelbindung zwischen N- und C-Atom** erkennen könnt (→ Abb. 19.3). Imine sind biochemisch bei **Transaminierungen,** also Übertragungen von Aminogruppen, relevant:
Amin + Aldehyd/Keton → Imin + Wasser

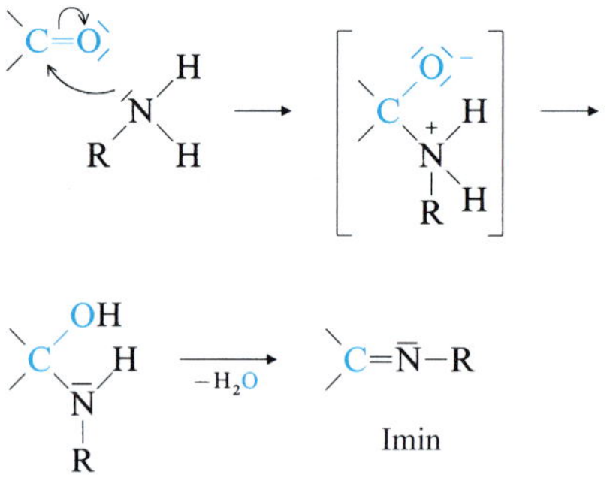

Abb. 19.3 Iminbildung aus Aldehyd/Keton und Amin [L253]

Amidbildung Die zweite sehr wichtige Reaktion ist die Bildung eines **Amids.** Man kann sie sich vereinfacht analog zur Bildung eines Esters vorstellen. Die Reaktion findet im Rahmen der Proteinbiosynthese statt und wird enzymatisch katalysiert. Bei der Amidbildung reagiert **eine Carboxygruppe mit einem Amin.** Dieses Amin muss dabei ein H gebunden haben, darf also nicht tertiär sein. Bei der Reaktion, bei der ihr euch mit der Notfallmethode helfen könnt, wird die Hydroxygruppe zusammen mit einem H der Aminogruppe als Wasser abgespalten, und der Stickstoff tritt an ihre Stelle.
Amin + Säure → Amid + Wasser
Zunächst werden die Elektronen der gesamten Verbindung vom elektronegativen O-Atom stark in seine Richtung gezogen. Das gilt auch für das freie Elektronenpaar des Stickstoffs, sodass dieser nun **nicht mehr als Base reagieren wird.** Außerdem zeigt die Amidbindung **Mesomerie.** Das macht sie zum einen **stabil,** zum anderen auch **planar** und **nicht drehbar.** Da dies eigentlich Eigenschaften einer Doppelbindung sind, sagt man, dass die Amidbindung **partiellen Doppelbindungscharakter** besitzt.
Ist es auch möglich, dass sich in einem Molekül, das sowohl eine Amino- als auch eine Carboxygruppe enthält, ein „inneres Amid" ausbildet? Ja, das ist möglich, wenn die Gruppen nicht zu eng beieinanderliegen. Man spricht dann von einem **Lactam** (→ Abb. 19.4). Analog zur Benennung der Lactone unterscheidet man auch hier zwischen γ-Lactamen, δ-Lactamen etc. Wegen Verwechselungsgefahr: Lacta**m**e sind „innere A**m**ide" – Lactone sind innere Ester.
Auch Amide können unter Säuren- oder Basenkatalyse hydrolysiert werden. Beide Katalysen sind im Gegensatz zur Esterhydrolyse **irreversibel.**

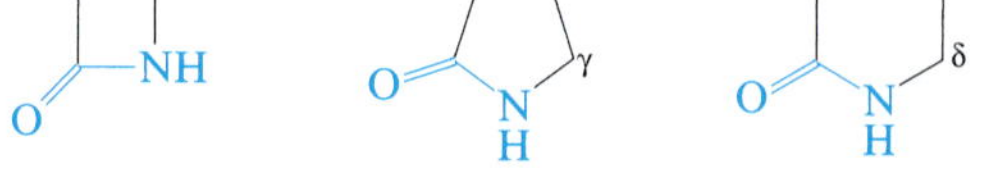

β-Lactam *γ*-Lactam *δ*-Lactam

Abb. 19.4 Lactame [L253]

Wenn an einem Molekül eine NH_2- oder NH-Gruppe als funktionelle Gruppe hängt, bezeichnet man diese entsprechend als **Aminogruppe.**

Schwefelhaltige funktionelle Gruppen

Schwefel gehört zur selben Hauptgruppe wie Sauerstoff. Somit hat er ebenfalls **6 Valenzelektronen** und will i. d. R. **2 Bindungen** eingehen. Das heißt auch, seine gängigen Reaktionen kennt ihr bereits von den sauerstoffhaltigen funktionellen Gruppen, wo ihr sie auch im Detail nachlesen könnt. Es gibt sogar ein Molekül, das analog zum Wasser gebaut ist, nur dass es eben Schwefel enthält. Es heißt **Schwefelwasserstoff** (H_2S). Das Trinken von Schwefelwasserstoff ist allerdings weder empfehlenswert noch praktikabel, da Schwefelwasserstoff bei Raumtemperatur **gasförmig** ist. Warum ist das so? Schwefel ist weniger elektronegativ als Sauerstoff, weshalb sich auch nicht so starke Wasserstoffbrückenbindungen bilden können. Generell liegen deshalb die Schmelz- und Siedepunkte aller schwefelhaltigen Verbindungen niedriger als die vergleichbarer sauerstoffhaltiger Verbindungen.

Thiole

Thiole sind, wie der Name schon andeutet, das Schwefelpendant zu den Alkoholen (mit niedrigeren Schmelzpunkten) (→ Abb. 19.5). Thiole werden auch als **Mercaptane** bezeichnet, da sie Quecksilber-Ionen (engl. *mercury*) einfangen können (engl. *capture*), um mit ihnen Komplexe zu bilden.
Leitet sich die Bezeichnung Mercaptan wirklich aus dem Englischen ab? Nein, aber den meisten Studenten werden die englischen Begriffe geläufiger sein als „*mercurius*“ oder „*capere*“. In der mündlichen Prüfung solltet ihr aber eher durch eure Lateinkenntnisse zu glänzen versuchen!

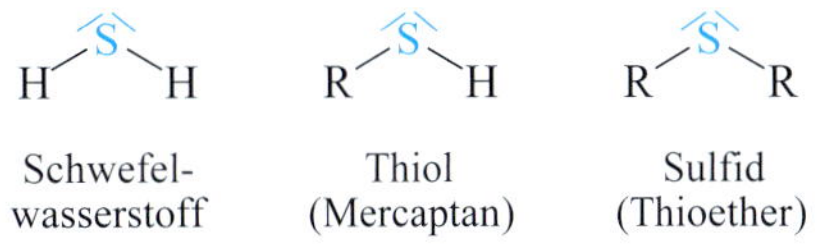

Abb. 19.5 Schwefelwasserstoff, Thiol und Sulfid [L253]

Jetzt gut aufpassen: 2 Thiole können zusammen **oxidiert** werden, wobei jede Gruppe ein H-Atom (**kein** Proton) abgibt. Zwischen den beiden Schwefel-Atomen entsteht dabei eine **kovalente Bindung,** die natürlich sehr stabil ist. Diese **Disulfidbrücke** ist in der Struktur vieler Proteine sowie anderer Moleküle bedeutsam und wird euch auch noch mal in diesem Buch begegnen (→ Abb. 19.6).

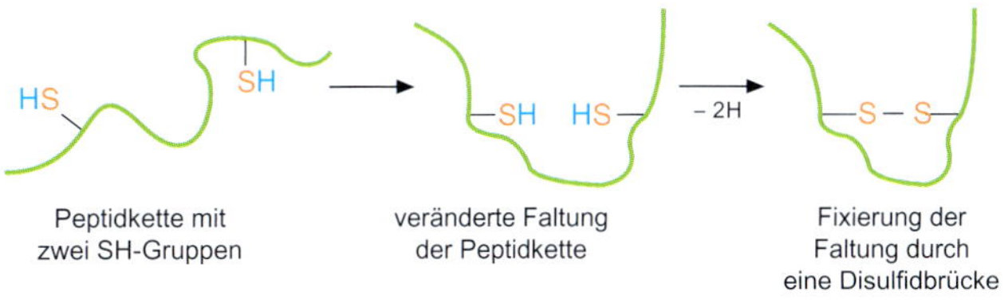

Abb. 19.6 Disulfidbrückenbildung – Oxidation zweier Thiolgruppen [L253]

Andere schwefelhaltige funktionelle Gruppen

Die Bildung anderer funktioneller Gruppen, an denen Schwefel beteiligt ist **(Thioether, Thioester),** gestaltet sich analog zu denen der sauerstoffhaltigen Gruppen. Ihr solltet versuchen, diese Reaktionen mit dem Wissen, das ihr bereits habt, selbst nachzuvollziehen. Zumindest muss man aber in der Lage sein, einen Thioether zu erkennen, wenn man ihn in der Klausur vor sich sieht.

In einer **Thioesterbindung** ist **sehr viel Energie** gespeichert, die für weitere chemische Reaktionen der Bindungspartner genutzt werden kann!

Zusammenfassung

- Wichtige stickstoffhaltige funktionelle Gruppen: Amine, Imine und Amide.
- Amin + Säure → Amid + Wasser
- Wichtige schwefelhaltige funktionelle Gruppen: Thiole, Thioether und Thioesther.
- 2 Thiole können zu einer Disulfidbrücke oxidiert werden.

→ 20 Stereochemie

Die Stereochemie wird in der Schule meistens, wenn überhaupt, im Chemie-Leistungskurs behandelt. Da man allerdings als Medizinstudent im Studium schnell erschlagen wird, wenn man sich in ein komplett neues Themengebiet einarbeiten muss, kommen hier die wichtigsten Fakten in hoffentlich verständlicher Form (→ Abb. 20.1):

Stereoisomere wurden im Verlauf dieses Buchs bereits vorgestellt. Es sind Moleküle, die über dieselbe Summenformel und Struktur verfügen, sich aber in ihrer räumlichen Anordnung unterscheiden. Betrachten wir also zwei Stereoisomere, hat jedes Atom in beiden Verbindungen die gleichen Bindungspartner.

Eine Untergruppe dieser Isomere sind die **Konfigurationsisomere,** bei denen sich die beiden Isomere nur durch Brechen und Neuverknüpfen von Bindungen in die andere überführen lassen. Ein Sonderfall der Konfigurationsisomere sind die **Enantiomere.** Diese Moleküle erfüllen alle Kriterien der Konfigurationsisomere, verhalten sich aber zudem wie **Bild- und Spiegelbild** zueinander und lassen sich nicht durch Drehen oder Wenden ineinander überführen (wie z. B. die Milchsäure, → Abb. 20.2).

Chiralitätszentren

Ähnlich wie enantiomere Moleküle sind auch die menschlichen Hände Spiegelbilder, die sich nicht durch Drehen ineinander überführen lassen. Man bezeichnet diese Moleküle deswegen auch als „händig" oder besser **„chiral".** In einem chiralen Molekül gibt es immer ein C-Atom, das als **Chiralitätszentrum** fungiert und für die Chiralität verantwortlich ist. Wenn man es genau nimmt, gilt diese Bedingung nur für die zentrale Chiralität. Da aber dieser Sonderfall die einzige in der Medizinerausbildung wichtige Chiralität darstellt, können wir andere Kriterien für chirale Moleküle vernachlässigen.

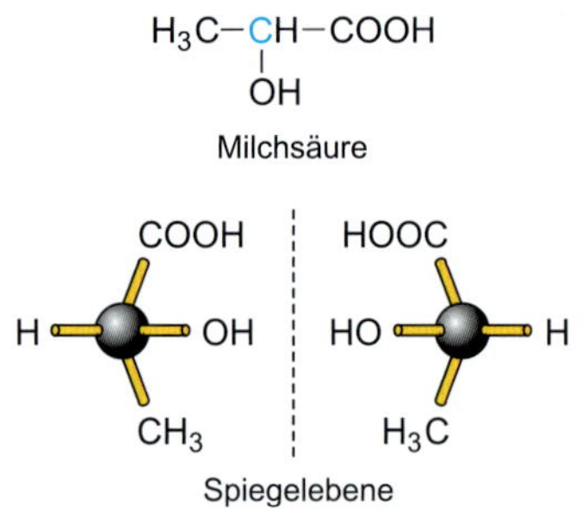

Abb. 20.2 Die zwei Enantiomere der Milchsäure [L253]

Im Rahmen der Chemieausbildung ist es für euch wichtig, Chiralitätszentren erkennen zu können. Dabei gibt es glücklicherweise eindeutige Kriterien:

1. Das C-Atom muss 4 Bindungen ausbilden.
2. Das C-Atom muss **4 verschiedene Substituenten** tragen.

Ist eins der Kriterien nicht erfüllt, ist das C-Atom kein Chiralitätszentrum und das Molekül ist damit **achiral.**

Übrigens: Als Synonyme für „Chiralitätszentrum" werden manchmal auch die Wörter „stereogenes Zentrum" oder „asymmetrisches C-Atom" gebraucht.

Da es wichtig ist, Chiralitätszentren in Strukturformeln erkennen zu können, ist hier ein kleiner Tipp: Man muss sich daran erinnern, dass, wenn an einem C-Atom in der Skelettformel nur zwei Einfachbindungen erkennbar sind, dieses C noch zwei Einfachbindungen zu H-Atomen ausbildet und somit nicht chiral sein kann.

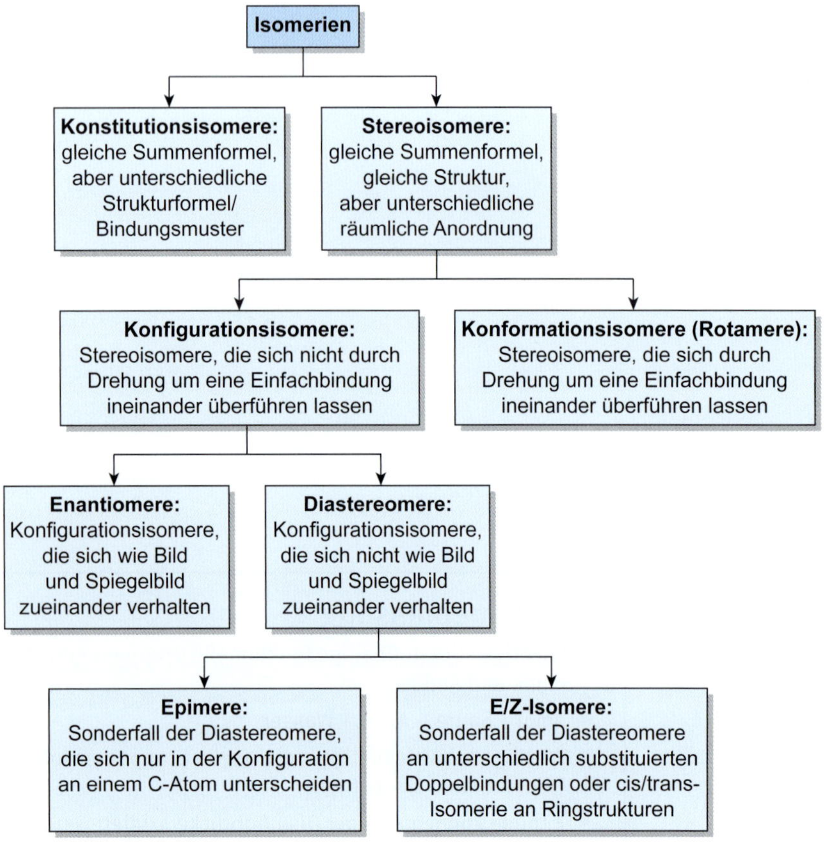

Abb. 20.1 Übersicht über Isomerien [L231]

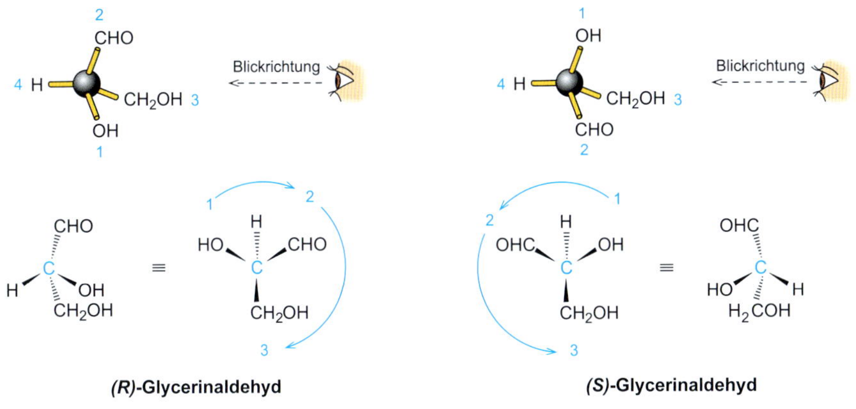

Abb. 20.3 (*R*)- und (*S*)-Enantiomer des Glycerinaldehyds [L253]

Konfigurationen

Je nachdem, wie die Atome an einem Chiralitätszentrum angeordnet, also das Chiralitätszentrum konfiguriert ist, muss man dies in der Nomenklatur der Verbindung deutlich machen. Um die Konfiguration eines Chiralitätszentrums zu ermitteln, ist es erforderlich, zunächst den **Substituenten eine Priorität zuzuweisen.** Dabei erhält der Substituent mit der **höchsten Ordnungszahl** die höchste Priorität (1) und der mit der kleinsten Ordnungszahl die niedrigste (4). Dies folgt der **CIP-Nomenklatur** (kurz für Cahn, Ingold und Prelog). Haben zwei Substituenten die gleiche Ordnungszahl, zählt die Ordnungszahl der weiteren Bindungspartner.
Wie können zwei Substituenten die **gleiche** Ordnungszahl haben, wenn doch ein Chiralitätszentrum vier **unterschiedliche** Substituenten haben muss? Ganz einfach: In → Abb. 20.3 ist das chirale C-Atom zwar mit zwei C-Atomen verknüpft, diese zählen aber als Substituenten unterschiedlicher Priorität. Das eine C ist mit einer Hydroxygruppe + 2Hs (niedrige Priorität) und das andere mit einem Carbonyl-Sauerstoff + 1H (höhere Priorität) verknüpft. Die höhere Priorität ergibt sich daraus, dass eine Doppelbindung zu einem Atom mit großer Ordnungszahl auch „doppelt" gezählt wird!
Nun dreht man das chirale C-Atom in Gedanken so, dass der Substituent mit der niedrigsten Priorität (meistens wird das ein H-Atom sein) nach hinten (also ins Blatt hinein) zeigt. Man fährt nun mit dem Finger die Substituenten von Priorität 1, über 2 zur Priorität 3 ab. Tut man dies **im Uhrzeigersinn,** so bezeichnet man das Chiralitätszentrum als ***R.*** Tut man es **gegen den Uhrzeigersinn,** so bezeichnet man das Chiralitätszentrum als **S.** Die Konfiguration des Chiralitätszentrum wird vor dem Namen der Verbindung angegeben (→ Abb. 20.3).

Exkurs: optische Aktivität

Chirale Verbindungen können **linear polarisiertes Licht aus seiner Polarisationsebene drehen.** Was genau das bedeutet, wird allerdings eher Gegenstand eurer Physikausbildung sein. Wichtig ist v. a. eins: Da chirale Verbindungen diese „Drehfähigkeit" in Bezug auf Licht besitzen, bezeichnet man sie als **optisch aktiv.** Je nachdem, ob eine Verbindung das Licht nach rechts oder nach links dreht, bezeichnet man sie als **+ oder –.** Man sollte sich allerdings merken, dass man sich die +- oder –-Benennung nicht aus der R/S-Nomenklatur herleiten kann. Außerdem kann die Drehrichtung in Abhängigkeit vom verwendeten Lösungsmittel variieren.

Übrigens: Liegen in einem Gemisch die ***(R)*- und die *(S)*-Form eines Moleküls zu gleichen Teilen** vor, drehen zwar beide Enantiomere das Licht, da aber das eine nach links und das andere nach rechts dreht, ist das Licht nach Durchlaufen des Gemischs gar nicht gedreht. Man bezeichnet das Gemisch als **Racemat.**

Enantiomere und Diastereomere

Zur Erinnerung: Enantiomere sind Konfigurationsisomere, die sich wie Bild und Spiegelbild zueinander verhalten. Zwei Enantiomere verfügen weitgehend über **identische physikalische Eigenschaften** – mit Ausnahme der oben beschriebenen optischen Aktivität. Interessanterweise entfalten manche Enantiomere **im menschlichen Körper aber völlig unterschiedliche Wirkungen** (Enzyme können nämlich die Enantiomere unterscheiden).
Alle Konfigurationsisomere, die sich nicht wie Bild und Spiegelbild zueinander verhalten, nennt man **Diastereomere** (→ Abb. 20.4). So sind z. B. die ***E/Z*-Isomere** an Doppelbindungen ein Beispiel für Diastereomere. Es können aber auch chirale Verbindungen Diastereomerie zeigen. Dafür muss eine Verbindung über **mindestens zwei Chiralitätszentren** verfügen.
Das obere Chiralitätszentrum ist „2". Das untere Chiralitätszentrum ist „3".
Außerdem wissenswert: Wenn man berechnen möchte, wie viele Stereoisomere eine Verbindung haben kann, liefert einem die Formel $\mathbf{2^n}$ die richtige Anzahl. Für n muss man dabei die Anzahl der Chiralitätszentren einsetzen.

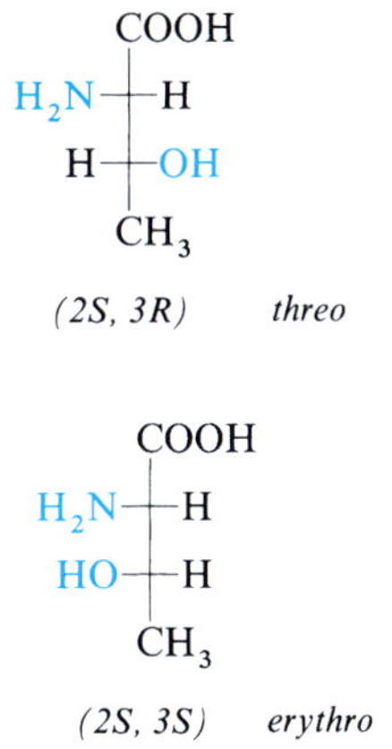

Abb. 20.4 Diastereomere am Beispiel von Threonin [L253]

Fischer-Projektion

Um die Darstellung organischer Moleküle zu vereinheitlichen und zu vereinfachen, zeichnet man diese oftmals in der **Fischer-Projektion** (→ Abb. 20.5). Um eine Verbindung in der Fischer-Projektion zu zeichnen, muss man Folgendes beachten:

1. Man zeichnet die längste Kette von oben nach unten.
2. Die am höchsten oxidierte Gruppe (in der der Kohlenstoff eine möglichst hohe Oxidationszahl hat) steht oben. Die Kette wird von oben nach unten von 1 aufwärts durchnummeriert.
3. Man muss sich nun vorstellen, dass alle vertikalen Bindungen (zwischen C-Atomen) nach hinten, also ins Blatt hinein, und alle horizontalen Bindungen nach vorne, also aus dem Blatt heraus, weisen.

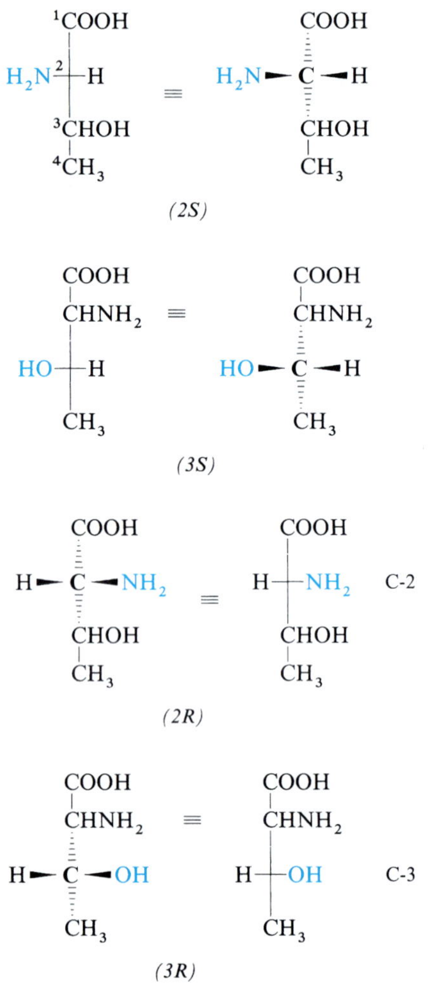

Abb. 20.5 Unterschiedliche Konfigurationen der Stereozentren am Threonin in der Fischer-Projektion [L253]

Um nicht mehr zu vergessen, in welche Richtung die Bindungen in der Fischer-Projektion zeigen, müsst ihr euch nur vorstellen, dass ihr **von einem schüchternen Menschen umarmt** werdet. Die Arme zeigen nach vorne, Körperkontakt wird allerdings vermieden.
Aus der Fischer-Projektion kann man die Konfiguration an chiralen C-Atomen relativ schnell herauslesen. Man muss sich das Molekül einfach räumlich vorstellen und dann gedanklich so um das Molekül herumlaufen, dass der Substituent mit der niedrigsten Priorität vom Betrachter weg weist. Dann wendet man die „Uhrzeigersinn-Regel" an, um herauszufinden, ob das Molekül (*R*)- oder (*S*)-konfiguriert ist.
Wenn ihr euch nicht auf euer räumliches Vorstellungsvermögen verlassen möchtet, könnt ihr eine Alternative nutzen: Man weist die Prioritäten zu und führt einen **„Doppeltausch"** durch, und zwar so, wie man mit der **linken Hand salutiert.** Nun wendet man erneut die „Uhrzeigersinn-Regel" an. Die „4" wird dabei ignoriert (→ Abb. 20.6).

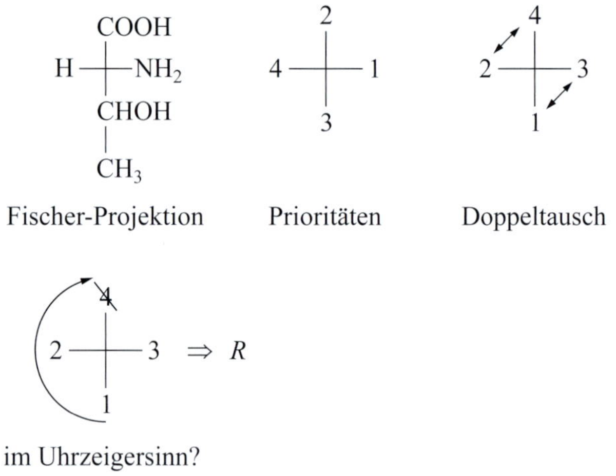

Abb. 20.6 Die Doppeltauschmethode [L253]

Zusammenfassung

- Stereoisomere verfügen über dieselbe Summen- und Strukturformel. Sie unterscheiden sich allerdings in ihrer räumlichen Anordnung.
- Ein chirales C-Atom muss vier unterschiedliche Substituenten besitzen.
- Enantiomere verhalten sich wie Bild und Spiegelbild zueinander.

21 Lipide

Fette kennt jeder aus dem Alltag. Die chemische Gruppe der Fette ist sehr vielfältig, allerdings sollen in der Chemie nur die Grundlagen für das umfangreiche Verständnis der Fette gelegt werden, was dann Gegenstand der Biochemie sein wird.

Fettsäuren

Ihr habt bereits im Kapitel zu den Carbonsäuren zwei Fettsäuren kennengelernt. Die langkettigen Monocarbonsäuren Stearinsäure und Palmitinsäure werden Fettsäuren genannt, da sie essenzieller Bestandteil vieler Fette sind.
Wichtiges Merkmal aller Fettsäuren ist ihr **amphiphiler Charakter:** Die Carboxygruppe ist polar, wohingegen die Kohlenwasserstoffkette unpolar ist. Da weder in der Stearin- noch in der Palmitinsäure C-C-Doppelbindungen vorkommen, bezeichnet man sie auch als **gesättigte Fettsäuren.** Im Unterschied dazu gibt es auch **ungesättigte Fettsäuren,** die ihr in → Abb. 21.1 findet. Ihr solltet sowohl die Kettenlänge als auch die Anzahl und Lage der Doppelbindungen kennen. Zur Bestimmung der Lage der Doppelbindung muss man die Kohlenwasserstoffkette von der Carboxygruppe aus durchnummerieren.
Die Anzahl der Vokale im Namen der Fettsäure liefert euch die Anzahl der Doppelbindungen:

- **Ö**lsäure: Eine Doppelbindung
- L**i**n**o**lsäure: Zwei Doppelbindungen
- L**i**n**o**l**e**nsäure: Drei Doppelbindungen
- **A**r**a**ch**i**d**o**nsäure: Vier Doppelbindungen

Die Fettsäuren mit **L** (Linol- und Linolensäure) sind dabei essenziell, d. h., sie können vom Körper nicht hergestellt werden, sodass sie mit der Nahrung aufgenommen werden müssen.
Die Doppelbindungen sind immer im Abstand von 3 C-Atomen eingebaut, man spricht folglich von **isolierten Doppelbindungen.** Aus dem Alltag kennt ihr wahrscheinlich auch den Begriff der ω-3-Fettsäure **(Omega-3-Fettsäure).** Omega ist der letzte Buchstabe des griechischen Alphabets, folglich ist das C-Atom einer Verbindung, das am weitesten von der funktionellen Gruppe entfernt ist, das ω-C-Atom. Bei einer Omega-3-Fettsäure liegt eine Doppelbindung folglich zwischen dritt- und viertletztem C-Atom. Das ist, wie ihr den Strukturformeln entnehmen könnt, bei der Linolensäure der Fall.
Übrigens: Die Viskosität einer Fettsäure nimmt mit der Anzahl an Doppelbindungen ab. Außerdem: Die ungesättigten Fettsäuren in unserem Körper sind i. d. R. *Z*-**konfiguriert.**

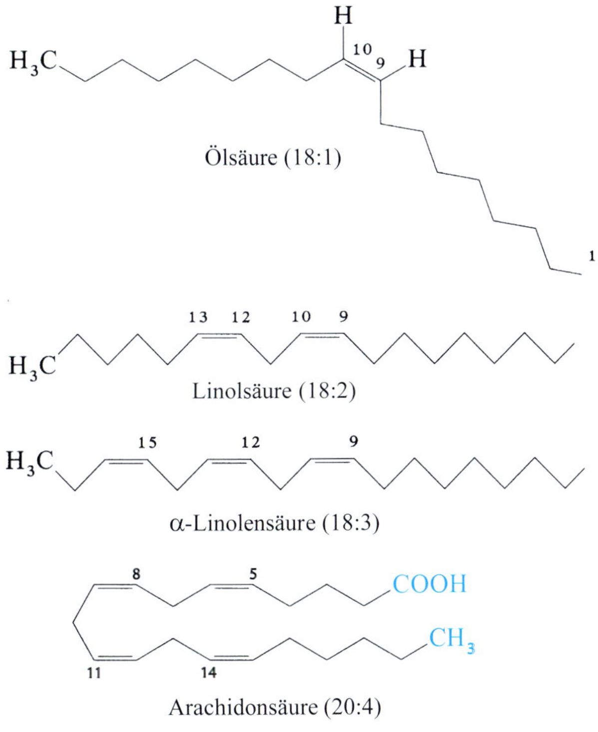

Abb. 21.1 Ungesättigte Fettsäuren [L253]

Fettsäuren in Verbindungen

Fettsäuren liegen in unserem Körper zumeist nicht frei vor. Sie sind oft an **Glycerin,** einen dreiwertigen (**nicht** tertiären) Alkohol gebunden (→ Abb. 21.2). Was passiert, wenn eine Säure mit einem Alkohol reagiert? Es entsteht ein Ester. An einem dreiwertigen Alkohol können folglich sogar bis zu drei Ester entstehen, also auch drei Fettsäuren gebunden werden.

- Ist nur eine Fettsäure an Glycerin gebunden, spricht man von einem **Monoacylglycerid (MAG).** Da die Esterbindung sowie die Fettsäure unpolar sind, während die zwei unbesetzten Hydroxygruppen des Moleküls polar sind, ist eine solche Verbindung **amphiphil.**
- Sind zwei Fettsäuren an Glycerin gebunden, spricht man von **Diacylglycerid (DAG).** Auch hier ist aufgrund der verbliebenen OH-Gruppe der **amphiphile** Charakter des Moleküls noch vorhanden.
- Sind drei Fettsäuren gebunden, spricht man von einem **Triacylglycerid (TAG).** Das ist die Form, in der Fett in unserem Körper gespeichert wird. Triacylglyeride sind **unpolar.** Die Acylglyceride werden euch bei der Besprechung der Zellmembran nochmal beschäftigen (→ Kap. 22).

Übrigens: Von der Stearinsäure (C_{18}) leitet sich ein Ringgerüst ab, das passenderweise Steran oder Gonan heißt. Es hat allerdings nur 17 C-Atome und dient als Grundgerüst für viele Steroidhormone, die euch in der Biochemie begegnen werden.

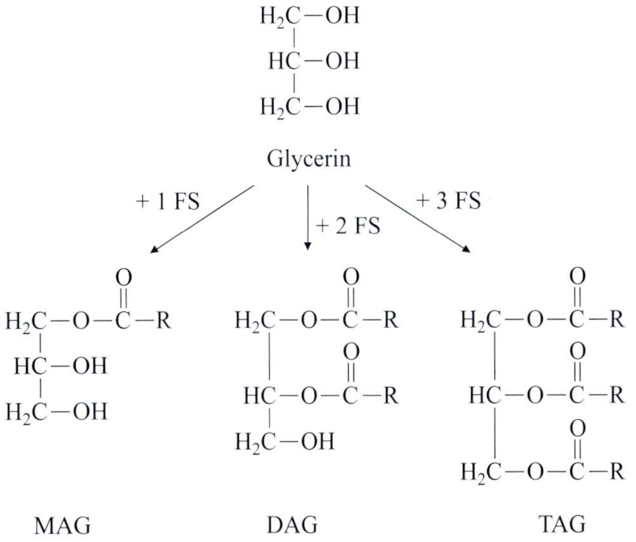

Abb. 21.2 Glycerin und Acylglyceride [L253]

> **Zusammenfassung**
>
> - Man unterscheidet gesättigte und ungesättigte Fettsäuren. Ungesättigte Fettsäuren besitzen C-C-Doppelbindungen.
> - Triacylglyceride bestehen aus drei Fettsäuren, die mit einem Glycerin verestert sind. TAGs sind unpolar.

→ 22 Aminosäuren, Peptide und Proteine

Ihr wisst mit Sicherheit bereits, dass Proteine nicht nur als Energiesubstrate für unseren Körper wichtig sind, sondern v. a. im **Baustoffwechsel** eine Rolle spielen. Proteine bestehen aus Aminosäuren, die wir uns nun anschauen wollen.

Aminosäuren

Zunächst einmal solltet ihr euch darüber im Klaren sein, dass es eine unfassbare Vielfalt von Aminosäuren gibt. Die, mit denen wir uns hier beschäftigen wollen, sind Säuren, die einerseits eine **Carboxygruppe** und andererseits am α-C-Atom eine **Aminogruppe** tragen. Man nennt sie folglich **α-Aminocarbonsäuren.** Sie besitzen alle eine gemeinsame Struktur, die ihr → Abb. 22.1 entnehmen könnt, unterscheiden sich aber in einem Rest (R).

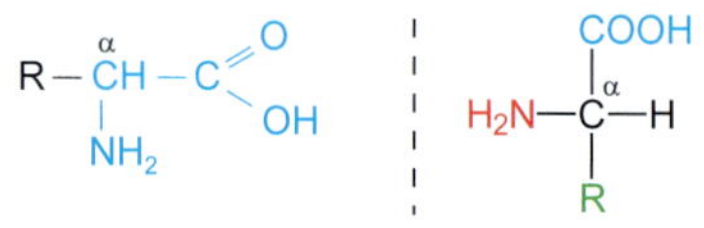

Abb. 22.1 Aminosäuren – allgemeine Formel [L253]

Auch unter den α-Aminocarbonsäuren sind noch lange nicht alle für uns interessant. In diesem Kapitel sollen uns nur die **proteinogenen** Aminosäuren beschäftigen, also nur diese, die in unserem Körper in Proteine eingebaut werden und ihm dadurch Struktur und Form geben.
Stellt man die Aminosäuren in der Fischer-Projektion dar, kann die Aminogruppe entweder nach links (L-Aminosäure) oder nach rechts (D-Aminosäure) zeigen (→ Abb. 22.2). Ihr solltet euch merken, dass die wichtigen Aminosäuren in unserem Körper **L-konfiguriert** sind.

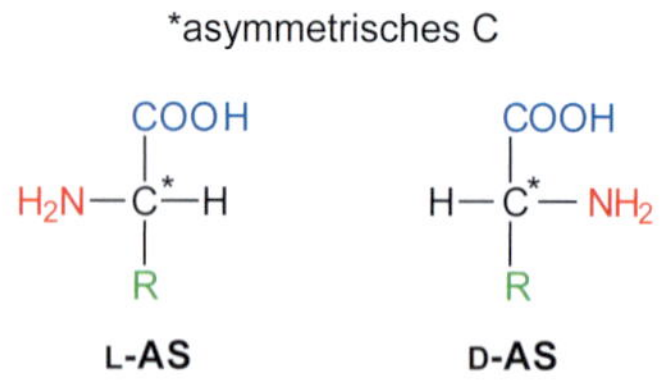

Abb. 22.2 D- und L-Aminosäuren [L253]

Proteinogene Aminosäuren

Die 20 proteinogenen Aminosäuren müsst ihr erkennen und zeichnen können, weshalb sie im Folgenden dargestellt sind (→ Abb. 22.3). Wichtig dabei: Lernt die Aminosäuren direkt gruppenweise (also alle basischen AS, alle sauren AS etc.), so erspart ihr euch später viel Zeit! Ihr findet in der Abbildung außerdem vier nicht-proteinogene Aminosäuren. Diese werden euch in der Biochemie später noch mal begegnen. Wenn ihr aber gerade zu viel Zeit habt, schadet es nicht, sich schon jetzt einmal mit ihrer Struktur auseinanderzusetzen! Jede Aminosäure hat zudem eine Abkürzung aus drei Buchstaben, die ihr kennen solltet, wobei diese eher intuitiv sind. Außerdem gibt es auch noch einen Ein-Buchstaben-Code, der euch aber, wenn ihr nicht jeden Tag Publikationen lest, nicht unbedingt interessieren muss.

Isoelektrischer Punkt

Vielleicht irritiert euch die Einteilung in saure und basische Aminosäuren, schließlich verfügen alle Aminosäuren definitionsgemäß über eine Carboxy- und eine Aminogruppe, können also sowohl Protonen aufnehmen als auch abgeben. Sie **sind amphotere Verbindungen.**

Befindet sich die Aminosäure in einem sauren Lösungsmittel, sind in der Lösung bereits viele Protonen vorhanden. Die Carboxygruppe wird also ihr Proton nicht abgeben können, wohingegen die Aminogruppe kein Problem haben wird, ein Proton zu finden, das sie anlagern kann. Die Aminosäure ist somit positiv geladen und würde, wenn man ein elektrisches Feld anlegt, zum negativen Pol wandern.
Befindet sich eine Aminosäure in einem alkalischen Lösungsmittel, herrscht in der Lösung ein Mangel an Protonen. Die Aminogruppe wird also kaum ein Proton anlagern können, wohingegen die Carboxygruppe mit Freude ihr Proton abgibt. Die Aminosäure ist negativ geladen, wandert in einem elektrischen Feld folglich zum positiven Pol.
Irgendwo zwischen diesen Extremen liegt ein Punkt, an dem sowohl die Carboxygruppe ein Proton abgegeben als auch die Aminogruppe ein Proton aufgenommen hat. Die Aminosäure trägt somit eine positive und eine negative Ladung. Im elektrischen Feld will sie einerseits zum positiven andererseits zum negativen Pol. Aus diesem Grund wandert sie letztendlich gar nicht. Man bezeichnet den pH-Wert, bei dem dieser Zustand erreicht ist, als **isoelektrischen Punkt.** Für die meisten Aminosäuren kann man diesen Punkt ermitteln, indem man den Mittelwert der pK_s-Werte von Amino- und Carboxygruppen berechnet:

$$IP = \frac{pKs1 + pKs2}{2}$$

Doch nun zurück zu der Frage, wann man eine Aminosäure als sauer oder basisch bezeichnet: Manche Aminosäuren haben in ihrem Rest eine zusätzliche Amino- oder Carboxygruppe. Man könnte nun meinen, dass man den Mittelwert aller drei pK_s-Werte berechnen muss, um den pH am isoelektrischen Punkt zu erhalten, aber dem ist nicht so! Man berechnet den Mittelwert der **beiden pK_s-Werten, die am nächsten beieinander**liegen. Trägt die Aminosäure eine weitere Carboxygruppe in ihrem Rest, berechnet man das Mittel der pK_s-Werte beider Carboxygruppen. Trägt sie eine Aminogruppe, berechnet man das Mittel der pK_s-Werte beider Aminogruppen. Folglich liegt bei einigen Aminosäuren der IP im Alkalischen, bei anderen im Sauren. Das ist auch gleichzeitig das Kriterium dafür, ob eine Aminosäure als basisch oder als sauer klassifiziert wird.

Und so merkt ihr euch, welche Aminosäuren essenziell sind:
Phänomenale **I**solde **tr**übt **mit**unter **Leu**tnant **Val**entins **l**iebliche **T**räume
= Phenylalanin, Isoleucin, Tryptophan, Methionin, Leucin, Valin, Lysin und Threonin

Peptidbindung

Wir kennen nun also die Bausteine der Proteine. Jetzt wollen wir uns anschauen, wie diese Bausteine verknüpft werden, um ein Protein zu formen. Wenn man sich die Struktur der Aminosäuren anschaut und sich fragt, wie man eine Amino- und eine Carboxygruppe am besten verknüpfen kann, ist die Sache eigentlich klar: **Über eine Amidbindung.** Da diese Amidbindung die Grundlage für das Peptid ist, bezeichnet man sie auch als **Peptidbindung.** Lest am besten noch einmal die wichtigsten Fakten zur Peptidbindung nach (→ Kap. 19).

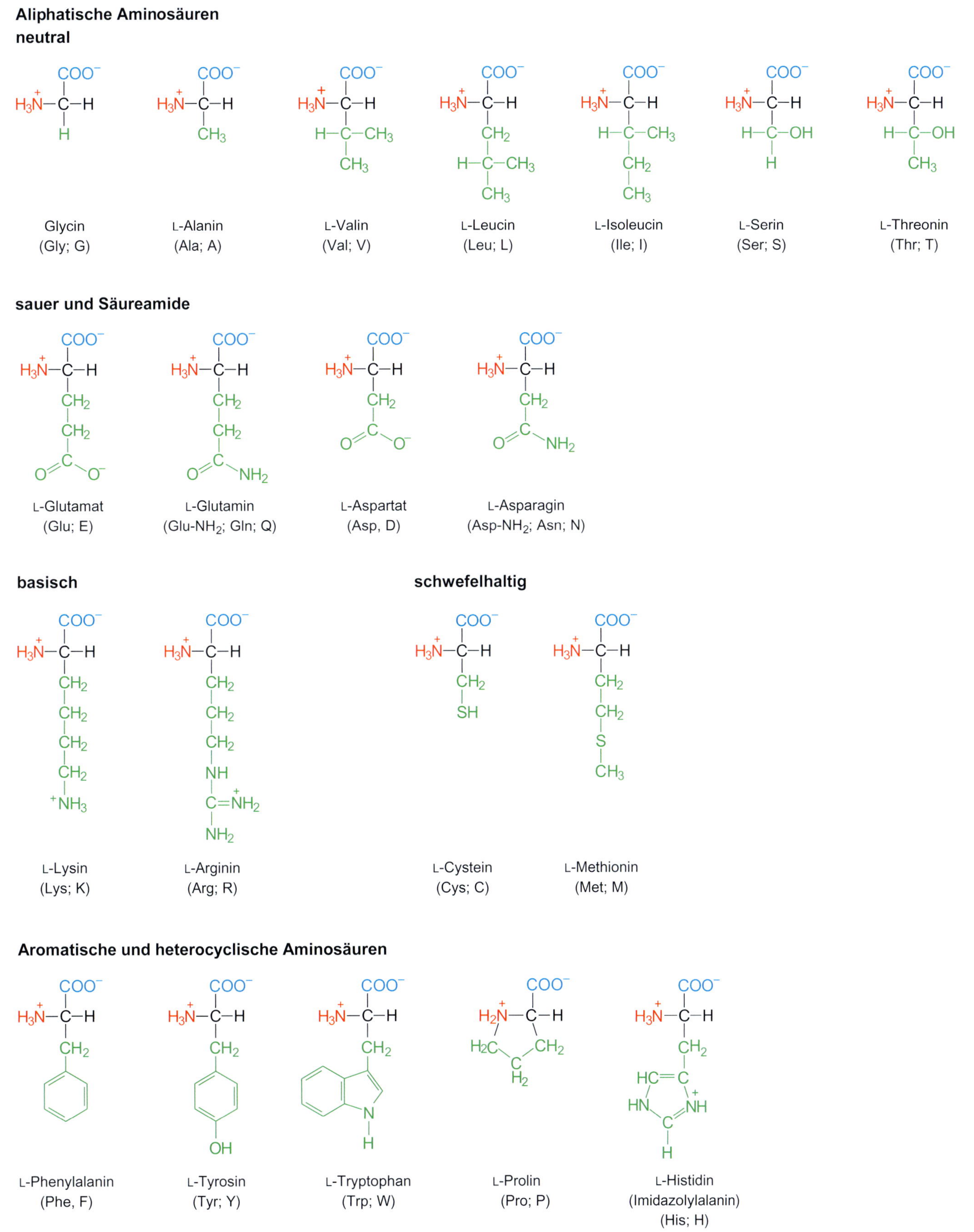

Abb. 22.3a Wichtige Aminosäuren [L253]

Nicht-proteinogene Aminosäuren

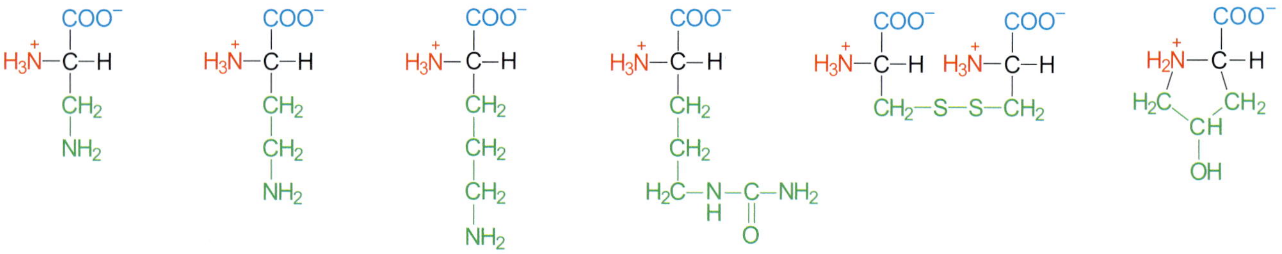

β-Alanin | γ-Aminobuttersäure | L-Ornithin | L-Citrullin | L-Cystin (Cys-Cys) | L-Hydroxyprolin (Hyp)

Abb. 22.3b Wichtige Aminosäuren [L253]

Über Peptidbindungen sind die Aminosäuren zu langen Ketten verbunden. An einem Ende der Kette liegt eine freie Amino-, am anderen Ende eine freie Carboxygruppe vor. Diesen Umstand macht man sich zunutze, wenn man die Sequenz der Aminosäuren angeben will. Man gibt diese nämlich immer von aminoterminalen Ende (N-Terminal) zum carboxyterminalen Ende (C-Terminal) an. Versucht euch in der → Abb. 22.4 des Dipeptids zu orientieren. Wo sind die Enden? Welches Atom ist an der Peptidbindung beteiligt und wo sind die Reste, anhand derer ihr die Aminosäure identifizieren könnt?

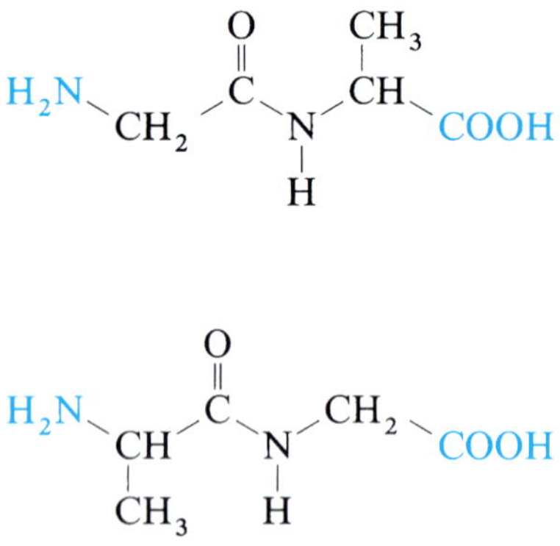

Abb. 22.4 Dipeptide aus Alanin und Glycin [L253]

Wie geben wir die Aminosäurensequenz an?
Von **N** – nach **C**

Peptid und Protein

Worin unterscheiden sich eigentlich Peptid und Protein? Das hängt davon ab, wie viele Aminosäuren zu einer Kette verknüpft sind. Einige der Definitionen sind allerdings nicht in Stein gemeißelt, sondern dienen vielmehr als Richtwerte (→ Tab. 22.1).

Tab. 22.1 Nomenklatur der Peptide und Proteine

Anzahl der Aminosäuren	Bezeichnung
2	Dipeptid
3	Tripeptid
< 20	Oligopeptid
20–100	Polypeptid
> 100	Protein

Primärstruktur

Die Primärstruktur kennt ihr bereits. Sie ist nichts anderes als die **Aminosäurensequenz,** also die Reihenfolge der Aminosäuren im Protein.

Sekundärstruktur

Proteine liegen i. d. R. nicht als lange Ketten vor, sondern **falten** sich. Die Strukturen eines Proteins werden auch gern in Klausuren abgeprüft.
Wenn ihr die Amidbindung betrachtet, seht ihr, dass an jedem Stickstoff-Atom ein Wasserstoff-Atom hängt, das aufgrund der Elektronegativität des Stickstoffs stark positiviert sein muss. Die O-Atome der Peptidbindung besitzen dagegen freie Elektronenpaare. Daher können sich zwischen diesen Atomen **Wasserstoffbrückenbindungen** ausbilden, sodass sich das Protein zu falten beginnt. Sekundärstrukturen entstehen also durch Wasserstoffbrückenbindungen zwischen **Hauptkettenatomen.** Eine beliebte Falschantwort wäre die Behauptung, dass sich die Wasserstoffbrückenbindungen der Sekundärstruktur zwischen den Seitenketten ausbilden. Die zwei wichtigsten Sekundärstrukturen, die ihr kennen solltet, sind die **α-Helix** und das **β-Faltblatt** (→ Abb. 22.5). Eine gelegentlich gefragte Tatsache ist auch, dass eine Windung der **α-Helix** aus 3,6 Aminosäuren besteht.

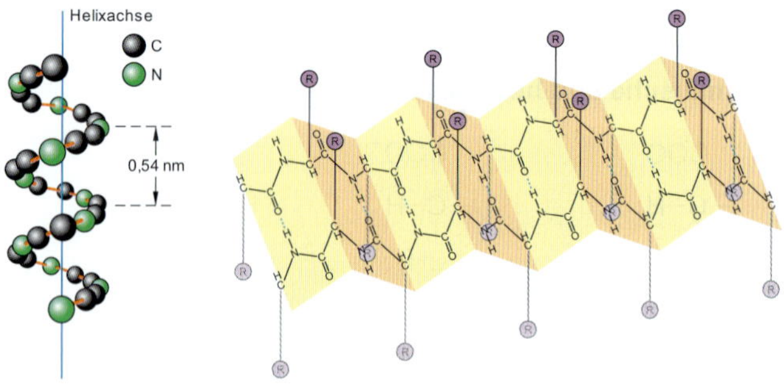

Abb. 22.5 α-Helix und β-Faltblatt [L253]

Tertiärstruktur

Auch zwischen Seitenketten kann es zu einer Vielzahl von Wechselwirkungen kommen. Hydrophobe Wechselwirkungen, Wasserstoffbrücken und elektrostatische Anziehungskräfte sind nur einige der möglichen Kräfte, die eine weitere Faltung des Proteins zu **Domänen** bewirken.
Wir haben bereits gelernt, dass eine der proteinogenen Aminosäuren das Cystein ist. Cystein trägt eine Thiolgruppe. Treffen zwei Thiolgruppen aufeinander, können beide oxidiert werden, wobei sich eine Disulfidbindung ausbildet. Diese Disulfidbrücken sind für die Struktur des Proteins von essenzieller Bedeutung.
Da es von dem pH-Wert der Umgebung abhängt, ob die funktionellen Gruppen der Seitenketten protoniert oder deprotoniert vorliegen, kann man auf diese Weise die Tertiärstruktur eines Proteins beeinflussen. Das ist außerdem ein Grund dafür, warum der Körper den pH-Wert in seinem Inneren möglichst konstant halten sollte.

Quartärstruktur

Lagern sich mehrere Proteineinheiten zu einem größeren Gebilde zusammen, das dann zumeist eine besondere Funktion erfüllt, bilden diese eine Quartärstruktur. Das ist beispielsweise beim Hämoglobin der Fall, das aus vier zusammengelagerten Ketten besteht.

Zusammenfassung

- Die proteinogenen Aminosäuren in unserem Körper sind alle L-konfiguriert und können über Peptidbindungen zu Proteinen verknüpft werden.
- Proteine falten sich zusätzlich zu ihrer Primärstruktur (der Aminosäurensequenz) noch in eine Sekundär-, Tertiär- und ggf. Quartärstruktur.

Kohlenhydrate

Ihr habt mit Sicherheit schon eine grobe Vorstellung davon, was Kohlenhydrate sind. Chemisch gesehen lassen sich zumindest die Monosaccharide durch eine gemeinsame Summenformel beschreiben: $C_n(H_2O)_n$. Jedem C-Atom wird quasi ein Wassermolekül zugeordnet, was auch den Namen Kohlenhydrat erklärt. Die einfachsten Zucker sind die **Monosaccharide,** die sich, ähnlich wie die Aminosäuren, zu größeren **Oligo**- oder **Polysacchariden** verknüpfen lassen.
Die meisten Zucker erkennt ihr an der Endung **„ose"**. Das heißt aber nicht, dass alle Zucker diese Endung haben müssen.

Monosaccharide

Monosaccharide in der Fischer-Projektion

Um die Struktur von Monosacchariden darzustellen, greifen wir auf die Fischer-Projektion zurück. Auf diese Weise können wir wichtige Klassifikationskriterien und Eigenschaften der Zucker erkennen. Alle Zucker tragen eine Carbonylgruppe. Diese ist entweder endständig **(Aldehyd)** oder an ein C-Atom innerhalb der Kette **(Keton)** gebunden. Verschiedene Monosaccharide unterscheiden sich in ihrer Kettenlänge (→ Abb. 23.1). Je nach Kettenlänge ordnet man sie unterschiedlichen Gruppen zu:

- 3 C-Atome = **Triose** (z. B. Glycerinaldehyd)
- 4 C-Atome = **Tetrose**
- 5 C-Atome = **Pentose** (z. B. Ribose)
- 6 C-Atome = **Hexose** (z. B. Glucose)

Aufgrund dieser beiden Unterscheidungsmerkmale (funktionelle Gruppe und Kettenlänge) ordnet man Zucker einer Gruppe zu. So ist z. B. Glucose eine **Aldohexose,** da sie eine Aldehydgruppe trägt und aus 6 C-Atomen besteht.
Glucose und Galaktose sind beide Aldohexosen und trotzdem unterscheiden sie sich. Worin? In der Konfiguration an ihren Chiralitätszentren! Die C-Atome 2, 3, 4 und 5 sind bei diesen beiden Zuckern chiral.
C-6 ist nicht chiral, da es mit zwei H-Atomen verbunden ist. C-1 ist nicht chiral, da es nicht über vier verschiedene Substituenten verfügt.

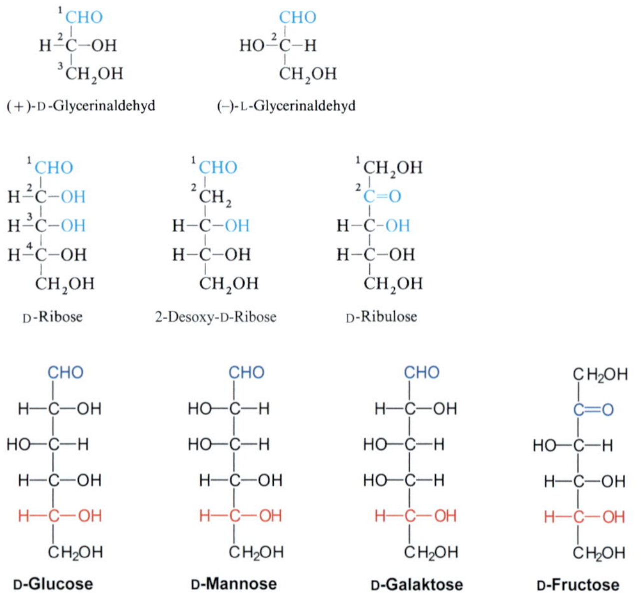

Abb. 23.1 Wichtige Kohlenhydrate [L253]

Ihr solltet deshalb auch wissen, in welche Richtung die Hydroxygruppen bei einem Zucker zeigen, um ihn korrekt zeichnen zu können. Galaktose und Glucose sind Diastereomere, die sich nicht durch Spiegeln ineinander überführen lassen. Man bezeichnet sie auch als **Epimere.** Das sind Diastereomere, die sich lediglich in der **Konfiguration an einem C-Atom** unterscheiden.

D- und L-Zucker

Ihr seht außerdem, dass Zucker, wie Aminosäuren auch, nach der D/L-Nomenklatur klassifiziert werden. Diese Klassifikation richtet sich danach, ob die Hydroxygruppe des Chiralitätszentrums, das am weitesten von der Aldehyd- oder Ketogruppe entfernt ist, nach **rechts (D)** oder nach **links (L)** zeigt. Im Gegensatz zu den Aminosäuren sind die meisten Zucker, die wir konsumieren, **D-Zucker.** Macht es einen Unterschied, ob wir einen D- oder L-Zucker essen? Ja, und den kann man sogar schmecken. Den süßen Geschmack der D-Glucose kennt ihr, wohingegen L-Glucose bitter schmeckt.

Eselsbrücke: Konfigurationen der Zucker
Glucose
ta tü ta ta: Die Hydroxygruppen an C2, C4 und C5 zeigen auf dieselbe Seite, wohingegen C3 auf die andere Seite zeigt. Ob die Gruppen nach rechts oder links zeigen, hängt davon ab, ob ihr D- oder L-Glucose zeichnet.
Galaktose und Fructose
Bei der **Galaktose** sehen die Hydroxygruppen aus wie die Spitze einer Rakete, die durch die **Gala**xis fliegt. **Fructose** sieht aus wie Glucose, nur eben als Ketose.

Ringbildung

Im Körper (der hauptsächlich aus Wasser besteht) liegen Monosaccharide meistens nicht als Kette vor, sondern bilden Ringsysteme. Der Ringschluss läuft dabei immer nach einem ähnlichen Schema ab (→ Abb. 23.2):

1. Die Hydroxygruppe des **letzten chiralen C-Atoms** greift an der Aldehyd- oder Ketogruppe an.
2. Das Sauerstoff-Atom der Hydroxygruppe wird als Sauerstoffbrücke Teil des Rings. Das Wasserstoff-Atom der Hydroxygruppe bildet mit dem Sauerstoff der Carbonylgruppe eine neue Hydroxygruppe.
3. Der fertige Ring lässt sich in der Haworth-Struktur darstellen.

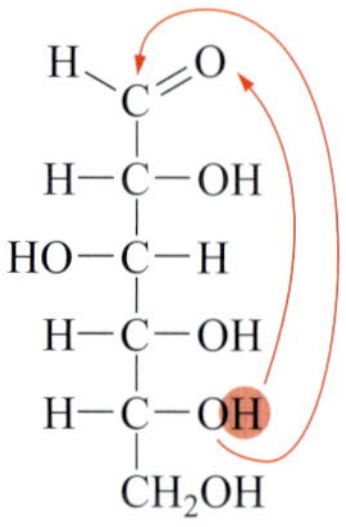

Abb. 23.2 Ringschluss der D-Glucose [L253]

Monosaccharide als Haworth-Struktur

Um aus der Fischer-Projektion auf die Struktur des Rings in der Haworth-Struktur zu kommen, muss man verschiedene Punkte beachten. Euch wird auffallen, dass einige OH-Gruppen über und andere unter der Ringebene stehen. Ob ein Atom über oder unter dem Ring steht, könnt ihr euch aus der Fischer-Projektion herleiten. Beachtet bitte, welches C-Atom aus der Fischer-Projektion an welchem Ort in der Haworth-Struktur landet und versucht vielleicht auch mal, einige der anderen Monosaccharide selbst zu zeichnen.

FLOH: Fischer **L**inks **O**ben **H**aworth
Eine Gruppe, die in der Fischer-Schreibweise auf der linken Seite des Moleküls steht, zeichnet man in der Haworth-Schreibweise nach oben.

In der Ringform kann man noch eine weitere Unterscheidung zwischen den Zuckern machen. Liegen sie als Fünfring vor, spricht man von **Furanosen.** Einen Sechsring bezeichnet man als **Pyranose** (→ Abb. 23.3). Außerdem seht ihr, dass an C_1, das früher die Aldehydgruppe trug, nun ein Chiralitätszentrum entstanden ist. Dieses Zentrum wird im Fall von Zuckern auch als **anomeres C-Atom** bezeichnet. Je nachdem, ob die Hydroxygruppe nach unten oder oben zeigt, bezeichnet nach den Zucker als α oder β. Bei der Glucose in unserem Körper stehen die α-, die β- und die offenkettige Form im Gleichgewicht. Man spricht von **Mutarotation.**

Furanose = Fünfring (4 C- und 1 O-Atom)
Pyranose = Sechsring (5 C- und 1 O-Atom)
Alpha = **a**bwärts
Beta = o**b**en

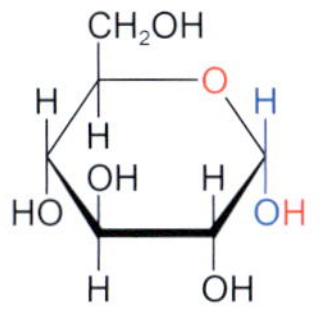

Abb. 23.3 α-D-Glucose als Beispiel einer Pyranose [L253]

Wichtige Reaktionen der Monosaccharide

Selbstverständlich können auch die funktionellen Gruppen der Monosaccharide oxidiert oder reduziert werden. Im Folgenden sind die wichtigsten Reaktionsmechanismen für euch zusammengefasst, wobei es Punkte bringen kann, euch den Reaktionsmechanismus und das Produkt einzuprägen. Schaut gelegentlich mal auf die Fischer-Projektionen der Zucker, um euch die Reaktion und das Produkt besser vorstellen zu können.

- Aus **Glucose** entsteht durch **Oxidation an C1 Gluconsäure.**
- Aus **Glucose** entsteht durch **Oxidation an C6 Glucuronsäure.**
- Aus **Glucose** entsteht durch **Reduktion der Aldehydgruppe Sorbitol** (ein Polyalkohol).
- Aus **Mannose** entsteht durch **Reduktion der Aldehydgruppe Mannitol** (ebenfalls ein Polyalkohol). Mannitol ist wie die [*R*, *S*]-Weinsäure eine **Mesoform.**

Disaccharide

Ihr wisst bereits, dass Monosaccharide sich verknüpfen lassen. Die Bindung zwischen den einzelnen Monosacchariden wird **glykosidische Bindung** genannt. Wir wissen, dass die Zyklisierung eines Monosaccharids eine Halbacetalbildung darstellt (→ Kap. 18). Wie „normale" Halbacetale können unsere Zuckerringe ebenfalls weiterreagieren und Acetale bilden. An dieser Acetalbildung ist immer das anomere C-Atom des einen Monosaccharids beteiligt. Das andere Monosaccharid muss nicht zwingend mit seinem anomere C-Atom binden. Es muss sich auch nicht um ein Monosaccharid derselben Sorte handeln. Auch die glykosidische Bindung wird als α oder β klassifiziert. Je nachdem, ob die OH-Gruppe am anomeren C-Atom in α- oder β-Stellung steht.

Man gibt bei Disacchariden immer die beteiligten Zucker, die Nummern der beteiligten Atome und die α- oder β-Klassifikation an. Die wichtigsten Disaccharide und die zugrunde liegende Bindung solltet ihr kennen:

- **Lactose** (Milchzucker): **Galaktose** und **Glucose** sind **β-1,4-glykosidisch** verknüpft.
- **Maltose** (Malzzucker): **Glucose** und **Glucose** sind **α-1,4-glykosidisch** verknüpft.
- **Saccharose** (Haushaltszucker): **α-Glucose** und **β-Fructose** sind **1,2-glykosidisch** verknüpft. Beide anomeren C-Atome sind an der glykosidischen Bindung beteiligt.

Maltose ist als Malzzucker im **Bier** enthalten. Maltose besteht aus zwei Glucoseeinheiten und wird als **Glc-Glc** abgekürzt.
Wenn ihr „Glc-Glc" aussprecht, klingt das wie das Geräusch beim Biertrinken.

Man unterscheidet bei den Disacchariden reduzierende und **nichtreduzierende Zucker.** Besitzt ein Zucker eine Aldehydgruppe, kann er an dieser oxidiert werden und ist damit selbst ein reduzierender Zucker. Ein Disaccharid besitzt nur dann eine Aldehydgruppe, wenn sich mindestens einer der beiden Zucker aus der Ringform in die Kettenform öffnen kann. Das wiederum ist nur dann möglich, wenn eins der anomeren C-Atome nicht an der glykosidischen Bindung beteiligt ist, da dort die Ringöffnung stattfinden muss. Somit ist Saccharose kein reduzierender Zucker, Lactose und Maltose dagegen schon.

Enzymspaltung

Enzyme, die Dissacharide spalten, haben denselben Namen wie der Zucker, mit dem Unterschied, dass sie auf „**ase**" enden. Die Lactase spaltet folglich Lactose. Wenn sie fehlt, bekommt man Schwierigkeiten bei der Verdauung von Milchprodukten (die verbreitete Lactose-Unverträglichkeit).

Polysaccharide

Man kann Monosaccharide auch zu längeren Zuckern verknüpfen. Diese nennt man dann Polysaccharide. Man unterscheidet Polysaccharide, die aus identischen Monosaccharideinheiten aufgebaut sind **(Homoglykane)** und solche, die aus unterschiedlichen Monosaccharideinheiten bestehen **(Heteroglykane).**

Zusammenfassung

- Zucker enden häufig auf „ose".
- Wenn ihr einen Zucker kennenlernt, achtet auf die Anzahl der C-Atome und die Konfiguration an den Chiralitätszentren.
- Soll ein Zucker als Ring dargestellt werden, verwendet man die Haworth-Struktur.

Nukleinsäuren

Mit Sicherheit habt ihr schon von den Nukleinsäuren als Träger unserer Erbinformation gehört. Wir befassen uns nun mit den Strukturen der Nukleinsäuren. Dafür gehen wir, wie schon bei den Kohlenhydraten und den Aminosäuren, von klein nach groß.

Nukleinbasen

Das kleinste Molekül in einer Nukleinsäure ist eine Base. Diese Nukleinbasen, die sich von aromatischen Molekülen ableiten, sind von enormer Bedeutung in unserem Körper. Man teilt die Basen in zwei Gruppen ein, je nachdem, von welchem Heterozyklus sie sich ableiten.

Pyrimidinbasen

Die Pyrimidinbasen leiten sich vom Heterozyklus Pyrimidin (Achtung Verwechselungsgefahr: nicht Pyridin!) ab. Ein Pyrimidinmolekül kann am Ring substituiert werden. Ihr solltet euch die Strukturformeln der Pyrimidinbasen genau einprägen, um sie auch in Fragen erkennen zu können. In → Abb. 24.1 findet ihr die Pyrimidinbasen Cytosin (C), Thymin (T) und Uracil (U).

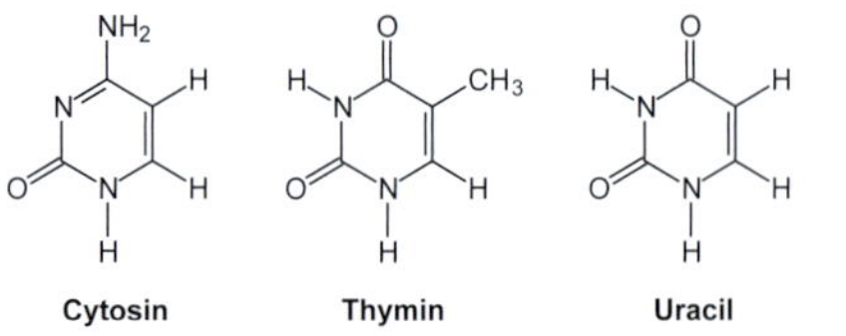

Abb. 24.1 Pyrimidinbasen [L253]

Purinbasen

Das Purin sieht aus wie ein Pyrimidin, an das ein Imidazolring angehängt ist. Die beiden Purinbasen Adenin (A) und Guanin (G) solltet ihr selbstverständlich ebenfalls kennen (→ Abb. 24.2).

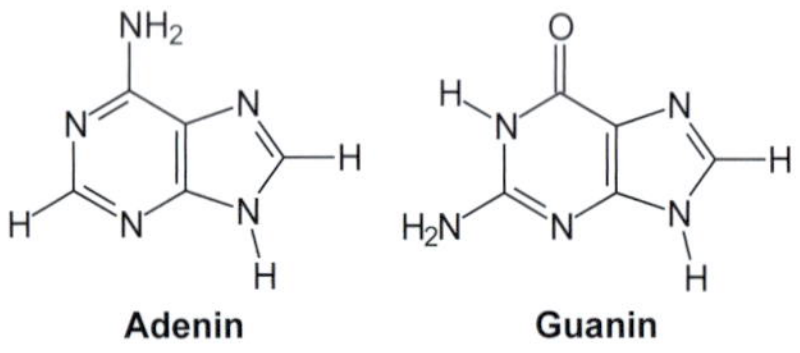

Abb. 24.2 Purinbasen [L253]

Um euch nicht verwirren zu lassen, wenn ihr in einer Klausur Basen erkennen müsst, solltet ihr auf die folgenden Lerntipps zurückgreifen:

- Purine haben einen kurzen Namen, aber ein großes Molekül. Bei den Pyrimidinen ist es umgekehrt.
- Zu den Pyrimidinen gehören die Basen, die ein **„y"** im Namen tragen.
- **Th**ymin sieht aus wie Uracil, ist jedoch me**th**yliert.

Nukleoside und Nukleotide

Basen liegen nicht isoliert im Zellkern vor, sondern binden an Pentosen, also Zucker, die aus 5 C-Atomen bestehen. Dabei kommen zwei Zucker infrage: Einerseits die **Ribose,** andererseits die **2-Desoxyribose** (→ Abb. 24.3).
Ihr kennt **RNA** (Ribonukleinsäure) und **DNA** (Desoxyribonukleinsäure). Beide Moleküle erfüllen unterschiedliche Funktionen, wobei die der DNA in erster Linie die Speicherung der Erbinformation ist. In der **R**NA binden, wie der Name schon sagt, die Basen an **R**ibose, wohingegen sie in der **D**NA an **Desoxyribose** binden.
Ein Molekül aus **Nukleinbase und Zucker** wird **Nukleosid** genannt. Da die Bindung von der Base zum Zucker über ein Stickstoff-Atom vermittelt wird, bezeichnet man sie als **N-glykosidisch.** Außerdem tragen die Nukleoside andere Namen als die Basen, wobei diese aber glücklicherweise eng miteinander verwandt sind: **Adenosin, Guanosin, Cytidin, Thymidin** und **Uridin.**

> Die Basen Adenin, Guanin und Cytosin kommen in RNA und DNA vor. Dagegen findet sich Uracil nur in der RNA, während Thymin nur in der DNA vorkommt.

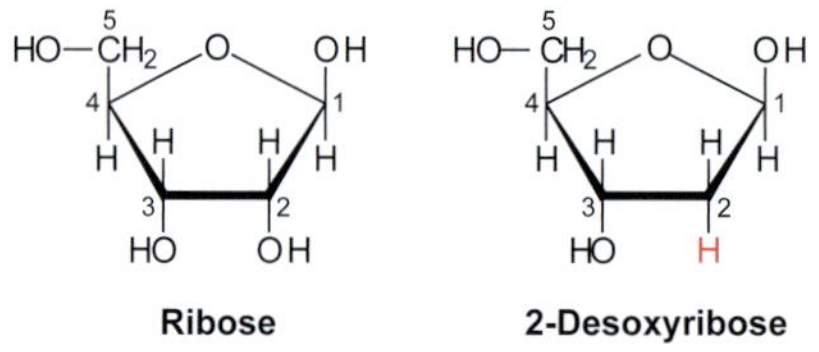

Abb. 24.3 Ribose und 2-Desoxyribose [L253]

Wie kommt aber nun der Name Nuklein**säure** zustande? Nukleoside binden auch noch Phosphate, also Anionen der **Phosphorsäure.** Die Bindung entsteht zwischen einer Hydroxygruppe des Zuckers und einer der Phosphorsäure – und wie man eine solche Bindung nennt, solltet ihr wissen: Es handelt sich um eine Esterbindung. Das entstehende Produkt wird **Nukleotid** genannt.

> Nukleotide enthalten Phosphat!

An den Phosphatrest können weitere Phosphatreste geknüpft werden. Die Bindung zwischen diesen Phosphatresten ist dann natürlich keine Esterbindung, sondern eine **Säureanhydridbindung.** Schließlich haben hier zwei Säuren miteinander reagiert. Da diese Säureanhydridbindungen sehr energiereich sind, findet man sie in Stoffen, die Energie speichern sollen, wie dem **Adenosintriphosphat (ATP)** (→ Abb. 24.4).

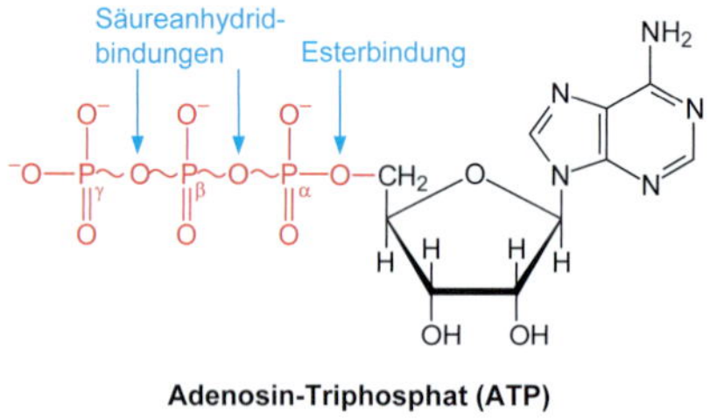

Abb. 24.4 ATP [L253]

Ihr könnt euch den Namen eines Nukleotids herleiten, indem ihr an den Namen des Nukleosids **„monophosphat"**, **„diphosphat"** oder **„triphosphat"** anhängt, je nachdem, wie viele Phosphate an den Zucker binden.

Nukleinsäureketten

Gleich haben wir es geschafft! In unserem Körper bilden Nukleotide lange Ketten. Diese werden durch ein **Zucker-Phosphat-Rückgrat** zusammengehalten. Dabei bindet jede Phosphatgruppe an zwei verschiedene Nukleoside: Bei einem Zucker an die OH-Gruppe des C3-Atoms, beim anderen an die OH-Gruppe des C5-Atoms (→ Abb. 24.5).

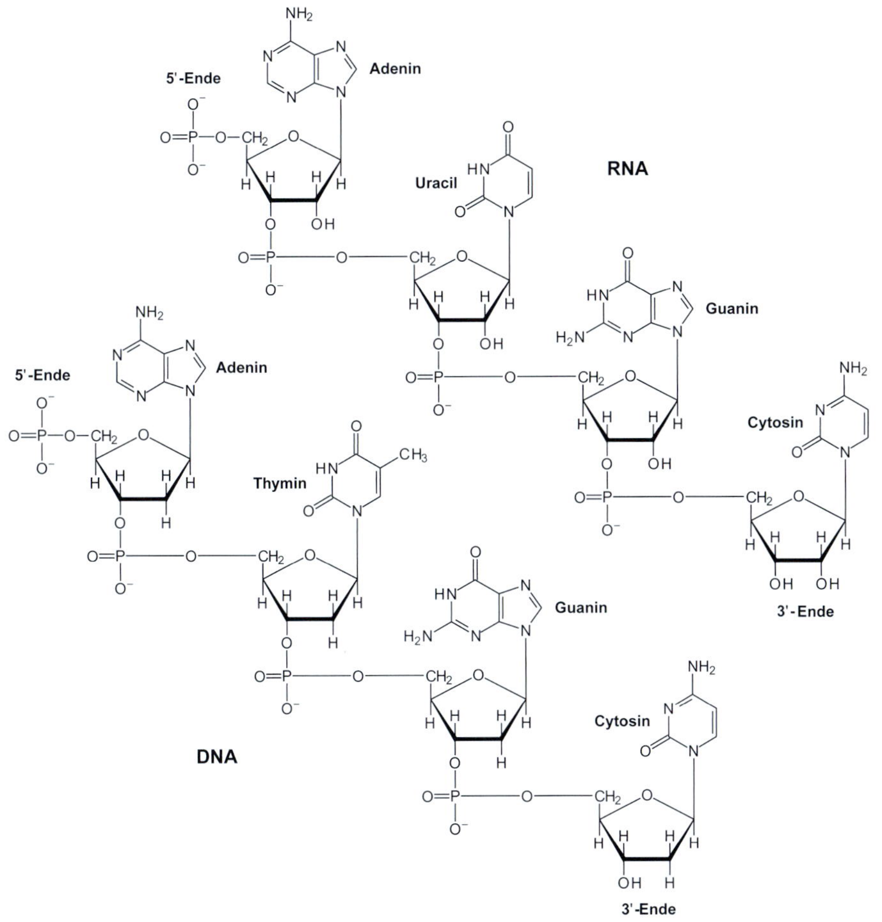

Abb. 24.5 RNA- und DNA-Strang [L253]

Da an jedem Ende der so entstandenen Kette entweder eine 3'-OH-Gruppe oder eine 5'-OH-Gruppe freibleiben muss, kann man auf diese Weise die Richtung der Kette (die auch Strang genannt wird) angeben, wie ihr das bereits von den Proteinen kennt.
Im Unterschied zur RNA bildet die DNA normalerweise Doppelstränge. Die Bindung zwischen zwei Strängen kommt dabei nicht über kovalente Bindungen, sondern über **Wasserstoffbrücken** zustande. Es ist sehr wichtig zu wissen, welche Basen miteinander paaren und wie viele Wasserstoffbrücken sie ausbilden.

Purinbasen paaren mit Pyrimidinbasen.
Im Speziellen entstehen Wasserstoffbrückenbindungen zwischen:
- **Adenin und Thymin (2 Wasserstoffbrücken)**
- **Guanin und Cytosin (3 Wasserstoffbrücken)**

Eine weit hergeholte, aber effektive Eselsbrücke: G und C sehen fast gleich aus. Ein G ist quasi ein C mit einem kleinen Strich am unteren Ende. Folglich sind G und C verwandt … und da Blut dicker als Wasser ist, bilden sie auch mehr Wasserstoffbrückenbindungen aus, da die den Zusammenhalt stärken.

Zusammenfassung

- Die relevanten Basen der DNA heißen Adenin, Thymin, Guanin und Cytosin.
- In der RNA sind Adenin, Uracil, Guanin und Cytosin von Bedeutung.
- A und T bilden zwei G und C dagegen drei Wasserstoffbrücken miteinander aus.

Biologie

BASICS

Zellbiologie

25 Zellmembran und Transportmechanismen 64
26 Zellorganellen 68
27 Zytoskelett, Zellkontakte und Gewebe 72

Genetik

28 Zellkern und Organisation des Chromatins 75
29 Transkription und Translation 78
30 Zellzyklus 80
31 Replikation und Mitose 82
32 Meiose, Oo- und Spermatogenese 84
33 Die Mendelschen Regeln 87
34 Erbgänge und Stammbäume 89
35 Blutgruppen 92
36 Mutationen 94

Mikrobiologie

37 Bakterien 96
38 Pilze 100
39 Viren 101
40 Prionen 104

Ökologie

41 Grundlagen der Ökologie 105

→ 25 Zellmembran und Transportmechanismen

Grundbegriffe

In den ersten Kapiteln dieses Teils dreht sich alles um Zellen. Wir betrachten, wie Zellen aufgebaut sind, wie der „Alltag“ einer Zelle aussieht und befassen uns dann genauer mit den besonderen Ereignissen im Leben von Zellen, nämlich Zellteilung und Zelltod.
Ihr habt mit Sicherheit bereits gehört, dass alle Lebewesen aus Zellen bestehen, und dass diese Zellen die **kleinsten Einheiten des Lebens** darstellen. Doch was bedeutet das? Dass Zellen Einheiten des Lebens sind, ist logisch, schließlich besitzen sie einen **Stoffwechsel** und können sich selbst vermehren **(reproduzieren),** d. h., sie sind definitiv lebendig. Es gibt Organismen, die nur aus einer einzigen Zelle bestehen.
Zellen bestehen aus einem wässrigen Medium, dem **Zytoplasma,** in dem viele kleine Organellen mit bestimmten Funktionen „schwimmen“. Dabei können sich aber die Organellen, auch wenn sie durchaus bestimmte Stoffwechselschritte durchführen, nicht selbstständig vermehren bzw. außerhalb der Zelle existieren, sodass die Zelle selbst tatsächlich die kleinste Einheit des Lebens darstellt. Eine Sonderstellung nimmt dabei das **Mitochondrium** ein, auf das wir später noch zu sprechen kommen werden.
Was sind **Organellen?** Organellen sind kleinere Bestandteile, die eine oder mehrere Funktionen erfüllen. Die Organellen werden noch in diesem Kapitel thematisiert, lediglich der **Zellkern (Nukleus)** wird wegen seiner Funktion erst im Anschluss besprochen.
Eine wichtige Unterscheidung von Organismen, die man – auch für Prüfungen – in jedem Fall kennen sollte, ist die in Prokaryonten und Eukaryonten:
Prokaryonten besitzen **keinen Zellkern** und sind im Allgemeinen simpler aufgebaut als die Zellen von Eukaryonten. Die Zellen von Prokaryonten bezeichnet man auch als Prozyten oder Prokaryozyten. Die wichtigsten Vertreter der Prokaryonten sind die **Bakterien,** die vorwiegend aus einer einzigen Zelle bestehen und uns ebenfalls später im Buch beschäftigen werden.
Eukaryonten besitzen einen **Zellkern.** Die Zellen von Eukaryonten bezeichnet man als Eukaryozyten oder Euzyten. Zu den Eukaryonten zählen u. a. die mehrzelligen Organismen (wie **Tiere und Pflanzen**) sowie die **Pilze.**
Um sich unbekannte Begriffe herzuleiten, ist es hilfreich, sich ein paar Wortbestandteile einzuprägen, die einem immer wieder begegnen werden:
„Pro“ bedeutet so viel wie „vor“. Alles mit „kary“ hat etwas mit dem Zellkern zu tun und „zyto“ sagt uns, dass es um Zellen geht. „Prokaryozyten“ sind folglich Zellen, die „vor einem Kern“ sind, sprich keinen Kern besitzen. Prokaryozyten sind passenderweise in der Evolution auch vor den Eukaryonten entstanden.
Alles, was ihr in den ersten Kapiteln über Zellen erfahrt, bezieht sich zunächst mal auf Eukaryonten. Die Besonderheiten der Prokaryonten werden wir anschließend herausarbeiten.

Die Zellmembran

Wir haben bereits gelernt, dass Zellen mit Zytoplasma gefüllt sind, in dem die Organellen schwimmen. Die Zelle wird dabei von einer Membran umgeben, die alles zusammenhält und die Zelle gegenüber ihrer Umgebung abgrenzt.
Auch innerhalb der Zelle spielen Membranen eine Rolle: Wenn z. B. für eine chemische Reaktion hohe Konzentrationen eines bestimmten Stoffes notwendig sind, ist ein abgegrenzter Raum innerhalb der Zelle nötig, in dem dieser Stoff angereichert werden kann. Die Unterteilung der Zelle in eben diese Räume, die auch **Kompartimente** bzw. Organellen genannt werden, ist ebenfalls Aufgabe der Membranen. Da sowohl die äußere Zellmembran wie auch die inneren Membranen, die die Zelle weiter unterteilen, ähnlich aufgebaut sind und nach demselben Prinzip „funktionieren“, spricht man auch von **biologischen Einheitsmembranen.**

> Die Zellen von **Tieren** besitzen **Zellmembranen** und keine Zellwände.
> **Zellwände** gibt es bei **Pflanzen** und **einigen Bakterienarten.**

Gerade in mündlichen Prüfungen solltet ihr darauf achten, nicht durcheinanderzukommen. Zellwände unterscheiden sich in ihrem Aufbau deutlich von Zellmembranen. Sie werden oft als wesentlich starrer beschrieben. Diese Eigenschaft ist allerdings nicht nur auf die Struktur der Zellwand, sondern auch auf den hydrostatischen Druck im Inneren der Zelle zurückzuführen.

Aufbau

Phospholipide

Die wichtigsten Grundbausteine von Zellmembranen stellen **Phospholipide** dar (→ Abb. 25.1). Ein Phospholipid zählt, wie die Triglyceride (also die Stoffe, die man im Alltag als „Fette“ bezeichnet) auch zu den Lipiden. Ein wesentlicher Unterschied zu den Triglyceriden besteht darin, dass Triglyceride völlig unpolar bzw. lipophil sind.
Kleine Wiederholung: **Gleiches löst sich in Gleichem!** Wenn ein Stoff geladen bzw. polar ist, löst er sich gerne in anderen polaren Lösungsmitteln wie z. B. Wasser. Man bezeichnet ihn folglich als **hydrophil.** Da er sich nicht in unpolaren Lösungsmitteln (wie etwa Fetten) lösen will, kann man den Stoff auch als **lipophob** bezeichnen. Wenn ihr die Begriffe gerne mal durcheinander bringt, denkt an die **Phob**ie als Angst bzw. Abneigung.
Phospholipide besitzen zwar auch zwei unpolare Kohlenwasserstoffketten (nicht drei wie die Triglyceride), tragen aber zudem eine Phosphatgruppe. Diese Phosphatgruppe kann selbst noch weitere Bindungen ausbilden (→ Abb. 25.1). Wichtig ist aber v. a., dass die Phosphatgruppe geladen ist. Folglich besitzt ein Phospholipid sowohl einen hydrophoben, d. h. lipophilen, unpolaren Teil (die Kohlenwasserstoffketten) aber auch einen hydrophilen, d. h. lipophoben, polaren Teil (die Kopfgruppe mit Phosphat).

> Moleküle, die sowohl polare als auch unpolare Bereiche enthalten, bezeichnet man als **amphiphil** bzw. **amphipathisch** – zwei Begriffe, die ihr im Hinblick auf Klausuren definitiv kennen solltet.

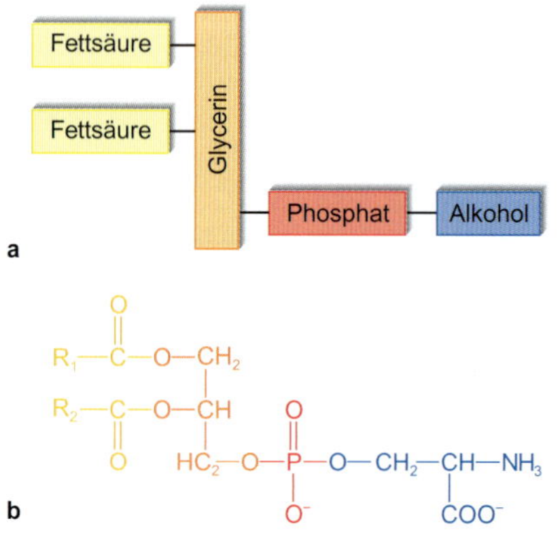

Abb. 25.1 Phospholipid: a) Schema, b) Beispiel Phosphatidylserin [L253]

Lipidoppelschicht (Bilayer)

Wie ordnen sich nun die Phospholipide an, wenn sie eine Zellmembran bilden? Dazu muss man sich zu allererst klarmachen, dass der wichtigste Bestandteil des Zytoplasmas **Wasser** ist. Wir wissen, dass die Phospholipide eine hydrophile Domäne (die polare Kopfgruppe mit dem Phosphatrest) besitzen. Diese wird sich entsprechend dem Wasser zuwenden und mit ihm ggf. sogar Wasserstoffbrückenbindungen ausbilden. Die hydrophoben Domänen stehen allerdings vor einem Problem: Da sie quasi komplett von Wasser umgeben sind, haben sie keine Möglichkeit, den Kontakt zum Wasser zu vermeiden … es sei denn, sie lagern sich zusammen. Wenn sich zwei Phospholipide so anordnen, dass ihre hydrophoben Schwänze zueinander ausgerichtet sind, reduziert sich die Kontaktfläche der hydrophoben Domänen zum Wasser schon mal ein wenig. Wenn nun auch noch benachbarte Phospholipide mitmachen, verringert sich die Kontaktfläche weiter.
Die intermolekulare Kraft, die für die Zusammenlagerung der Moleküle verantwortlich ist, nennt man **hydrophobe Wechselwirkung.** Sie sorgt auch dafür, dass ein Topfen Öl in einer Schale mit Wasser bestehen bleibt, ohne sich mit dem Wasser zu mischen.
Auf diese Weise entsteht eine **Doppelschicht (Bilayer)** – das Grundgerüst der biologischen Einheitsmembranen (→ Abb. 25.2) – in der die Phospholipde zwar zusammenhalten aber aneinander vorbeigleiten können.

Fluid-Mosaik-Modell

Aus dem, was wir bisher zu Zellmembranen gelernt haben, ergibt sich ein Problem: Die Zellmembran besteht aus Phospholipiden, wobei sich die hydrophoben Schwänze zusammenlagern. Da sich aber hydrophile Stoffe nur in anderen hydrophilen Stoffen lösen, würde die Zellmembran für sämtliche hydrophilen Moleküle (also auch Wasser) eine unüberwindbare Barriere darstellen, was im Hinblick auf den Stoffwechsel unserer Zelle ziemlich unpraktisch wäre.
Abhilfe schaffen Proteine, die z. B. **Tunnel** bilden und so hydrophilen Stoffen helfen, die Membran zu passieren. Solche Proteine erstrecken sich von der einen Seite der Membran auf die andere, weshalb man sie als **integrale Membranproteine** oder **Transmembranproteine** bezeichnet. Ein Beispiel für Transmembranproteine sind die **Aquaporine,** durch die Wassermoleküle die Zellmembran überwinden können.

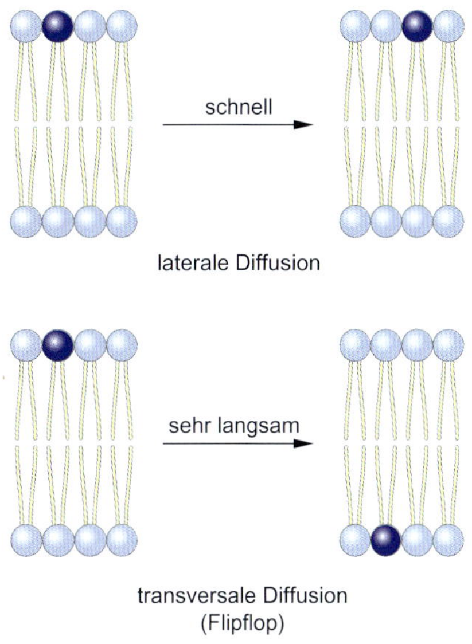

Abb. 25.3 Bewegung von Lipiden in Membranen [L253]

Membranproteine können aber auch andere Funktionen wahrnehmen. Manche membranständigen Enzyme sind an Stoffwechselschritten beteiligt, andere Proteine dienen als Verankerung für Elemente des Zytoskeletts. Solche Proteine durchdringen oftmals nicht die gesamte Membran, sondern sitzen nur an einer Seite. Man bezeichnet sie entsprechend als **periphere Membranproteine** (→ Abb. 25.2).
Übrigens: Das Modell einer Zellmembran, die aus vergleichsweise ortsständigen Proteinen und verschieblichen Phospholipiden besteht, wird als **Fluid-Mosaik-Modell** bezeichnet (→ Abb. 25.3).
Einige Membranproteine und Lipide tragen Zuckerreste. Sie werden entsprechend **Glykoproteine** bzw. **Glykolipide** genannt. Diese Zucker sind sozusagen die Visitenkarte der Zelle. Auf diese Weise gibt sie sich anderen Zellen zu erkennen, wie etwa denen des Immunsystems. Mit dieser Information solltet ihr euch auch merken können, dass die Zucker immer im äußeren Blatt der Zellmembran verankert sind. Schließlich wäre es sinnlos, wenn sich die Zelle „nach innen" zu erkennen gäbe.
Die Gesamtheit aller Zuckerreste auf der extrazellulären Seite der Zellmembran nennt man **Glykokalix** (→ Abb. 25.2).

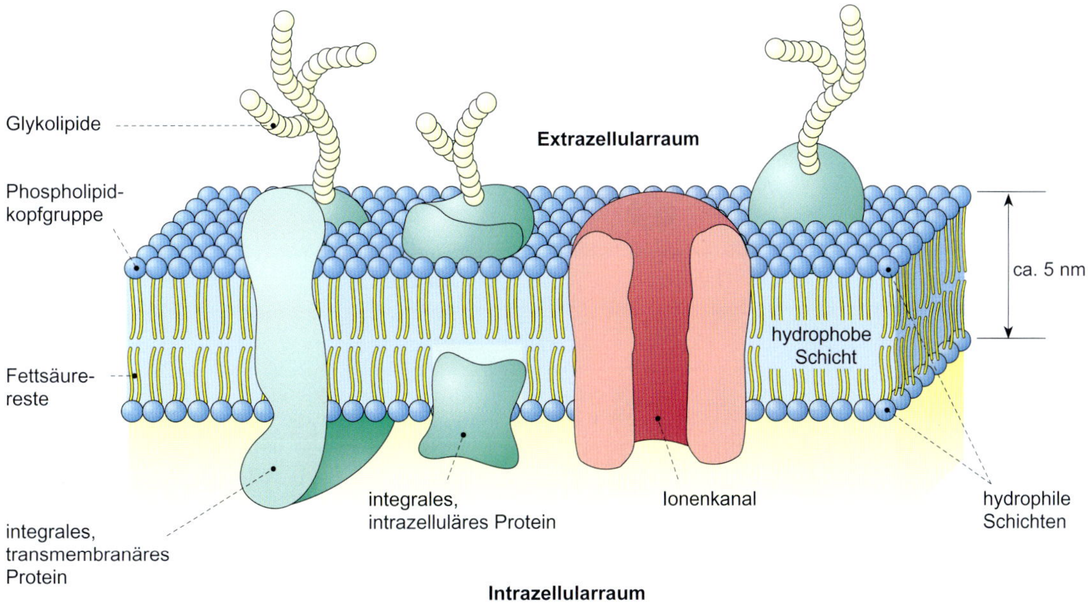

Abb. 25.2 Zellmembran mit Membranproteinen und Glykokalix [L106]

Transportmechanismen

Hydrophobe Stoffe

Wir wollen uns nun genauer ansehen, wie bestimmte Stoffe die Zellmembran passieren können (→ Abb. 25.4). Dafür müssen wir hydrophile und hydrophobe Stoffe getrennt betrachten. Wie wir wissen, können hydrophobe Stoffe die Zellmembran vergleichsweise problemlos durchdringen. Die Triebkraft dieser Bewegung ist der **Konzentrationsgradient.** Hydrophobe Stoffe wandern also von der Seite der Membran, auf der der Stoff in hoher Konzentration vorliegt, zum Ort der niedrigeren Konzentration. Da dieser Prozess keine Energie verbraucht, spricht man auch von **passivem Transport.**

Hydrophobe Stoffe diffundieren entlang des Konzentrationsgradienten durch Membranen.

Hydrophile Stoffe

Hydrophile Stoffe benötigen Proteine, um die Membran zu überwinden. Hierfür kommt sowohl passiver als auch aktiver Transport infrage:

Passiver Transport

Eine Möglichkeit für passiven Transport stellen die **Kanalproteine** dar. Diese könnt ihr euch als Tunnel vorstellen, durch die die zu transportierenden Stoffen entlang des Konzentrationsgradienten strömen. Einige dieser Kanäle sind dauerhaft offen, andere öffnen sich erst, wenn ein Signalmolekül (Ligand) an sie bindet. Man bezeichnet sie deswegen als **ligandengesteuerte Kanäle.** Auch ein elektrischer Impuls kann das Öffnen oder Schließen eines Kanals bewirken. Diese Kanäle bezeichnet man als **spannungsgesteuert.**

Eine andere Möglichkeit des passiven Transports sind **Carrier.** Diese besitzen eine Bindungsstelle für den Stoff, den sie transportieren, sind also den Enzymen nicht ganz unähnlich. Bindet nun ein Stoff an den Carrier, ändert dieser seine Konformation und der Stoff wird auf die andere Seite der Membran befördert. Manche Carrier können immer nur ein Molekül transportieren **(Uniport).** Andere sind dagegen in der Lage, mehrere Moleküle zeitgleich in die gleiche Richtung **(Symport)** oder in entgegengesetzte Richtungen **(Antiport)** zu schleusen.
Alle diese Transportvorgänge können aber nur entlang des Konzentrationsgradienten stattfinden.

Aktiver Transport

Die einzige Möglichkeit, Stoffe entgegen ihres Konzentrationsgradienten zu transportieren, besteht darin, **Energie** aufzuwenden. Man unterscheidet dabei:

- **Primär aktiver Transport:** Beim primär aktiven Transport stammt die Energie direkt aus der Hydrolyse, also dem Verbrauch von **ATP,** der Energiewährung der Zelle. Ein wichtiges Beispiel ist die **Natrium-Kalium-ATPase,** die ATP verwendet, um 3 Natriumionen aus der Zelle und 2 Kaliumionen in die Zelle zu befördern.
- **Sekundär aktiver Transport:** Der sekundär aktive Transport nutzt einen bestehenden Konzentrationsgradienten, um einen Stoff zu transportieren. Dabei wird z. B. beim **Natrium-Glucose-Symport** die Energie genutzt, die frei wird, wenn Natrium-Ionen entlang ihres Konzentrationsgefälles aus dem Darmlumen in die Zellen diffundieren, um Glucose in die gleiche Richtung zu transportieren.
- **Tertiär aktiver Transport:** Dabei wird der Konzentrationsgradient genutzt, den ein sekundär aktiver Transporter aufgebaut hat. Das ist aber eher Gegenstand der Physiologie.

Die wichtigsten Fakten zur Natrium-Kalium-ATPase sind essenziell, um die Zellphysiologie zu verstehen.

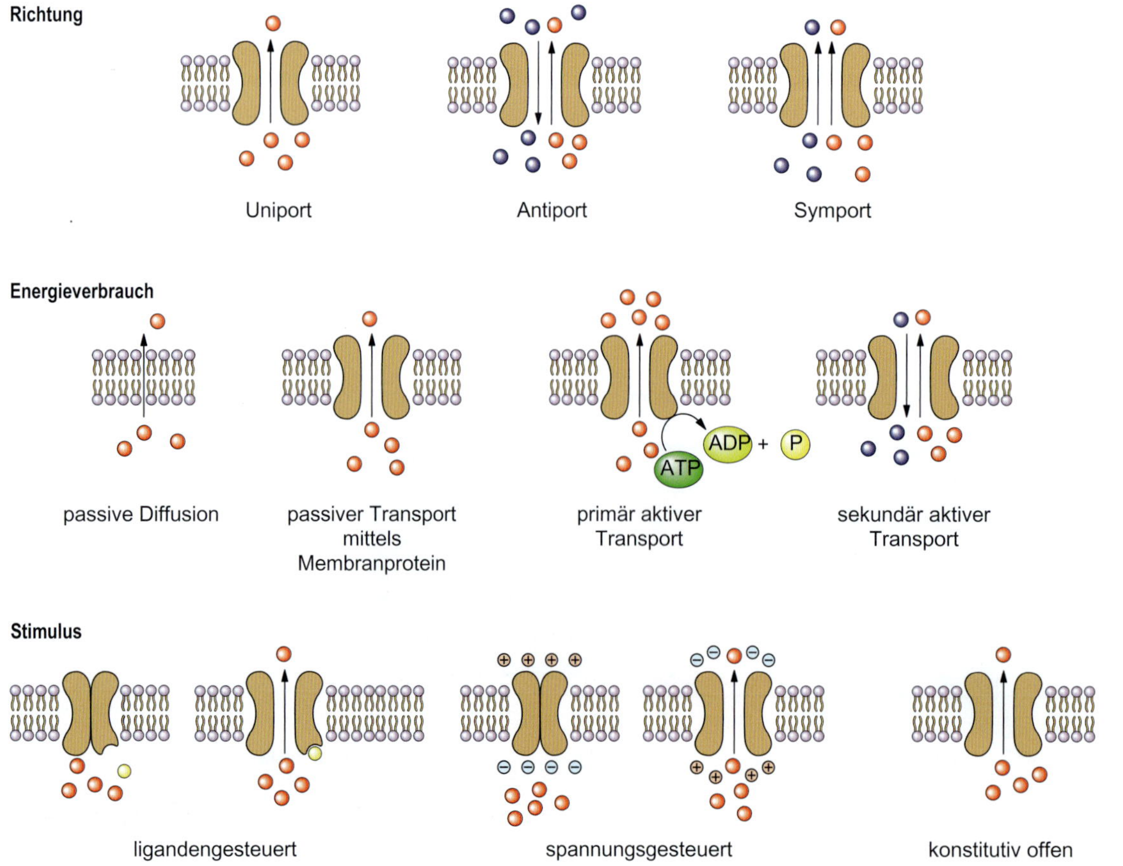

Abb. 25.4 Einteilung der Transportvorgänge und Membranproteine nach verschiedenen Kriterien [L253]

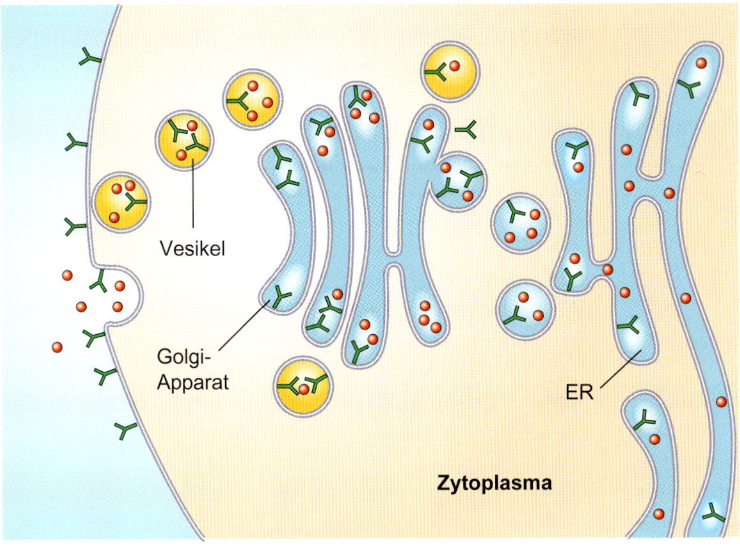

Abb. 25.5 Exozytose [L253]

3 Natrium-Ionen werden **aus der Zelle** hinaus und **2 Kalium-Ionen hinein** befördert.
Die Natrium-Kalium-ATPase ist gewissermaßen der Türsteher der Zelle. Zu **N**atrium sagt sie „**N**ein" zu **K**alium sagt sie „**K**omm rein".

Exo- und Endozytose

Einige Stoffe können aufgrund ihrer Größe die Zellmembran nicht mithilfe eines Transporters bzw. Carriers, geschweige denn durch Diffusion überwinden. Um diese Stoffe trotzdem aus dem Zytoplasma auszuschleusen, gibt es die Möglichkeit der **Exozytose** (→ Abb. 25.5). Sie wird auch relevant, wenn große Mengen eines Moleküls (wie etwa eines **Neurotransmitters**) auf einmal freigesetzt werden sollen.
Man unterscheidet **konstitutive** von **regulierter Exozytose:**

- Konstitutive Exozytose findet in den Zellen permanent statt und benötigt **keinen Stimulus.** Zellen nutzen sie, um ständig neue Membranproteine oder Moleküle für die extrazelluläre Matrix an ihren Zielort zu bringen.
- Regulierte Exozytose findet nur als **Reaktion auf einen Stimulus,** wie z. B. einen Anstieg der **Ca^{2+}-Konzentration** im Zytoplasma, statt. Sie ist v. a. für die Freisetzung von Neurotransmittern wichtig. Schließlich werden diese gerade dann freigesetzt, wenn es eine Information gibt, die übermittelt werden soll.

Damit Moleküle via Exozytose abgegeben werden können, müssen sie zunächst einmal in **Vesikeln** verpackt sein. Dies geschieht in der Zelle v. a. im **Golgi-Apparat,** den ihr noch kennenlernen werdet. Gelangen die Vesikel nun in die Nähe der Membran, kann es zur Fusion von Vesikel und Membran kommen, sodass die Proteine im Inneren der Vesikel in den Extrazellulärraum freigesetzt werden. Außerdem wächst die Membran aufgrund der hinzukommenden Phospholipide des Vesikels an.
Das Gegenteil der Exozytose ist die **Endozytose.** Wird ein Stoff an einer Seite der Zelle endozytiert, durchs Zytoplasma transportiert und dann auf der anderen Seite wieder exozytiert, spricht man von **Transzytose.**

Zusammenfassung

- Die Zellmembran besteht aus einer Phospholipiddoppelschicht und Membranproteinen.
- Über Kohlenhydratstrukturen (Glykokalix) gibt sich die Zelle nach außen zu erkennen.
- Die Natrium-Kalium-ATPase transportiert 3 Natrium-Ionen aus der Zelle hinaus und 2 Kalium-Ionen hinein.

Zellorganellen

Um zu verstehen, was eine Zelle den ganzen Tag macht, lohnt es sich, einen genaueren Blick auf ihre Bestandteile zu werfen (→ Abb. 26.1). Ein äußerst wichtiger Bestandteil, der Zellkern (Nukleus), begegnet uns allerdings erst im nächsten Kapitel. Die Zellmembran haben wir bereits betrachtet, nun soll es zunächst um das Medium gehen, in dem alle anderen Organellen schwimmen, das Zytoplasma.

Zytoplasma

Dass es sich beim Zytoplasma um eine **wässrige Lösung** handelt, die die Organellen umgibt, haben wir bereits gelernt.
Das Zytoplasma ist aber nicht nur Füllmaterial, sondern bietet Raum für eine Vielzahl **chemischer Reaktionen** von der Synthese einiger Aminosäuren über Glukoneogenese bis hin zur Glykolyse. Aber auch als **Speicherort** ist das Zytoplasma von Bedeutung. Ihr solltet euch auf jeden Fall merken, dass hier überschüssige Glucose als **Glykogen** gelagert wird.

Mitochondrien

Merkmale

Sicher habt ihr bereits von den **„Kraftwerken der Zelle"** gehört, in denen ein Großteil des **ATPs,** das die Zelle für ihren Alltag benötigt, hergestellt wird. Da Energie in Form von ATP für Zellen ziemlich wichtig ist, kommen Mitochondrien in fast allen eukaryontischen Zellen vor. In fast allen? **Erythrozyten** besitzen **keine Mitochondrien,** denn sie sind voll und ganz auf Sauerstofftransport spezialisiert. Entsprechend fehlen nicht nur Mitochondrien, sondern auch Kern oder Ribosomen. Böse Zungen unterstellen dem Erythrozyten sogar, er sei keine Zelle, sondern nur ein hämoglobingefüllter Sack.

Merkt euch in jedem Fall, dass viele Mitochondrien darauf hindeuten, dass die Zelle, die ihr gerade mikroskopiert, einen hohen Bedarf an ATP hat. Ein klassisches Beispiel wären natürlich die Muskelzellen.

> Im **Mitochondrium** findet sich eine **Vielzahl von Stoffwechselwegen,** darunter Citratzyklus, β-Oxidation der Fettsäuren und die Atmungskette.

Außerdem gut zu wissen: Spermien enthalten zwar Mitochondrien, die bei der Befruchtung i. d. R. jedoch nicht in die Eizelle gelangen (wenn doch, werden sie dort eliminiert). Folglich stammen alle Mitochondrien eines Kindes ausschließlich **von seiner Mutter (maternaler Erbgang).** Dies wird besonders bei genetischen Defekten, die die mitochondriale DNA betreffen, wichtig.

Aufbau

Ganz grob besitzen Mitochondrien eine Doppelmembran, die einen Raum umschließt, den man **Matrix** nennt. Zwischen innerer und äußerer Membran findet sich der **Intermembranraum** und die innere Membran ist stark gefaltet (→ Abb. 26.2). Anhand dieser Auffaltung unterscheidet man zwei bzw. drei Typen von Mitochondrien:

- Mitochondrien vom **Cristae-Typ:** Dieser Typ findet sich bei den meisten Mitochondrien in stoffwechselaktiven Geweben. Die innere Membran weist hier flächige, blattförmige Einstülpungen auf.
- Mitochondrien von **Tubulus-Typ:** Diese Mitochondrien finden sich v. a. in Zellen, die **Steroidhormone** synthetisieren. Die innere Membran bildet hier röhrenartige Strukturen aus.

> Denkt an die 3 Ts: Tubulus-Typ für Testo!
> Mitochondrien vom Tubulus-Typ finden sich in Steroidhormon-produzierenden Zellen.

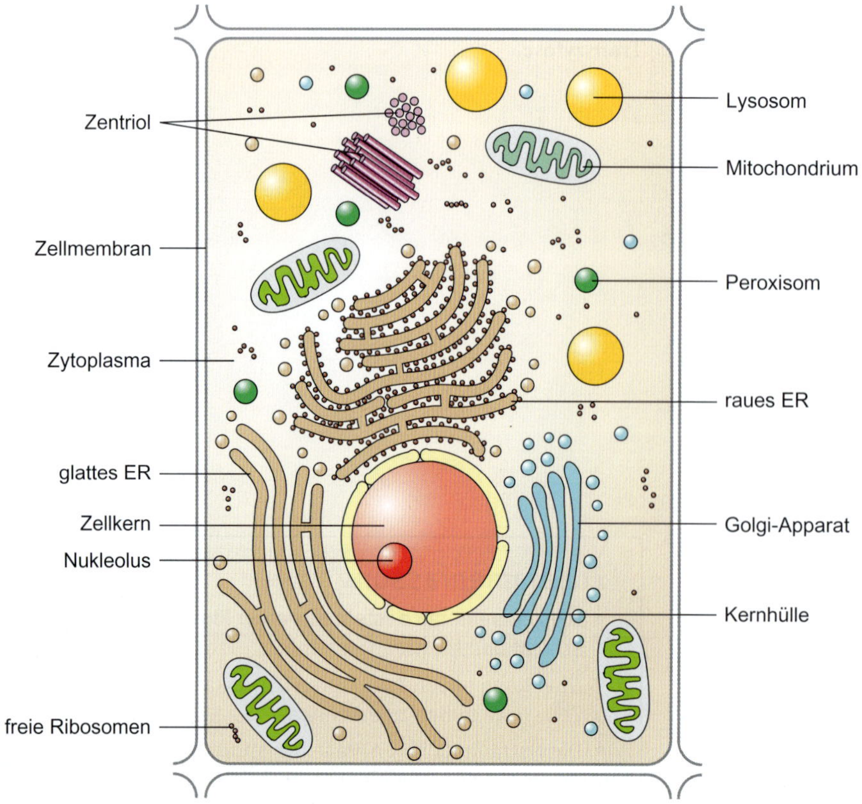

Abb. 26.1 Die Eukaryontenzelle [L253]

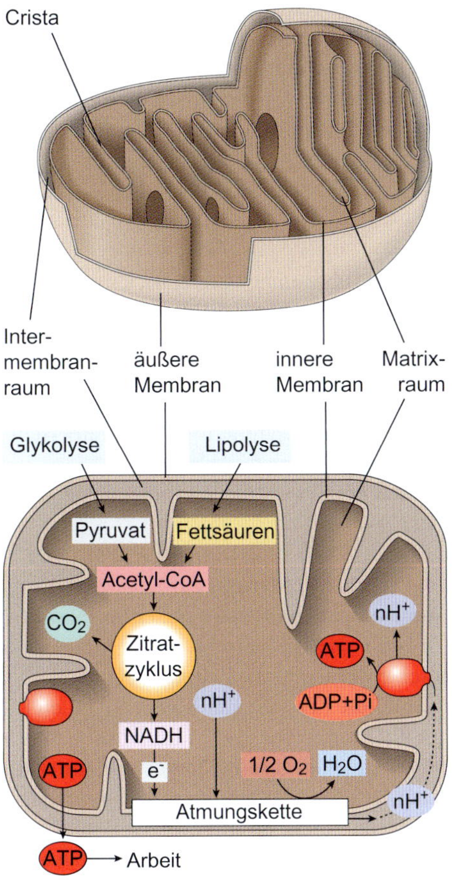

Abb. 26.2 Struktur des Mitochondriums (und einige Stoffwechselprozesse) [L190]

Endosymbiontentheorie

Die Endosymbiontentheorie liefert eine mögliche Erklärung dafür, dass das Mitochondrium über eine Doppelmembran verfügt. Sie besagt, dass Mitochondrien ursprünglich **eigenständige Prokaryonten** waren. Der eigenständige Prokaryont wurde von einem anderen Prokaryonten durch Phagozytose aufgenommen. Es entstand eine innere Symbiose (daher Endo-Symbionten-Theorie), von der beide Zellen profitierten. Die innere der beiden Membranen stammt dabei vom phagozytierten Prokaryonten, die andere wurde ihm von der Wirtszelle bei der Phagozytose „verpasst".

> **Innere** und **äußere Mitochondrienmembran** haben eine **unterschiedliche Zusammensetzung.** Dadurch begründet sich die Endosymbiontentheorie.

Die innere Membran enthält **Cardiolipin,** das sonst in den Zellen unseres Körpers nicht vorkommt. Dafür fehlt ihr das Cholesterin, das sich wiederum in allen anderen Membranen findet. Der unterschiedliche Aufbau erklärt auch, warum es für viele Stoffe nicht ganz einfach ist, die innere Membran zu passieren. Hierfür sind oft spezielle Shuttles und Transporter notwendig, wohingegen die äußere Membran dank eingebauter Porine vergleichsweise leicht passiert werden kann.
Kommt der Name Cardiolipin von „Herz"? Cardiolipin heißt so, weil es zuerst aus dem Herz isoliert wurde. Das bedeutet aber nicht, dass es nur im Herz vorkommt. Vielmehr findet es sich, wie bereits gesagt, in der inneren Mitochondrienmembran. Und da in unserem Körper alle Zellen außer den Erythrozyten über Mitochondrien verfügen, ist Cardiolipin folglich sehr weit verbreitet.

- Was ist mit der DNA der phagozytierten Bakterie passiert? Die gibt es immer noch! Mitochondrien verfügen über eine **eigene DNA,** die wir im nächsten Kapitel genauer beleuchten werden.
- Werden die Mitochondrien, wie andere Organellen auch, vor der Zellteilung (Mitose) vermehrt? Die Mitochondrien können sich unabhängig vom Zellzyklus (azyklisch) vermehren.
- Gibt es noch andere Hinweise, dass Mitochondrien mal Prokaryonten waren? Mitochondrien besitzen, wie auch die Zelle, in der sie vorkommen, Ribosomen. Während unsere eukaryontische Zelle in ihrem Zytoplasma **80S-Ribosomen** (s. u.) besitzen, gibt es im Inneren der Mitochondrien **70S-Ribosomen.** Wo findet man ebenfalls 70S-Ribosomen? Richtig, in Bakterien!

Proteasom

In einer Zelle fallen oft Proteine an, die nicht mehr gebraucht werden. Man könnte nun meinen, dass es sinnvoll wäre, diese ins Blut abzugeben und quasi zu entsorgen. Viel effizienter ist es allerdings, sie zu recyceln, und genau dafür gibt es im Zytoplasma das **Proteasom.** Innerhalb des Proteasoms wird das Protein in kleinere Peptidketten gespalten, die wiederum bis zu den einzelnen Aminosäuren abgebaut werden können. Aus den Aminosäuren können dann neue Proteine synthetisiert werden. Das Proteasom wird oft als tonnenförmig beschrieben, was auch gut zu seiner Funktion passt.

Ribosomen

Wir haben gelernt, dass die Aminosäuren, die beim Proteinabbau freiwerden, genutzt werden können, um neue Proteine zu synthetisieren. Das Organell, das für die Synthese von Proteinen zuständig ist, heißt **Ribosom.** Ribosomen bestehen selbst aus **Proteinen** und einer speziellen Sorte RNA, der ribosomalen **RNA (rRNA).** Man bezeichnet sie deshalb auch als **Ribonukleoproteine.**
Ribosomen bestehen aus zwei Untereinheiten, die sich nur dann zusammenlagern, wenn ein Protein synthetisiert werden soll. Ansonsten „ruhen" beide dissoziiert im Zytoplasma. Man unterscheidet zwischen **kleiner (40S)** und **großer (60S) Untereinheit.** Beide Untereinheiten zusammen bilden dann das **80S-Ribosom.**
In Prokaryonten und Mitochondrien finden sich dagegen **70S-Ribosomen.** Auch diese bestehen aus einer **kleinen (30S)** und einer **großen (50S) Untereinheit.**
Was hat es mit dem „S" auf sich? Das S steht für Svedberg, die Einheit der Sedimentationskonstante. Diese Größe ist bei der Zentrifugation eines Teilchens wichtig.

> Die Sedimentationskonstanten von großer und kleiner Untereinheit addieren sich nicht zur Sedimentationskonstante des gesamten Ribosoms ($40 + 60 \neq 80$)!
> Denkt besser in 20er-Schritten:
> - Für die Ribosomen von Eukaryonten: 40, 60, 80
> - Für die Ribosomen von Prokaryonten und Mitochondrien: 30, 50, 70

Ribosomen müssen natürlich auch „wissen", in welcher Reihenfolge sie Aminosäuren zu einem Protein zusammensetzen sollen. Dafür gibt es in der Zelle **mRNAs,** die gewissermaßen das „Kochrezept" darstellen. An einer mRNA lagern sich beide Untereinheiten des Ribosoms zusammen und die Translation, also die Synthese der Polypeptidkette beginnt. An einer mRNA können natürlich auch mehrere Proteine gleichzeitig arbeiten. Eine solche Perlenkette von mRNA und Ribosomen bezeichnet man als **Polysom.**

Endoplasmatisches Retikulum

Es gibt noch eine Vielzahl weiterer Prozesse, die in den Zellen ablaufen. Um die Substrate für diese Reaktionen in hohen Konzentrationen anreichern zu können, sind einige der Reaktionen räumlich voneinander getrennt. Die Zelle hat dafür ein Membransystem, das große Teile der Zelle netzartig durchzieht und dabei Kanäle bildet, das **endoplasmatische Retikulum (ER).** Man unterscheidet ER, das mit Ribosomen besetzt ist und deshalb im elektronenmikroskopischen Bild **rau (rough) aussieht (rER)** und das **glatte (smooth) ER ohne Ribosomen (sER)** (→ Abb. 26.1).
Wir werden glattes und raues ER aufgrund der unterschiedlichen Funktionen getrennt besprechen. Ihr solltet aber wissen, dass glattes ER durch Anlagerung von Ribosomen zu rauem ER werden kann und umgekehrt. Übrigens ist das ER auch sonst sehr dynamisch. Verarbeitete Stoffe werden in Form von Vesikeln abgeschnürt, andere Stoffe werden importiert und die Membranen bilden permanent neue Lumina.

Glattes ER

Hier ist Faktenwissen gefragt! Die wichtigsten Funktionen des glatten ER sind:

- **Lipidsynthese:** Dazu zählt einerseits die Synthese von Phospholipiden (die in jeder biologischen Membran gebraucht werden), andererseits auch die Synthese von Steroidhormonen. Entsprechend verfügen Gewebe, deren Zellen viele Steroidhormone produzieren (Hoden, Ovarien, Nebennierenrinde etc.) über vergleichsweise große Mengen an glattem ER.
- **Calciumspeicher:** Diese Funktion ist v. a. in Muskelzellen wichtig (dort wird das endoplasmatische Retikulum auch sarkoplasmatisches Retikulum genannt). Soll eine Kontraktion ausgelöst werden, strömen Calcium-Ionen ins Zytosol, was über verschiedene Mechanismen zur Kontraktion führt.
- **Biotransformation:** Die Biotransformation ist eigentlich eine Domäne der Biochemie. Grob gesagt geht es darum, Stoffe durch chemische Reaktionen in eine Form zu bringen, in der sie ausgeschieden werden können. Das glatte ER ist an diesem Prozess maßgeblich beteiligt, was v. a. daran liegt, dass es über ein Enzym namens **Cytochrom P450 (CYP)** verfügt, das ihr in diesem Zusammenhang unbedingt kennen solltet!
- **Kohlenhydratspeicher**
- In der Leber übt das glatte ER noch eine weitere wichtige Funktion aus: In seiner Membran sitzt ein Enzym namens **Glucose-6-phosphatase.** Dieses spaltet, wie der Name erahnen lässt, Phosphatgruppen von Glucose-6-phosphat ab. Die entstehende Glucose kann die Hepatozyten verlassen und gelangt über das Blut dorthin, wo sie gebraucht wird.

Raues ER

Da das raue ER mit Ribosomen besetzt ist, kann man seine Aufgabe schon erahnen: die **Synthese von Proteinen.** Sowohl die Ribosomen, die frei im Zytoplasma schwimmen, als auch die Ribosomen des rauen ER sind in der Lage, Proteine zu synthetisieren. Dabei besteht eine klare Aufgabenteilung:

- Die Ribosomen des rER synthetisieren **sekretorische, lysosomale und Membranproteine** (→ Abb. 26.3).
- Die Ribosomen des Zytosol stellen Proteine her, die letztlich im Zytosol bleiben.

Sekretorische Proteine werden aus der Zelle exportiert (sezerniert). **Lysosomale Proteine** werden später ins Lysosom transportiert, wo sie, z. B. als Enzyme, verschiedenste Aufgaben erfüllen. Membranproteine werden in die Zellmembran eingebaut.
Aber woher „weiß" die Zelle, ob ein Protein am rauen ER synthetisiert werden soll? Gelangt eine mRNA ins Zytosol, lagern sich zwei ribosomale Untereinheiten zusammen und die **Translation** (also die Übersetzung der Basenfolge in eine Aminosäurensequenz) beginnt. Die ersten Aminosäuren, die das Ribosom verknüpft, werden **Signalpeptid** genannt. Warum? Weil sie ein Signal darstellen, das dazu führt, dass ein Molekül mit dem treffenden Namen **SRP** (Signal Recognition Particle) an die entstehende Aminosäurensequenz bindet. Durch die Bindung des SRP weiß die Zelle: Dieses Protein soll am rauen ER synthetisiert werden. Die Translation pausiert, das Ribosom wandert zum ER und bindet dort. Da nur die mRNAs von sekretorischen, lysosomalen und Membranproteinen für ein Signalpeptid codieren, gelangen auch nur diese Proteine während ihrer Entstehung zum rauen ER.
Sobald das Ribosom am ER angelangt ist, dissoziiert das SRP ab, die Translation geht weiter und die entstehende Peptidkette gelangt durch einen Proteinkomplex namens **Translocon** in das Lumen des ER. Dort wird das Signalpeptid abgespalten und das Protein weiter modifiziert.

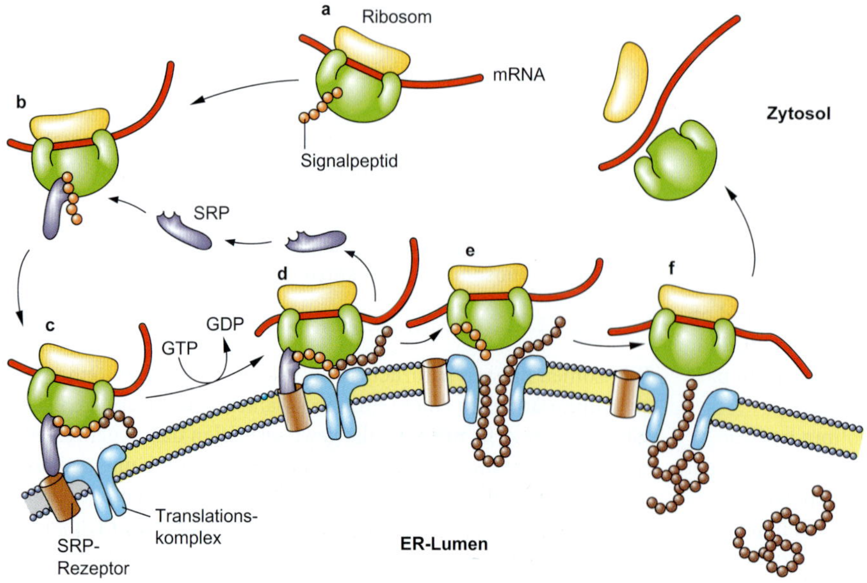

Abb. 26.3 Proteinsynthese am rER [L253]

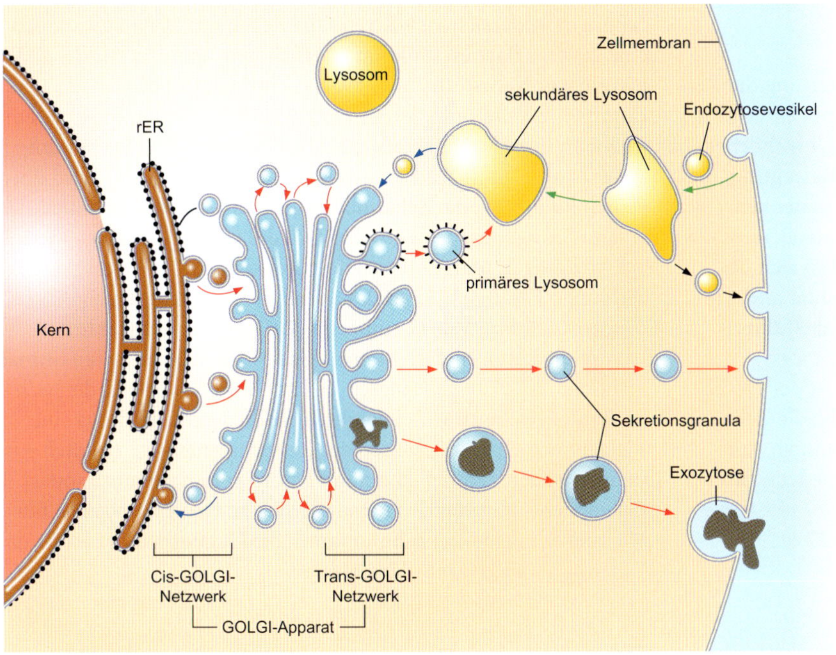

Abb. 26.4 Der Golgi-Apparat [L253]

Golgi-Apparat

Die Proteine, die am rauen ER produziert wurden, gelangen zum **Golgi-Apparat** und von dort weiter zum Ort ihrer Bestimmung. Der Golgi-Apparat wird deswegen gelegentlich als **Paketzentrum der Zelle** bezeichnet, was aber seinen vielfältigen Aufgaben nicht ganz gerecht wird, denn hier finden u. a. auch noch weitere **posttranslationale Modifikationen** statt.
Doch zunächst ein paar Fakten zur Struktur (→ Abb. 26.4): Der Golgi-Apparat besteht, ähnlich wie das ER, aus Membranen, die Hohlräume **(Zisternen)** bilden. Diese Hohlräume organisieren sich zu Stapeln, die man **Diktyosomen** nennt. Eine Seite des Golgi-Apparats ist dem rauen ER zugewandt, von dem es Vesikel mit frisch synthetisierten und modifizierten Proteinen empfängt. Diese Seite bezeichnet man als **cis-Golgi-Netzwerk.** Auf der anderen Seite des Golgi-Apparats werden die verarbeiteten Proteine in Vesikeln abgeschnürt und weitertransportiert. Man spricht vom **trans-Golgi-Netzwerk.**
Grundsätzlich kann man sagen, dass die Proteine im Golgi-Apparat weiter modifiziert werden. Die Modifikationen können etwa für die Funktion des Proteins wichtig sein, aber auch deutlich machen, wohin es im weiteren Verlauf transportiert werden muss. Ihr solltet euch die wichtigsten Modifikationen, zu denen der Golgi-Apparat in der Lage ist, merken:

- **Glykosylierung**
- Markierung von Proteinen für den Transport in Lysosomen: Das Markieren für den Transport in Lysosomen ist letztlich auch eine Glykosylierung, denn um deutlich zu machen, dass ein Protein ins Lysosom gehört, wird ein Zucker namens **Mannose-6-phosphat** an das Protein gebunden.
- Abspaltung von Peptidketten aus dem Protein
- Sulfatierungen (das Anhängen von Sulfat-Ionen mit der Summenformel SO_4^{2-})
- Phosphorylierung (das Anhängen von Phosphat-Ionen mit der Summenformel PO_4^{3-})

Lysosomen

Lysosomen sind für den Verdau, also den Abbau, von Makromolekülen zuständig. Im Gegensatz zum Proteasom, das sich auf den Abbau von Proteinen beschränkt, ist das Lysosom weniger spezialisiert.
Um viele verschiedene Stoffe abzubauen, braucht es natürlich viele verschiedene Enzyme (Nukleasen, Proteasen Lipasen etc.). Für Lysosomen sind v. a. Enzyme aus der Gruppe der **sauren Hydrolasen** charakteristisch. Besonders gern gefragt wird nach der **sauren Phosphatase,** dem Leitenzym der Lysosomen.
Hydrolasen sind Enzyme, die Bindungen unter Einbau eines Wassermoleküls spalten. Phosphatasen gehören zu den Hydrolasen. Sie spalten eine Phophorsäureester-Bindung und benötigen dafür ein Wassermolekül. Der Zusatz „sauer“ macht deutlich, dass die Enzyme ihr **pH-Optimum im Sauren** haben, also bei einem sauren pH am besten funktionieren. Für die saure Phosphatase liegt das pH-Optimum bei 4,5–5,5.

Peroxisomen

Bei den **Peroxisomen** (Microbodies) kann man die Aufgabe schon aus dem Namen erahnen: Sie bauen das in der Zelle anfallende Wasserstoffperoxid ab. Hierfür verfügen die Peroxisomen über zwei Enzyme namens **Peroxidase** und **Katalase,** die den Abbau von Wasserstoffperoxid zu Wasser und Sauerstoff katalysieren. Die Reaktion, die von der Katalase unterstützt wird, lautet:

$$2\,H_2O_2 \rightarrow 2\,H_2O + O_2$$

Zusammenfassung

- Mitochondrien sind die Kraftwerke der Zellen und haben sich aus eigenständigen Prokaryonten entwickelt, die in die Zelle „eingewandert“ sind.
- Ribosomen synthetisieren Proteine, sie bestehen aus großen und kleinen Untereinheiten.
- Es gibt Proteasomen und Lysosomen, die Stoffe in der Zelle abbauen.

Zytoskelett, Zellkontakte und Gewebe

Zytoskelettelemente

Wir haben bereits die Zellmembran als äußere Begrenzung der Zelle kennengelernt. Wäre die Zelle aber lediglich ein „mit einer wässrigen Lösung gefüllter Sack“, wäre es um ihre Stabilität wohl eher schlecht bestellt – und an die Fähigkeit zur **aktiven Bewegung,** die einige Zellen offensichtlich besitzen, wäre gar nicht zu denken.
Ein weiteres Strukturelement wäre also durchaus sinnvoll, und hier kommt das **Zytoskelett** ins Spiel. Merkt euch aber, dass sich der Aufgabenbereich des Zytoskeletts nicht nur auf Stabilität und Mobilität beschränkt. Es ist z. B. auch essenziell für **intrazelluläre Transportvorgänge und Zellteilung.**
Wie ist der Begriff Zytoskelett definiert? Zytoskelett ist der Oberbegriff für die **Gesamtheit aller Fasern (Filamente),** die die Zelle – genauer das Zytoplasma – durchziehen und die genannten Aufgaben übernehmen. Man unterscheidet dabei verschiedene Fasertypen, die aber alle **aus Proteinen** aufgebaut sind.
Wir unterscheiden drei wichtige Fasertypen (→ Abb. 27.1):

- **Mikrotubuli**
- **Intermediärfilamente**
- **Aktinfilamente**

> Der Durchmesser der **Aktinfilamente** ist am kleinsten (ca. 5 nm). In der Mitte liegen die **Intermediärfilamente** mit 10 nm (das könnt ihr euch gut vom Namen herleiten – Intermediär = in der Mitte) und am dicksten sind die **Mikrotubuli** (25 nm).

Manche Studenten lassen sich in Prüfungen von der Silbe „Mikro“ in Mikrotubuli verwirren und denken, dass es sich folglich um die dünnsten Zytoskelettelemente handeln müsste. Merkt euch besser, dass Mikrotubuli so dick sind, dass man schon von richtigen **„Röhren“ (Tubuli)** und nicht von **Fasern (Filamenten)** spricht.
Mikrotubuli sind auch für die Zellteilung essenziell: Bevor sich eine Zelle teilen kann, müssen die Chromosomen zu gegenüberliegenden Zellpolen gezogen werden, damit sichergestellt ist, dass beide Tochterzellen die nötige Erbinformation erhalten.
Dieser Prozess wird durch den **Spindelapparat** möglich, der an die Chromosomen bindet. Der Spindelapparat besteht aus Mikrotubuli, die an den zylinderförmigen Zentriolen verankert sind. Diese sind von der **perizentriolaren Matrix** umgeben. Dabei handelt es sich um verschiedene Proteine, welche die Zentriolen in ihren Funktionen unterstützen. Zentriolen und perizentriolare Matrix werden als **Zentrosom** zusammengefasst. Passt auf bei den Begriffen mit Z: Zentriolen, Zentrosomen etc. – Es werden noch mehr!

Zellkontakte

Nun haben wir schon einiges zum Aufbau unserer Zellen gelernt. Wir Menschen sind allerdings noch mit einem Problem konfrontiert, mit dem sich einzellige Organismen nicht befassen müssen: Im menschlichen Körper organisieren sich viele Zellen zu Geweben, die unterschiedliche Anforderungen bewältigen müssen. So müssen z. B. die Zellen unserer Haut enormen mechanischen Belastungen widerstehen, während die Zellen des Darms zwar auch eine gewisse Barrierefunktion übernehmen, aber v. a. für die Aufnahme von Nährstoffen und Wasser zuständig sind.
Damit eine Zelle einen festen Platz einnehmen kann, muss sie entweder an ihrer Nachbarzelle befestigt sein oder eine Verbindung zur extrazellulären Matrix ausbilden. Diese Verbindung wird über Proteinkomplexe, die Zellkontakte genannt werden, vermittelt. Das gesamte Aufgabenspektrum der Zellkontakte ist allerdings wesentlich vielfältiger. Man unterscheidet Zellkontakte, die zwei Zellen verbinden **(Zell-Zell-Kontakte),** und Zellkontakte, die eine Zelle in die extrazelluläre Matrix einbauen **(Zell-Matrix-Kontakte).**
Was ist die extrazelluläre Matrix? Unsere Gewebe bestehen oftmals nicht nur aus dicht gedrängten Zellen. Beispielsweise finden sich im Bindegewebe zwar Zellen, diese produzieren allerdings eine Vielzahl von Faser, die sie aus der Zelle ausschleusen. Folglich entsteht zwischen den Zellen ein mit Fasern gefüllter Raum, sodass die Zellen nicht unmittelbar aneinanderliegen. Den Raum selbst bezeichnet man als **Interzellularraum,** die Gesamtheit der Stoffe darin nennt man **extrazelluläre Matrix.**

Gewebetypen

Die Zellen des menschlichen Körpers organisieren sich zu Geweben, wobei man vier Typen unterscheidet:

- **Epithelien**
- **Bindegewebe**
- **Muskelgewebe**
- **Nervengewebe**

Die Unterscheidung in diese vier Gewebetypen existiert schon ziemlich lange, sodass sie mit der Zeit etwas aufgeweicht wurde, da es an einigen Stellen Überschneidungen gibt. Da diese Klassifikation jedoch nach wie vor bedeutsam ist und sie sich auch sehr gut zur Prüfungsvorbereitung eignet, wollen wir in diesem Kapitel zumindest in Ansätzen auf die Eigenschaften der einzelnen Gewebetypen eingehen. Weil dieses Thema aber eigentlich eher zur Histologie gehört, beschränken wir uns hier auf die wichtigsten Fakten.

Epithelien

Epithelien finden sich an den Grenzflächen unseres Körpers, sodass sie häufig an irgendeiner Form der Barriere beteiligt sind, was sich auch an ihrem Aufbau erkennen lässt. Die Zellen sitzen sehr dicht aneinander, sodass fast kein Extrazellulärraum existiert (→ Abb. 27.2).
Eine grobe Unterteilung der Epithelien ist die in Oberflächenepithelien und Drüsenepithelien:

- **Oberflächenepithelien** überziehen alle inneren und äußeren Oberflächen des Körpers. Egal, ob Aorta, Harnblase oder mikroskopisch kleiner Gallengang – überall muss verhindert werden, dass die Flüssigkeit aus diesen Strukturen ins umliegende Gewebe diffundiert und das schafft nur ein Epithel.
- **Drüsenepithelien** betreiben dagegen v. a. Sekretion.

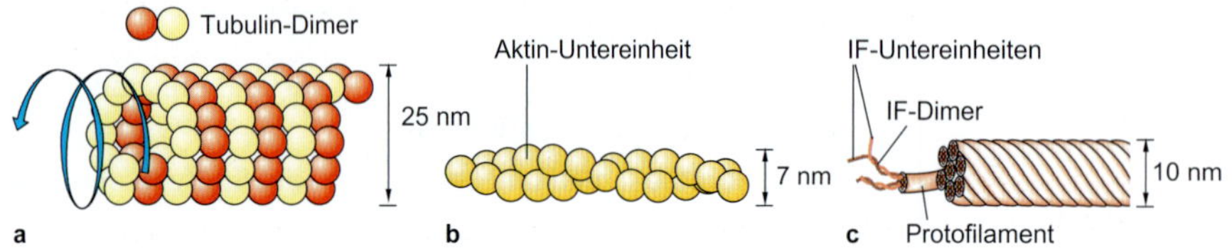

Abb. 27.1 Zytoskelett-Elemente: a) Mikrotubuli, b) Aktinfilamente, c) Intermediärfilamente [L253]

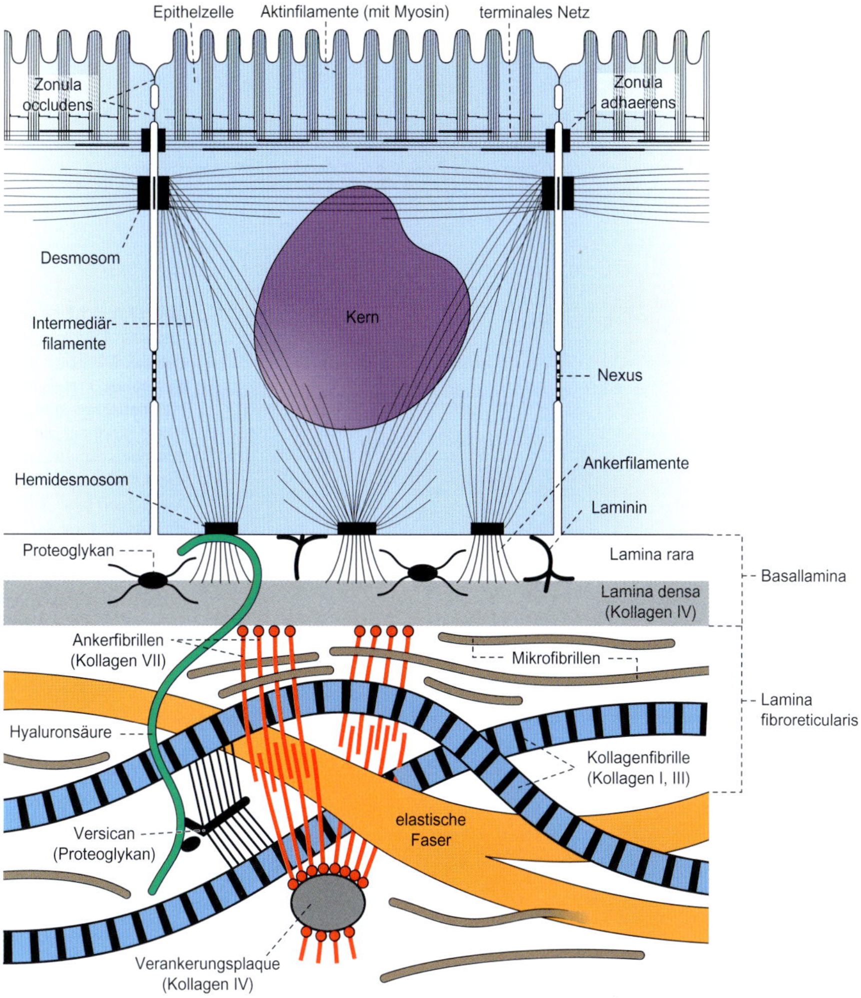

Abb. 27.2 Epithel mit Epithelzellen und subepithelialem Bindegewebe. Die Details dieser Abbildung werden euch in der Histologie noch genauer beschäftigen. [L107]

Gibt es auch Oberflächenepithelien, die Sekretion betreiben? Ja! Und gibt es Drüsenepithelien, die als Barriere fungieren? Ja! Ihr könnt euch schon denken: Wenn man sich mit diesem Thema im Detail befasst, werden die Klassifikationen sehr schnell sehr komplex.

Bindegewebe

Wenn man hört, dass sowohl Knochen als auch Fett zum Bindegewebe zusammengefasst werden, fragt man sich wahrscheinlich, worin die Gemeinsamkeit besteht. Die Antwort: Im Gegensatz zu den Epithelien und auch zu den anderen Grundgeweben gibt es hier einen **stark ausgeprägten Extrazellulärraum,** der mit Fasern und gelösten Stoffen gefüllt ist. Die Zusammensetzung der extrazellulären Matrix bestimmt maßgeblich die Eigenschaften – wie z. B. die Elastizität oder die Zugfestigkeit – des jeweiligen Gewebes. So sorgt etwa die Einlagerung von Kristallen **(Mineralisation)** für die Härte unserer Knochen.

Muskelgewebe

Wir haben bereits das Gewebe kennengelernt, das unseren Körper „dicht hält". Wir wissen auch, was unseren Körper formt und ihm eine gewisse Struktur verleiht. Das Muskelgewebe ermöglicht uns aufrechtes Stehen und die Fähigkeit zur Bewegung.
Man unterscheidet prinzipiell **glatte Muskulatur** von **quergestreifter Muskulatur,** wobei man Letztere noch in **Skelett- und Herzmuskulatur** unterteilen kann.

Unabhängig von der genauen Klassifikation zeichnet sich die Muskulatur v. a. durch ihre Fähigkeit zur aktiven Verkürzung (Kontraktion) aus, die auf eine **Interaktion zwischen Myosin- und Aktinfilamenten** zurückzuführen ist (→ Abb. 27.3).

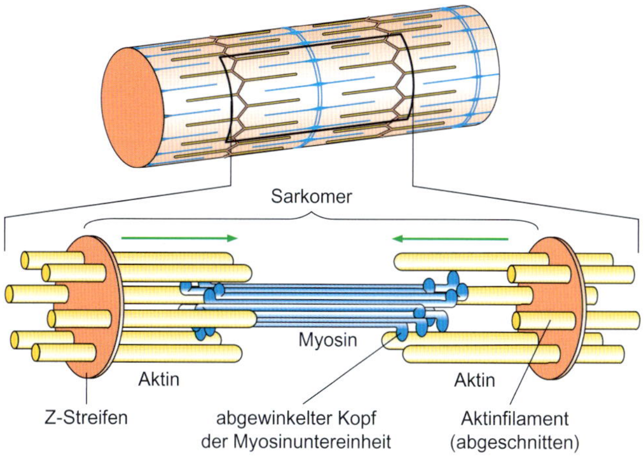

Abb. 27.3 Das Sarkomer ist der Grundbaustein der quergestreiften Muskulatur. [L253]

Nervengewebe

Die Steuerung der Gewebe geht von Nervenzellen **(Neurone)** aus, die sich über **Synapsen** verbinden und auf diese Weise hochkomplexe Netzwerke bilden (→ Abb. 27.4). Neurone können elektrisch erregt werden und nutzen chemische oder physikalische Reize, um diese Erregung (und damit auch eine Information) von einer Nervenzelle zur nächsten zu transportieren.

Nervengewebe besteht aber nicht nur aus Neuronen, sondern auch aus Stützzellen, den **Gliazellen,** die sogar wesentlich häufiger sind. Die Funktion der Gliazellen besteht nicht nur in der Gewährleistung mechanischer Stabilität, sie sind auch für die reibungslose Arbeit der Neurone aufgrund einer Vielzahl von Fähigkeiten und Funktionen unerlässlich.

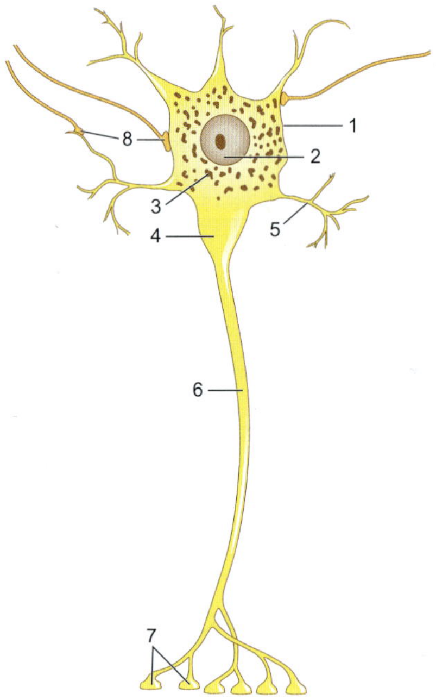

Abb. 27.4 Schema eines Neurons: **1** Perikaryon (Soma), **2** Zellkern mit Nucleolus, **3** raues endoplasmatisches Retikulum (Nissl-Schollen), das typischerweise im Bereich des **4** Axonursprungs (= Axonhügel) fehlt. **5** Dendrit, **6** Axon, **7** synaptische Endkolben (= synaptische Endknöpfchen), **8** synaptische Endkolben anderer Nervenzellen [L126]

Zusammenfassung

- Die Zytoskelettelemente üben viele Funktionen aus. Ihr solltet die Mikrotubuli, Intermediär- und Aktinfilamente kennen.
- Zellen organisieren sich über Zellkontakte zu Geweben. Man unterscheidet Zell-Zell- und Zell-Matrix-Kontakte.
- Die vier Gewebetypen (Epithelien, Bindegewebe, Muskelgewebe und Nervengewebe) sind nicht so klar voneinander abzugrenzen, wie es manchmal suggeriert wird.

Zellkern und Organisation des Chromatins

Nukleus

Bevor wir uns voll auf Transkription und Translation stürzen, müssen wir uns erst etwas mit dem großen Thema DNA an sich befassen. Wir beginnen mit einem Nachtrag zu dem Organell, in dem sich ein Großteil unserer Erbinformation befindet.
Da die Erbinformation quasi die Bauanleitung für alle anderen Organellen und Enzyme darstellt, genießt sie besonderen Schutz. Sie schwimmt folglich nicht frei im Zytoplasma (zumindest bei Eukaryonten), sondern befindet sich im **Nukleus.** Der Nukleus selbst besteht aus einer **Doppelmembran** (also zwei Phospholipiddoppelschichten), die das sogenannte **Karyoplasma** umschließt. Im Karyoplasma findet sich unsere Erbinformation in Form der **Chromosomen.** Die Substanz, aus der die Chromosomen bestehen, wird Chromatin genannt. **Chromatin** ist der Sammelbegriff für die DNA und die Proteine, die mit ihr assoziiert sind. Die äußere Doppelmembran geht nahtlos ins endoplasmatische Retikulum über (→ Abb. 28.1). Der inneren Membran liegt von innen die **Kernlamina** an. Diese besteht vorwiegend aus verschiedenen Intermediärfilamenten, die **Lamine** genannt werden. Defekte in den Genen für diese Lamine können verschiedenste Auswirkungen haben. Am prominentesten ist wahrscheinlich das **Hutchinson-Gilford-Progerie-Syndrom,** bei dem die betroffenen Patienten rapide „altern" und oftmals schon im Kindesalter massive arteriosklerotische Gefäßveränderungen zeigen.
Natürlich muss es auch die Möglichkeit geben, dass Stoffe vom Zytoplasma in den Kern gelangen und umgekehrt. Dafür gibt es einerseits Kernporen, andererseits auch Proteinkomplexe, die **Importine** genannt werden, und größere Moleküle wie etwa Histone, mit denen wir uns noch befassen werden, in den Kern zu schleusen.
Im Zellkern kommen zwar Proteine vor, diese werden aber, wie alle anderen auch, im Zytoplasma synthetisiert und nicht etwa im Kern. Damit sie auch tatsächlich in den Kern gelangen, enthalten diese Proteine eine kurze Aminosäurensequenz, die **Nuclear Localization Signal** genannt wird. Das NLS wird von einem Protein mit dem passenden Namen Importin gebunden und der entstehende Komplex wandert in den Kern.

Nukleolus

Wenn man gefärbte Zellen durchs Lichtmikroskop beobachtet, fällt einem im Zellkern eine Struktur auf, die vergleichsweise auffällig angefärbt ist. Je nach Gewebe- bzw. Zelltyp ist diese Anfärbbarkeit mehr oder weniger ausgeprägt. Die gefärbte Struktur wird **Kernkörperchen** oder **Nukleolus** genannt. Auch wenn es vielleicht so aussieht, ist der Nukleolus nicht klar vom restlichen Kern abgegrenzt. Er wird von Abschnitten der Chromosomen gebildet, die **Nucleolus Organizer Regions (NOR)** heißen.
Was macht der Nukleolus? Ihr erinnert euch vielleicht noch, dass die Ribosomen aus Proteinen und ribosomaler RNA (rRNA) bestehen. Und genau diese rRNA wird im Nukleolus transkribiert (also von den jeweiligen DNA-Abschnitten abgelesen). Da Ribosomen zur Herstellung von Proteinen benötigt werden, finden sich in stoffwechselaktiven Zellen, die große Mengen von Proteinen herstellen, viele Ribosomen. Entsprechend ist der Bedarf an rRNA hoch, sodass es sogar mehrere Nukleoli geben kann, in denen die rRNA synthetisiert wird.

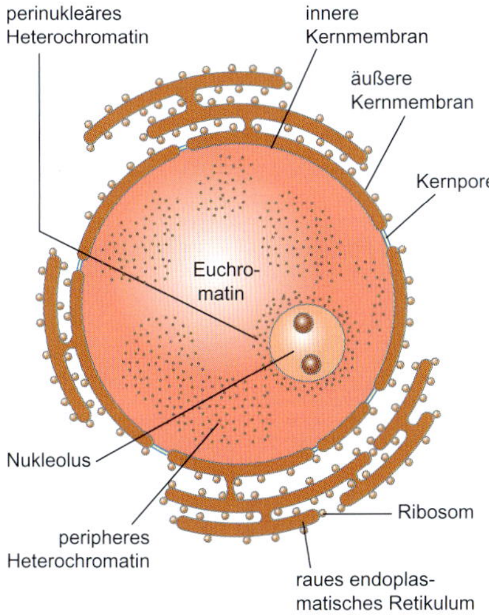

Abb. 28.1 Zellkern und endoplasmatisches Retikulum [L253]

Organisation des Chromatins

Wir haben gelernt, dass unsere Erbinformation (die DNA) und die assoziierten Proteine als Chromatin bezeichnet werden.
Was bedeutet „assoziierte Proteine"? DNA-assoziierte Proteine sind Proteine, die mit der DNA interagieren. Man unterteilt diese Gruppe grob in **Histone** (auf die wir noch detailliert eingehen werden) und Nicht-Histon-Proteine, wie z. B. Enzyme, die an der Vervielfältigung der DNA beteiligt sind.
Die DNA hat eigentlich die Form eines langen Fadens. Da sie aber ziemlich lang und der Zellkern vergleichsweise klein ist, ergäbe sich ein Platzproblem. Die Lösung? Man rollt den Faden auf (→ Abb. 28.2)!

Histone

Jeder, der schon mal versucht hat, einen Faden aufzuwickeln, sollte wissen, dass es hilfreich ist, den Faden um einen Gegenstand herumzuwickeln. Im Zellkern stellen globuläre Proteine, die Histone genannt werden, diesen Gegenstand dar. Der Dann-Faden wickelt sich dabei rund **1 ¾-mal um ein Histon.** Die Histone liegen allerdings nicht einzeln vor. Acht Histone bilden ein **Oktamer.** Die Gruppe der Histone lässt sich noch weiter unterteilen und ihr solltet wissen, dass ein Oktamer aus je zwei Histonen vom Typ **H2a, H2b, H3 und H4** besteht. Wickelt sich nun die DNA um ein Histon-Oktamer, spricht man von einem **Nukleosom.** Histone vom **Typ H1** stabilisieren die DNA zwischen den Nukleosomen, die auch als **Linker-DNA** (link = Verbindung) bezeichnet wird.

> Denkt an euren Nachbarn **Heins Linker,** der seinen Gartenschlauch aufwickelt.

Chromosomen

Kann man die DNA noch weiter kondensieren? Man kann! Packt man mehrere Nukleosomen zusammen, spricht man vom **Solenoid.** Kurz bevor eine Zelle sich teilt (Mitose), verdichtet sich das Chromatin noch weiter (→ Abb. 28.3). Nun wird es sogar lichtmikroskopisch sichtbar. Man erkennt i. d. R. 46 Strukturen (die DNA ist also nicht ein langer Faden), die **Chromosomen** genannt werden. Schaut man sich das Ganze genauer an – hierfür fertigt man ein **Karyogramm** an, bei dem die Mitose durch Colchicin arretiert wird – erkennt man, dass sich manche Chromosomen sehr ähnlich sehen. Unsere 46 Chromosomen bestehen nämlich aus **23 homologen Chromosomenpaaren** (→ Abb. 28.4). Das heißt nicht, dass diese Chromosomen permanent aneinanderhängen, sondern dass sich auf beiden Gene finden, die für die gleichen Proteine codieren.

→

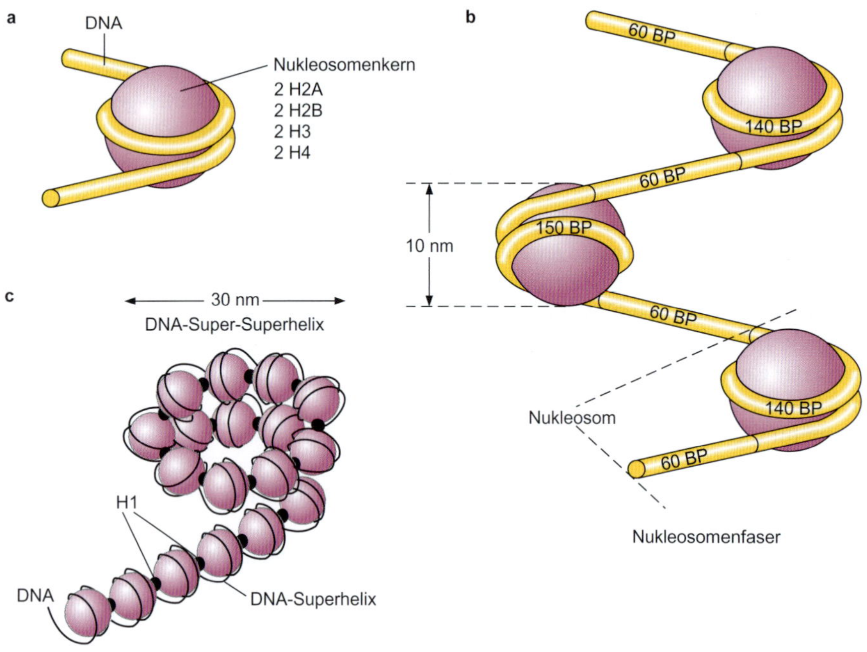

Abb. 28.2 Aufbau des Chromatins: a) Nukleosom, b) mehrere Nukleosomen und Linker-DNA, c) Nukleosomen und H1-Histone [L253]

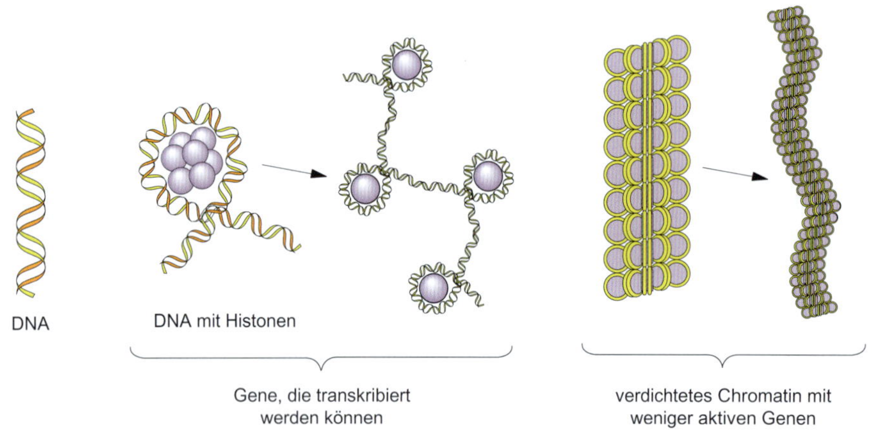

Abb. 28.3 Verdichtung des Chromatins [L253]

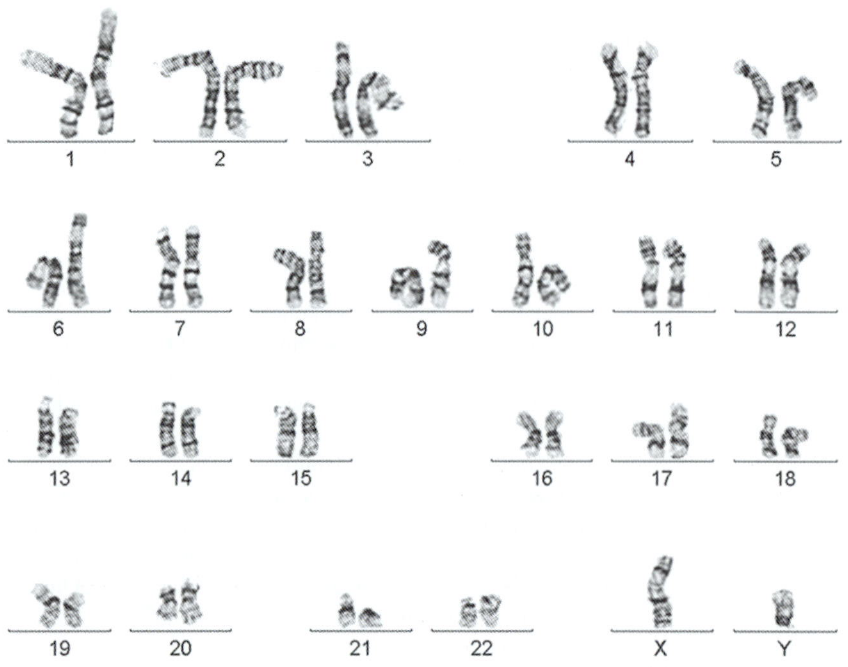

Abb. 28.4 Aufnahme des vollständigen Chromosomensatzes eines Mannes [F362–002]

Dabei stammt ein Chromosom von der Mutter und das andere vom Vater. Dieser doppelte Chromosomensatz, der in den meisten Zellen unseres Körpers vorliegt, wird auch als **diploid** bezeichnet und mit **2n** abgekürzt. Gibt es auch Zellen, in denen ein einfacher bzw. **haploider (n)** Chromosomensatz vorliegt? Ja, und zwar in den Spermien und Eizellen! Wenn auch in diesen Zellen ein doppelter Chromosomensatz vorläge, hätte die befruchtete Eizelle demzufolge einen vierfachen Chromosomensatz.

Man kann die Chromosomen zudem in **Geschlechtschromosomen (Gonosomen)** und **Autosomen** unterteilen. Die Chromosomenpaare 1–22 sind bei beiden Geschlechtern vorhanden. Zusätzlich verfügen Frauen über **zwei X-Chromosomen,** wohingegen Männer **ein X- und ein Y-Chromosom** besitzen.

Das Vorhandensein von X- bzw. Y-Chromosomen bestimmt also das Geschlecht. Erfreulicherweise bieten die Chromosomen noch einige Strukturmerkmale, anhand derer sie sich genauer beschreiben lassen.
Kurz vor der Mitose muss die Erbinformation verdoppelt werden, damit jede Tochterzelle über einen vollständigen Chromosomensatz verfügt. Wenn die Erbinformation eines Chromosoms verdoppelt wird, entsteht dabei aber kein weiteres Chromosom, sondern eine Kopie, die mit ihrer Vorlage verbunden bleibt. Auf diese Weise formt sich die charakteristische X-Form des Chromosoms. Die beiden Äste (Vorlage und Kopie) werden **Chromatide** genannt. Das gesamte Gebilde heißt **Zwei-Chromatid-Chromosom.** Der Ort, an dem die Chromatide verbunden sind, heißt **Zentromer.** An dieser Stelle werden die Chromatiden auch bei der Mitose getrennt und zu gegenüberliegenden Zellpolen gezogen. Ihr solltet noch zwei wichtige Begriffe kennen:

- **Kinetochor:** Als Kinetochor bezeichnet man eine Struktur, die vorwiegend aus Proteinen besteht, am Zentromer sitzt und an der sich die Mikrotubuli des Spindelapparats bei der Mitose verankern können.
- **Telomer:** Telomere sind Regionen an den Enden der Chromosomen, die nicht für Proteine codieren, sondern die „wichtigen" Abschnitte des Chromosoms schützen.

Struktur der DNA

Wir haben bereits im Chemieteil einiges zur Struktur der DNA gelernt, sodass wir jetzt nur noch ein paar Dinge klären müssen.
Wir wissen, dass die DNA Doppelstränge bildet, die komplementär zueinander sind (schließlich bilden nur bestimmte Basen Wasserstoffbrückenbindungen miteinander aus).
Der DNA-Doppelstrang liegt in unseren Zellen nicht linear, sondern als **Doppelhelix** vor (→ Abb. 28.5). Die einzelnen Stränge sind umeinander gewunden. Das Rückgrat wird dabei von den Zuckern und Phosphatgruppen gebildet (man spricht auch vom Zucker-Phosphat-Rückgrat), während die Basenpaare wie Sprossen einer Leiter die beiden Stränge der Doppelhelix verbinden.
Zwei Fakten zur Doppelhelix:

- Die Doppelhelix ist vorwiegend **rechtsgängig** (eine Ausnahme ist die Z-DNA).
- Die Ganghöhe, also die Distanz, nach der sich die Helix einmal komplett gedreht hat, beträgt **10 Basenpaare.**

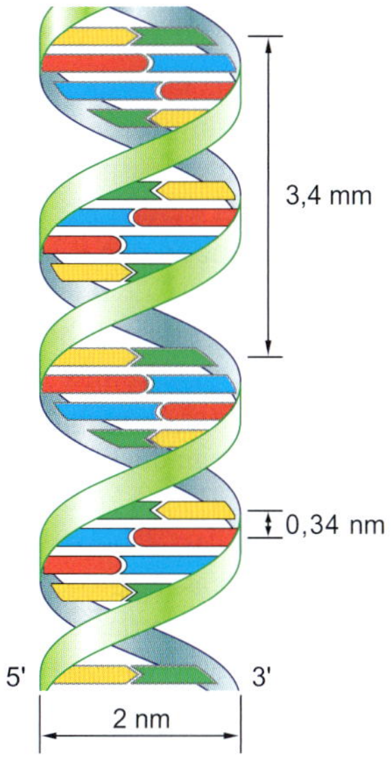

Abb. 28.5 Schema der DNA-Doppelhelix [L253]

Wenn man nun einen Strang der Länge nach abliest, ergibt sich eine Basensequenz (z. B. ATTCGGG etc.). Diese Sequenz sagt den Ribosomen unserer Zelle, welche Aminosäuren sie zu einem Protein verknüpfen sollen. Allerdings codieren nicht alle Abschnitte der DNA für Proteine.

- An den **Telomeren** und **Zentromeren** der Chromosomen findet sich **repetitive DNA,** die keine Informationen für die Synthese von Proteinen enthält. Übrigens: Je nach Quelle beträgt der Anteil repetitiver DNA an der gesamten Erbinformation bis zu 50 %.
- Codierende Sequenzen **(Exons)** werden oftmals durch Sequenzen unterbrochen, die nicht für eine Aminosäurensequenz codieren **(Introns).** Mit Exons und Introns werden wir uns noch genauer beschäftigen.

Andererseits gibt es aber auch Gene für Proteine, die mehrfach in der DNA vorhanden sind (man spricht von **Redundanz**). Diese Gene codieren i. d. R. für Proteine, die viel gebraucht werden, z. B. weil sie Bestandteil von Ribosomen sind.

Struktur der RNA

Die RNA ist in ihrem Aufbau der DNA weitgehend ähnlich – umso wichtiger ist es, die Unterschiede zu kennen:

- Der Zucker der RNA-Nukleotide ist nicht die 2-Desoxyribose, sondern die **Ribose.** Daher stammt auch das R in RNA.
- Die 4 wichtigsten Basen der RNA sind Guanin, Cytosin, Adenin und **Uracil (U).** Thymin kommt in der RNA nicht vor. Es gibt auch **„seltene Basen"**, die für ganz bestimmte Funktionen wichtig sind.
- Die RNA ist meistens einzelsträngig, wobei es auch hier gelegentliche Ausnahmen gibt.

Zusammenfassung

- Da die DNA als langer Faden zu viel Volumen einnimmt, lagert sie sich platzsparend mit Proteinen zusammen.
- In der RNA kommt statt Thymin die Base Uracil vor.
- Während die DNA als Doppelhelix vorliegt, ist RNA vorwiegend einzelsträngig.

Transkription

Damit ein Protein synthetisiert werden kann, muss die Information, die in der DNA codiert ist, den Zellkern verlassen. Die Zelle nutzt dafür **RNAs,** und der Vorgang, bei dem diese gebildet werden, heißt **Transkription.** In diesem Kapitel werden wir uns genau damit befassen, um uns danach dem Vorgang an den Ribosomen, der **Translation,** zu widmen (→ Abb. 29.1).

Wir wollen also die Informationen der DNA zu den Ribosomen bringen, damit ein Protein entstehen kann. Man könnte nun versuchen, das ganze Chromosom aus dem Zellkern zu schleifen. Aber wäre es nicht besser, man würde sich auf genau die Information beschränken, die auch wirklich gebraucht wird? Man könnte nun also das Gen herausschneiden, aber die Gefahr, dass dabei das wertvolle Gen oder gar das Chromosom zerstört wird, ist zu groß. Daher wird eine Kopie des Gens erstellt, die den Kern verlassen kann, zum Ribosom gelangt, gelesen wird und dann vernichtet werden kann, ohne dass das ursprüngliche Gen in Gefahr gerät.

Was ist überhaupt ein Gen? Ein Gen ist ein Abschnitt der DNA, der für eine RNA codiert, die eine Funktion hat (→ Abb. 29.2). Entweder wird mithilfe der RNA ein Protein hergestellt oder sie erfüllt selbst Aufgaben, wie etwa die ribosomale RNA.

Um die RNA zu synthetisieren, braucht es ein Enzym, die **RNA-Polymerase.** Diese bindet an die **Promotorregion,** die Bestandteil eines jeden Gens ist. An dieser Bindung sind auch **Transkriptionsfaktoren** beteiligt, über die reguliert werden kann, wie häufig ein Gen transkribiert wird. Damit die RNA-Polymerase die DNA des Gens auch tatsächlich lesen kann, muss sie lokal den Doppelstrang trennen, denn es wird immer nur von einem Strang abgelesen. Dieser wird auch **Matrize** oder codogener Strang genannt. Man bezeichnet die Fähigkeit, die Stränge zu trennen, auch als Helikase-Aktivität, da es ein Enzym namens **DNA-Helikase** gibt, das ebenfalls dazu in der Lage ist.

Die RNA-Polymerase kommt übrigens ohne eine DNA-Helikase aus, trennt die Stränge selbst und beginnt die RNA zu synthetisieren. Dafür knüpft sie freie Nukleotide aneinander. Der genaue Mechanismus wird in der Biochemie wichtig, deswegen solltet ihr euch an dieser Stelle v. a. merken, dass die RNA-Polymerase immer die 3'-OH-Gruppe der bestehenden Kette nutzt, um sie mit einem neuen Nukleotid zu verbinden. Folglich bleibt die 5'-OH-Gruppe des ersten Nukleotids dauerhaft frei. Man sagt deshalb, dass die RNA **von 5' nach 3'** synthetisiert wird. Die entstehende RNA-Kette wird als **prä-mRNA** (das „m" steht für „messenger") bzw. **hnRNA** („hn" steht für *heterogeneous nuclear*) bezeichnet. Erreicht die RNA-Polymerase die **Terminator**-Region, die das Ende eines Gens markiert, dissoziiert die RNA-Polymerase von der DNA ab.

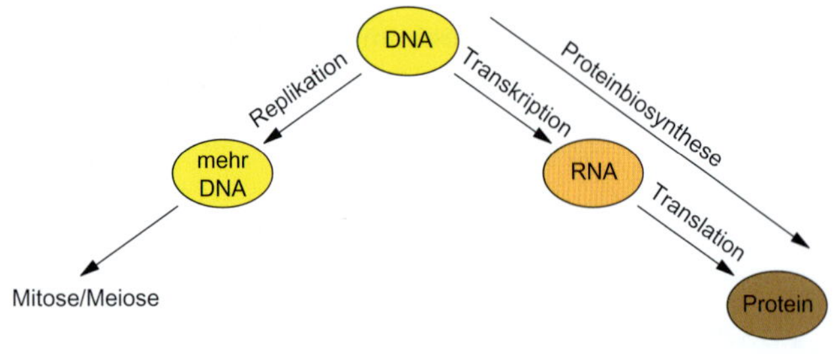

Abb. 29.1 Transkription, Translation, Replikation [L253]

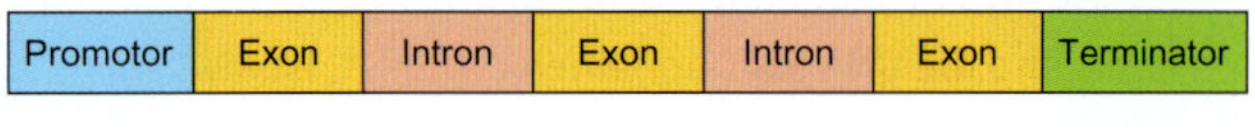

Abb. 29.2 Schematischer Aufbau eines Gens [L253]

Erinnert ihr euch noch daran, dass nur bestimmte Abschnitte der DNA, die Exons, für Proteine codieren? Ein Gen besteht aber sowohl aus Exons als auch aus nicht codierenden Introns. Was macht man nun? Die Introns rausschneiden! Das Ganze ist Teil der Reifung unserer prä-mRNA zur fertigen mRNA.

Reifung der prä-mRNA

5'-Cap

Die frisch hergestellte prä-mRNA muss es nun aus dem Kern zum Ribosom schaffen – wenn möglich, ohne abgebaut zu werden. Dafür knüpft die Zelle an das 5'-Ende der prä-mRNA ein Nukleotid namens **7-Methyl-guanosin.** Diese Gruppe wird als **Cap** und das Anheften der Gruppe als Capping bezeichnet. Die Cap erfüllt gleich mehrere Funktionen:

- Sie signalisiert der Zelle, dass die mRNA, die die Kappe trägt, nicht abgebaut werden darf, sondern aus dem Kern ins Zytoplasma exportiert werden soll.
- Außerdem interagiert die Cap mit dem Ribosom und sorgt dafür, dass die mRNA auch tatsächlich erkannt wird.

Poly-A-Ende

Auch das 3'-Ende der mRNA muss vor dem Abbau geschützt werden. Dafür gibt es ein Enzym, das eine bestimmte Sequenz auf der prä-mRNA erkennt und dann **50–200 Adenosinreste** anhängt.

Spleißen

Damit man auch wirklich von einer reifen mRNA sprechen kann, müssen noch die Introns entfernt werden. Dies geschieht in einem Prozess, der Spleißen genannt wird. Das Spleißen findet an den Spleißosomen statt. Dabei handelt es sich um Strukturen im Zellkern (also gewissermaßen ein Organell in einem Organell), die aus spezieller RNA **(small nuclear RNA)** und Proteinen bestehen. Die Reaktionen am Spleißosom führen dazu, dass die Introns zunächst sog. Lasso-Strukturen bilden und dann abgespalten werden. Die abgespaltenen Introns können sogar noch innerhalb des Kerns abgebaut werden und die fertige mRNA ist somit ein gutes Stück kürzer als die ursprüngliche prä-mRNA.

Genetischer Code und Translation

Die reife mRNA verlässt nun den Zellkern und gelangt ins Zytoplasma. Dort lagern sich eine große und eine kleine ribosomale Untereinheit an der mRNA zusammen und bilden ein Ribosom.

Genetischer Code

Die Ribosomen lesen die Sequenz der mRNA immer in Päckchen aus drei Basen **(Tripletts** bzw. **Codons).** Jedes Codon steht dabei für eine bestimmte Aminosäure, z. B. sagt die Basenfolge **AUG** dem Ribosom, dass nun **Methionin** ins Protein eingebaut werden muss. Dabei werden viele Aminosäuren durch mehrere Codons codiert. Warum sind oft mehrere Codons einer Aminosäure zugeordnet? Weil es mehr Kombinationsmöglichkeiten als proteinogene Aminosäuren gibt. In einem Triplett kann an jeder Position eine der vier Basen der RNA stehen. Folglich **existieren $4 \times 4 \times 4$ also 64 Kombinationsmöglichkeiten.** Da es beim Menschen nur **21 proteinogene Aminosäuren** gibt, können wir eine Aminosäure mehrfach codieren.

Ihr müsst natürlich nicht alle Codons auswendig können, denn dafür gibt es **Code-Sonnen.** Liest man sie von innen nach außen, erhält man die Basensequenz, die die jeweilige Aminosäure codiert

(Anhang, Abb. 53.2). Einige Codons muss man allerdings erkennen können – und zwar die, die dem Ribosom sagen, dass es loslegen muss und die, bei denen das Ribosom weiß, dass die Arbeit getan ist.

- Das Codon **AUG** steht für die **Aminosäure** Methionin und zeigt dem Ribosom, dass jetzt die Sequenz der mRNA beginnt, aufgrund der das Protein synthetisiert wird. Man bezeichnet AUG deshalb auch als **Start-Codon.**
- Die **Stopp-Codons** zeigen dem Ribosom, dass es nun keine Aminosäuren mehr verknüpfen muss, entsprechend codieren sie auch für keine Aminosäure. Es gibt drei Stopp-Codons: **UGA, UAA** und **UAG.**

> **AU**f **G**eht's **ME**hr Protein!
> Das Start-Codon **AUG** codiert **ME**thionin!

Wenn der Start der Translation durch das Codon AUG markiert wird und AUG für Methionin steht, müsste jedes Protein unserer Zellen mit Methionin beginnen, oder? Nein, denn die Proteine werden noch nach der Translation verändert **(posttranslational modifiziert).** Dabei können u. a. einzelne Aminosäuren oder ganze Sequenzen abgespalten werden, sodass es in unseren Zellen nicht ganz so eintönig aussieht.

Translation

Damit das Ribosom nun anhand der mRNA Aminosäuren aneinanderknüpfen kann, müssen die Aminosäuren zu ihm gelangen. Hierfür gibt es spezielle RNAs, die **tRNAs** (Anhang, → Abb. 53.3). Das T steht dabei aber nicht etwa für „Translation" oder ihre Struktur (die wird nämlich als „kleeblattartig" bezeichnet), sondern für **„transfer"**, also ihre Funktion. Jede tRNA wird von einem Enzym namens **Aminoacyl-tRNA-Synthetase** mit einer Aminosäure beladen – aber nicht jede Aminosäure passt zu jeder tRNA. Auf der tRNA gibt es nämlich auch bedeutsame Tripletts, sog. **Anticodons.** Diese Anticodons sind komplementär zu den Codons auf der mRNA. Entsprechend wird also die tRNA, die das passende Anticodon zu AUG (UAC) enthält, mit Methionin beladen (schließlich codiert AUG für Methionin).
Gelangt das Ribosom nun auf der mRNA zum Codon AUG, kommt die passende tRNA dazu und bindet mit ihrem Anticodon an das Codon der mRNA. Die tRNA fungiert also als eine Art Adapter. Wenn nun das Ribosom weiterrückt und die tRNA, die zum nächsten Codon passt, dazukommt, kann es eine Peptidbindung zwischen den Aminosäuren knüpfen (→ Abb. 29.3). So geht es weiter, bis das Ribosom auf ein Stopp-Codon stößt und von der mRNA abdissoziiert.

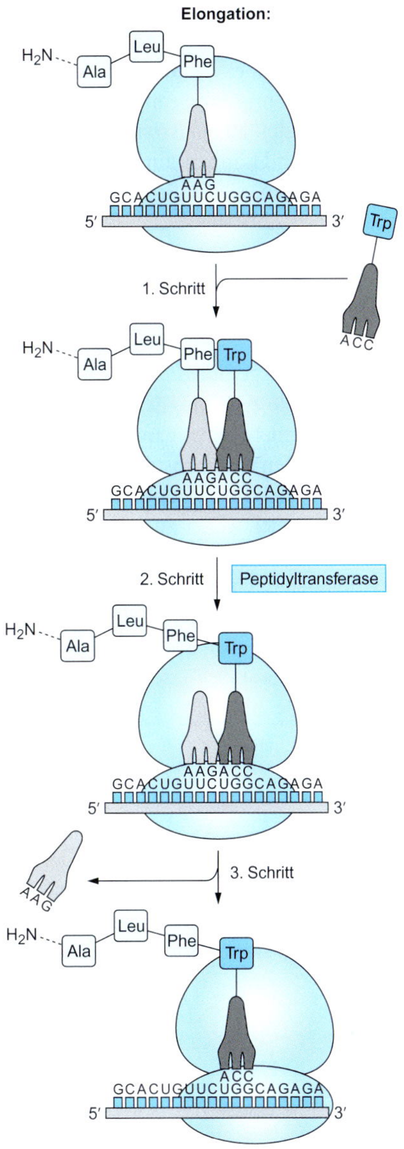

Abb. 29.3 Translation [L253]

Die verschiedenen RNAs

Einige der verschiedenen RNAs haben wir bereits in diesem Kapitel kennengelernt, von den anderen solltet ihr trotzdem gehört haben (→ Tab. 29.1).

Tab. 29.1 RNAs

RNA	Funktion
hnRNA/prä-mRNA (heterogeneous nuclear RNA)	unmittelbares Produkt der Transkription
mRNA (messenger RNA)	entsteht durch Reifung der prä-mRNA und wird bei der Translation als Vorlage zur Synthese des Proteins genutzt
tRNA (transfer RNA)	bringt Aminosäuren zum Ribosom
rRNA (ribosomal RNA)	Bestandteil der Ribosomen
snRNA (small nuclear RNA)	Bestandteil des Spleißosoms, hilft bei der Reifung der prä-mRNA
miRNA (micro RNA)	kann Abbau von mRNA auslösen und reguliert auf diese Weise die Proteinbiosynthese nach der Transkription

Zusammenfassung

- Bei der Transkription entsteht eine RNA, bei der Translation ein Protein.
- Beim Spleißen werden die Introns aus der prä-mRNA entfernt.

Zellzyklus

In diesem Kapitel befassen wir uns mit den „Meilensteinen" im Leben einer Zelle: Wir betrachten, wie sich eine Zelle teilt und welche Vorbereitungen dafür nötig sind, werfen einen Blick auf die Entstehung von Spermien und Eizellen, um uns dann mit dem unausweichlichen Ende des Lebens der Zellen zu befassen.
Zellen entstehen durch Zellteilung und können durch Zellteilung Nachkommen bilden. Es ist nur logisch, diesen Prozess als Kreislauf, den **Zellzyklus,** darzustellen (→ Abb. 30.1, → Tab. 30.1).

G0-Phase

Wenn wir uns eine Zelle vorstellen, die gerade durch Zellteilung (Mitose) entstanden ist, hat diese Zelle zwei Möglichkeiten. Hat sie nicht das Ziel, sich noch einmal zu teilen, tritt sie in die **G0-Phase** ein. Die G0-Phase stellt gewissermaßen den „Austritt" aus dem Zellzyklus dar. Die Zelle geht zwar noch ihren Funktionen nach, trifft aber keine Vorbereitungen, um sich weiter zu vermehren. In machen Geweben verharren die Zellen, egal was passiert, in der G0-Phase und gehen ihren Aufgaben nach, bis sie sterben (man spricht von **terminaler Differenzierung**). Andere Zellen sind flexibler: Sie können bei Bedarf (z. B. wenn Zellen in der Nachbarschaft geschädigt werden oder sterben) aus der G0-Phase in den Zellzyklus zurückkehren und sich weiter teilen.

G1-Phase

Nehmen wir an, unsere Zelle will sich sofort weiter teilen oder hat sich nach einem kurzen Ausflug in die G0-Phase wieder „besonnen". Sie tritt nun in die **G1-Phase** ein, die die Verdopplung der DNA ermöglicht. Diese Verdopplung ist notwendig, damit beide Tochterzellen, die bei der Mitose entstehen, über eine vollständige Erbinformation verfügen.
Die G1-Phase ist die längste Phase des Zellzyklus. Wie lang sie tatsächlich dauert, hängt stark vom Gewebetyp ab. Da im Physikum bereits einmal nach dem Zellzyklus einer Bindegewebszelle **(Fibroblast)** gefragt wurde, solltet ihr euch deren Zellzyklus grob einprägen. Der gesamte Zyklus dauert ungefähr einen Tag (22–24 h) und auf die G1-Phase entfällt natürlich der größte Anteil, ca. 9 h. Während der G1-Phase verfügt die Zelle über einen **diploiden Chromosomensatz** (23 Chromosomenpaare = 46 Chromosomen, je eins von Vater und Mutter). Da jedes Chromosom eines Paars aus je einem DNA-Strang, einem Chromatid, besteht, liegt ein Gen in doppelter Ausfertigung vor. Man schreibt folglich **2n** (diploider Chromosomensatz) **2c** (Gen liegt doppelt vor).
Den Abschluss der G1-Phase bildet der **G1-Kontrollpunkt** (→ Abb. 30.2). Ihr könnt euch vorstellen, dass in der langen G1-Phase viel schiefgehen kann. Es wäre ziemlich problematisch, wenn Mutationen in der DNA, die während dieser Phase entstanden sind, in der anschließenden Synthesephase verdoppelt werden, sodass beide Tochterzellen die fehlerhafte DNA in sich tragen. Aus diesem Grund prüft die Zelle am Ende der G1-Phase, ob alles stimmt. Wird die Zelle für „würdig befunden", bekommt sie ein Signal und darf den Zellzyklus weiter durchlaufen. Finden sich Fehler, muss die Zelle in die G0-Phase eintreten oder es kommt zum kontrollierten Zelltod, der **Apoptose.**

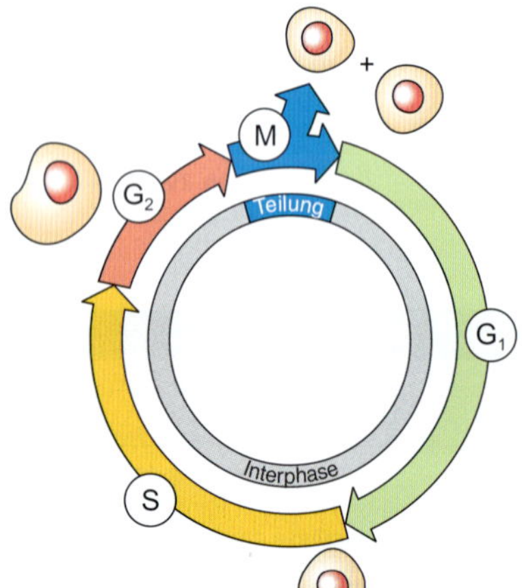

Abb. 30.1 Der Zellzyklus [L253]

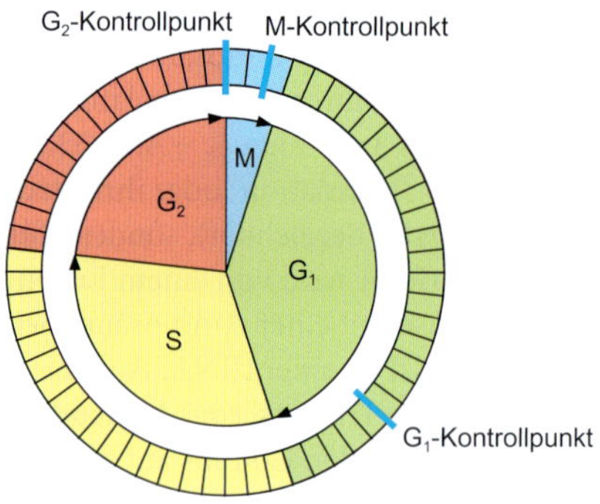

Abb. 30.2 Kontrollpunkte des Zellzyklus [L253]

Tab. 30.1 Überblick über den Zellzyklus

Phase	Funktion	Kontrollpunkt	DNA-Gehalt	Dauer beim Fibroblasten
G1 (Gap)	Protein- und RNA-Synthese für Verdopplung der DNA, Wachstumsphase	ja	2n2c	9 h
S (Synthese)	Verdopplung der DNA		am Anfang 2n2c, am Ende 2n4c	7 h
G2 (Gap)	Kontrolle der DNA vor Mitose	ja	2n4c	5 h
Mitose	Teilung der Zelle	ja (Metaphasenkontrollpunkt)	am Anfang 2n4c, am Ende 2n2c	1 h
G0 (Gap)	gewebsspezifische Aufgaben	nein	2n2c	bis Zelltod oder Rückkehr in G1-Phase

S-Phase

Der nächste Schritt ist die **Synthese-Phase.** Hier kommt es zur Verdopplung der DNA. Wie wir bereits gelernt haben, entstehen dabei aber nicht etwa 92 Chromosomen, sondern unsere 46 Chromosomen bestehen nun aus **zwei Chromatiden.** Wir haben also immer noch einen **diploiden Chromosomensatz (2n),** wobei die beiden Chromosomen eines homologen Chromosomenpaars nun aus je zwei Chromatiden bestehen. Folglich gibt es in der Zelle 2 × 2, also 4 Kopien eines Gens **(4c).** Die Verdopplung der DNA wird **Replikation** genannt.

Die **S-Phase** ist die **zweitlängste Phase des Zellzyklus** und dauert beim Fibroblasten etwa 7 h.

G2-Phase

Da auf die **G2-Phase** die Mitose folgt, muss die Zelle in diesem Abschnitt des Zellzyklus sämtliche Vorbereitungen abschließen. Dazu gehört auch, sicherzustellen, dass die DNA der Zelle nach wie vor fehlerfrei vorliegt. Es ist also Zeit für einen weiteren Kontrollpunkt, um zu entscheiden, ob die Zelle sich endlich teilen darf (→ Abb. 30.2).
Da das Herstellen von DNA aufwendiger ist als das Kontrollieren, ist die G2-Phase kürzer als die G1- bzw. die S-Phase. Beim Fibroblasten dauert sie rund 5 h.
Der DNA-Gehalt der Zelle ist immer noch **2n4c.**

Mitose

Nun teilt sich die Zelle endlich. Wenn man sich anschaut, wie lange sie darauf hingearbeitet hat, ist die Mitose fast schon enttäuschend kurz: Beim Fibroblasten dauert sie nur ca. 1 h.

Der DNA-Gehalt nach der Mitose ist **2n2c.**

Das entspricht dem DNA-Gehalt in der G1/G0-Phase, was auch passt, denn schließlich tritt die Zelle nach der Teilung wieder in eine dieser Phasen ein. Bei der Mitose werden die Chromosomen geteilt und jede Tochterzelle bekommt ein Chromatid von jedem Chromosom. Eine Tochterzelle enthält also wieder 2 × 23 = 46 Chromosomen. Da es sich aber nur noch um Ein-Chromatid-Chromosomen handelt, ist der DNA-Gehalt nur noch 2n2c.
Übrigens: Auch während der Mitose gibt es einen Kontrollpunkt. Er überwacht unter anderem die Trennung der 2-Chromatid-Chromosomen und wird **Metaphasen-Kontrollpunkt** genannt.
Gelegentlich wird auch der Begriff **Interphase** verwendet. Damit bezeichnet man die Phase zwischen (daher der Name) den Zellteilungen. Anders gesagt: G1-, S- und G2-Phase kann man als Interphase zusammenfassen.

Zusammenfassung

- Der Zellzyklus besteht aus G1-, S-, G2- und M-Phase.
- Die G0-Phase ist gewissermaßen der Austritt aus dem Zellzyklus.

Replikation

Die **Replikation** der DNA findet während der S-Phase des Zellzyklus statt. Es gibt einige Parallelen zur Transkription, allerdings ist die Sache hier etwas komplizierter: Da nicht nur ein vergleichsweise kurzes Gen kopiert wird, sondern das gesamte Genom einer Zelle, braucht es in jedem Fall mehrere Enzyme, von denen jedes an einem anderen Ort anfängt zu arbeiten. Diese Orte werden **Origins of Replication (ORI)** genannt – beim Bakteriengenom reicht oft nur ein einzelner ORI (→ Abb. 31.1).

Das Enzym, das die DNA repliziert, heißt **DNA-Polymerase.** Im Gegensatz zur RNA-Polymerase ist sie aber nicht in der Lage, den DNA-Doppelstrang zu entwinden, besitzt also keine Helikase-Aktivität. Glücklicherweise gibt es aber ein anderes Enzym, das die DNA-Stränge trennen kann, und es heißt passenderweise **DNA-Helikase.** Dieses Enzym trennt die Stränge wie einen Reißverschluss. Aufgrund des Aussehens der teilweise getrennten Stränge spricht man auch von **Replikationsgabeln.** Damit die Einzelstränge nicht wieder spontan Wasserstoffbrückenbindungen zueinander ausbilden und sich zusammenlagern (der Fachbegriff dafür lautet **„Annealing"**), gibt es Proteine, die **Single-Stranded Binding Proteins** genannt werden, und die getrennten Stränge stabilisieren.

Es gibt noch einen weiteren Unterschied zwischen DNA- und RNA-Polymerase. Während die RNA-Polymerase sofort anfangen kann, Nukleotide zu einem RNA-Molekül zu verknüpfen, benötigt die DNA-Polymerase eine kurze **RNA-Sequenz (Primer),** um daran anzuknüpfen. Das Enzym, das die Primer synthetisiert, trägt beim Prokaryonten den treffenden Namen **Primase.** Beim Eukaryonten übernimmt die **DNA-Polymerase α** die Synthese der Primer.

Nun gibt es ein kleines Problem: Die Helikase läuft den Doppelstrang in eine Richtung ab und trennt ihn dabei auf. Die DNA-Polymerase kann aber die Nukleotide, wie die RNA-Polymerase auch, nur von 5' nach 3' verknüpfen. Entsprechend kann sie nur an einem Strang der Helikase folgen und kontinuierlich Nukleotide aneinanderhängen. Den Strang, an dem diese kontinuierliche DNA-Synthese erfolgt, bezeichnet man als **Leitstrang** (→ Abb. 31.2).

Am anderen Strang, dem **Folgestrang,** ist die Sache nicht ganz so einfach: Die DNA-Polymerase kann auch hier nur von 5' nach 3' arbeiten und läuft entgegengesetzt zur Helikase. Folglich stößt sie ziemlich bald auf den noch nicht getrennten DNA-Doppelstrang und kann nicht weiterarbeiten. Die Lösung: Sobald die Helikase weitergewandert ist, wird dort ein Primer synthetisiert und die DNA-Polymerase verbindet so lange Nukleotide, bis sie auf das Fragment trifft, das sie davor synthetisiert hat.

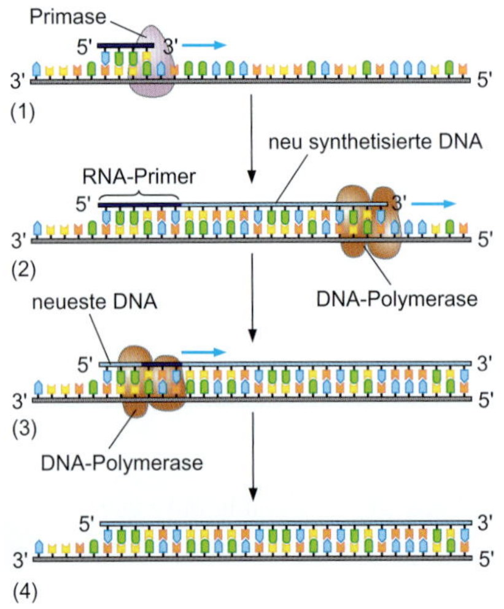

Abb. 31.1 Beginn der DNA-Replikation [L253]
(1) Die Replikation startet mit einem RNA-Primer.
(2) Eine DNA-Polymerase verknüpft DNA-Nukleotide in 5'-3'-Richtung.
(3) Eine andere DNA-Polymerase ersetzt den Primer durch DNA.
(4) Die DNA, die am Ort des ehemaligen Primers sitzt, wird mit dem Rest der neu-synthetisierten DNA verbunden und das neue Molekül ist fertig.

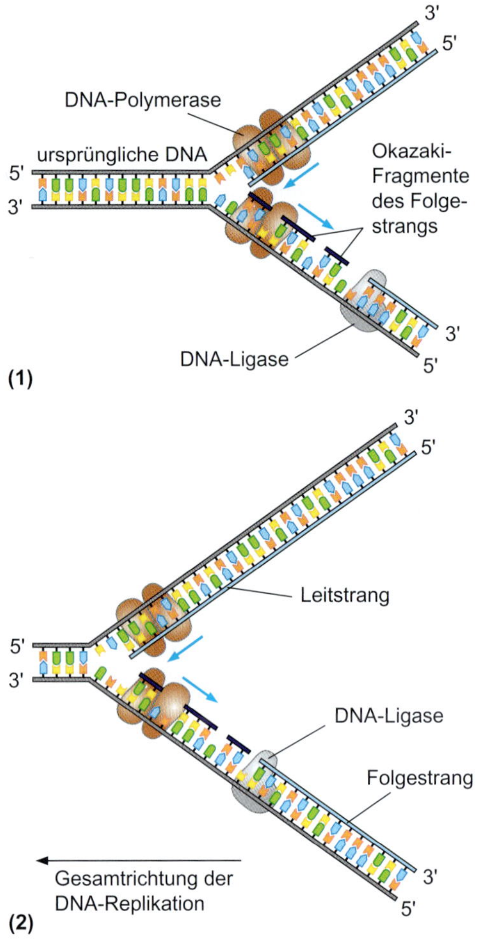

Abb. 31.2 Replikation der DNA am Leit- und Folgestrang [L253]
(1) Die DNA-Polymerase verlängert den neuen Strang in 5'-3'-Richtung; der Leitstrang wird dabei durchgehend synthetisiert. Am Folgestrang werden die Okazaki-Fragmente in 5'-3'-Richtung synthetisiert und (2) im Anschluss durch die Ligase verbunden.

Es entstehen also Fragmente aus DNA, die von den RNA-Primern unterbrochen sind. Man bezeichnet sie auch als **Okazaki-Fragmente.** Beim Eukaryonten sind die Okazaki-Fragmente zwischen 1 000 und 2 000 Nukleotide lang, beim Prokaryonten sind sie kürzer. Zum Abschluss der Replikation werden die Primer entfernt und durch DNA ersetzt. Nun müssen noch sämtliche Fragmente verbunden werden, was Aufgabe der **DNA-Ligase** ist (→ Abb. 31.2). Die neu synthetisierten Doppelstränge bestehen also zu einer Hälfte aus neu synthetisierter DNA, zur anderen Hälfte aus dem alten Strang, der bei der Replikation als Matrize gedient hat. Man bezeichnet den Replikationsmechanismus deshalb auch als **semikonservativ.**

Mitose

Nachdem die DNA repliziert und in der G2-Phase für fehlerfrei befunden wurde, kommt es im Anschluss zur Zellteilung.

Im Fokus steht dabei zunächst die Teilung des Nukleus und danach werfen wir einen Blick auf die Teilung der gesamten Zelle **(Zytokinese).**

Die Mitose wird, wie auch der Zellzyklus, in mehrere Phasen gegliedert.

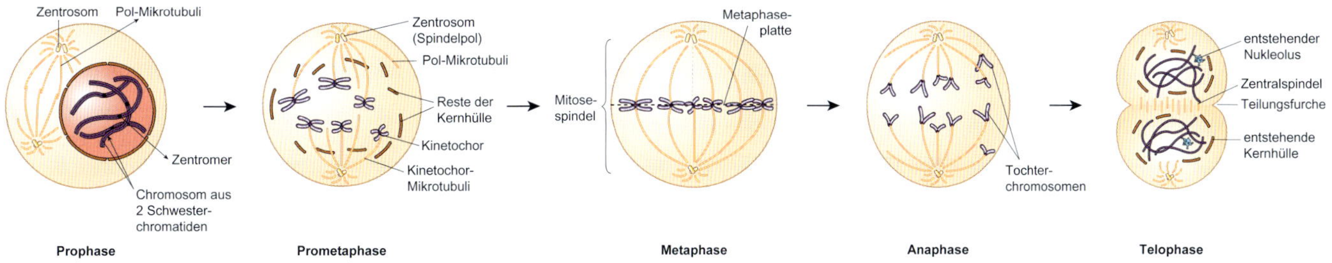

Abb. 31.3 Mitose: Prophase, Prometaphase, Metaphase, Anaphase, Telophase [L253]

Prophase

Um euch zu merken, was in der Mitose passiert, müsst ihr euch fragen: Was würdet ihr tun, wenn ihr die Zelle wärt und euch teilen müsstet?

Das Folgende passiert in der **Prophase** (→ Abb. 31.3) der Mitose:

- **Verdichtung der Chromosomen:** Nur wenn die DNA kondensiert, kann sie gut zu den Zellpolen gezogen werden!
- **Teilung der Zentriolen:** Wenn beide Zentriolen zusammen irgendwo im Zytoplasma herumschwimmen, sind sie bei der Kernteilung keine große Hilfe. Deshalb wandern sie als Erstes zu den Zellpolen.
- **Auflösung des Nukleolus:** Der Nukleolus „verschwindet" im Rahmen der Prophase. Er wird erst wieder wichtig, wenn die Tochterzellen entstanden sind und neue Proteine synthetisieren wollen.

Prometaphase

Viele Lehrbücher unterscheiden zwischen Pro- und Metaphase noch eine **Prometaphase** (→ Abb. 31.3). Dabei werden die Vorgänge, die in der Prophase begonnen wurden, weitergeführt:

- Von den Zentriolen ausgehend entsteht die **Mitosespindel.**
- Die Kernmembran löst sich auf (sonst könnte der Spindelapparat schließlich nicht an die Chromosomen binden).

Metaphase

In der **Metaphase** (→ Abb. 31.3) sind die Vorbereitungen abgeschlossen:

- Die Zentriolen sind an den Zellpolen angelangt, der Spindelapparat ist fertig ausgebildet und mit den Kinetochoren der maximal kondensierten Chromosomen verbunden.
- Die Chromosomen ordnen sich in einer Form an, die man **Metaphasenplatte** nennt. Diese Anordnung ist ideal, um die Schwesterchromatiden der einzelnen Chromosomen zu trennen.

Anaphase

In der **Anaphase** (→ Abb. 31.3) geht es jetzt richtig los:

- Die Chromosomen werden an den **Zentromeren** getrennt, sodass die beiden Chromatiden (die ja identische Informationen enthalten) zu den Zellpolen gezogen werden können.
- Die Bewegung der Chromosomen zu den Zellpolen ist eine Kombination aus der Verkürzung der Mikrotubuli der Mitosespindel und der Arbeit der Motorproteine am Kinetochor. Andere Mikrotubuli werden dagegen verlängert und verschoben, sodass sie auf diese Weise dafür sorgen, dass sich die Zellpole weiter voneinander entfernen.

Telophase

In der **Telophase** gilt es nun, die Tochterzellen einsatzbereit zu machen (→ Abb. 31.3). Die DNA muss geschützt werden und die Zelle beginnt mit den Vorbereitungen, um die Proteinbiosynthese wieder aufnehmen zu können:

- Die Mitosespindel löst sich auf.
- Die Kernhüllen setzen sich wieder zusammen. Es wird angenommen, dass hierfür besonders Lamin B wichtig ist.
- Die Chromosomen dekondensieren, denn an stark verdichteter DNA können die Enzyme (z. B. die RNA-Polymerasen) natürlich nicht arbeiten.
- Der Nukleolus formiert sich wieder: Die Zelle braucht neue rRNA für ihre Ribosomen.

Zytokinese

Bisher haben wir uns auf die Teilung des Kerns beschränkt, aber jetzt ist es Zeit einen Blick auf die **Zytokinese,** die Teilung des Zytoplasmas, zu werfen. Sie ist nicht etwa ein weiterer Schritt der Mitose, sondern beginnt bereits in der Telophase. Schließlich soll der Zeitraum, in dem sich die Zelle mit der Teilung beschäftigt und keine Proteine synthetisieren kann, möglichst kurz gehalten werden.

Um die Zelle zu teilen, bildet sich ungefähr dort, wo vorher die Metaphasenplatte war, ein kontraktiler Ring. Wann immer in der Zellbiologie von **„kontraktil"** die Rede ist, kann man darauf wetten, dass Aktin- und Myosin-Filamente beteiligt sind – so auch bei der Zytokinese.

Diese Filamente gleiten nun aneinander vorbei, sodass eine Furche entsteht, die immer tiefer wird, bis sich die zwei Tochterzellen voneinander abschnüren.

Zusammenfassung

- Bei der Replikation wird die DNA verdoppelt.
- In der Mitose entstehen diploide Tochterzellen.
- Die Phasen der Mitose sind Prophase, Prometaphase, Metaphase, Anaphase und Telophase.

Meiose, Oo- und Spermatogenese

Euch ist sicherlich aufgefallen, dass die Zellen während der Mitose dauerhaft einen diploiden Chromosomensatz (2n) beibehalten. Und wie wir wissen, müssen zwei Zellen, Spermium und Eizelle, miteinander verschmelzen, damit der Mensch Nachkommen hervorbringen kann. Wenn nun zwei diploide Zellen miteinander verschmelzen, wären diese Nachkommen **tetraploid.** Deren Nachkommen wären dann **oktaploid** etc.
Damit das nicht passiert, entstehen in den Hoden und Eierstöcken des Menschen aus diploiden Zellen die **haploiden Keimzellen (Gameten),** also Eizellen und Spermien. Verschmelzen diese bei der Befruchtung, entsteht wieder eine diploide Zelle **(Zygote),** aus der sich der neue Mensch entwickelt. Die Erzeugung dieser Keimzellen ist Aufgabe der **Meiose,** die natürlich nur in den genannten Geweben stattfindet (→ Abb. 32.1).
Vor der Meiose kommt es ebenfalls zur Verdopplung der DNA (der DNA-Gehalt ist also **2n4c**), sodass die Ausgangssituation quasi die gleiche wie zu Beginn der Mitose ist.

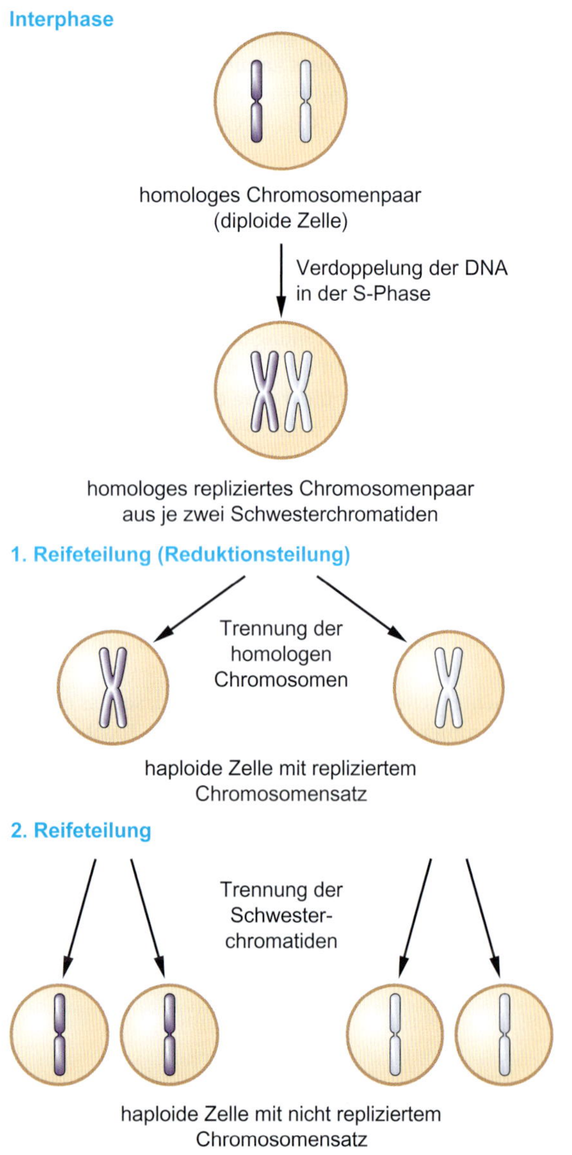

Abb. 32.1 Prinzip der Meiose [L253]

1. Reifeteilung

Der erste Teil der Meiose unterscheidet sich deutlich von der Mitose.

> In der ersten Reifeteilung werden die **Chromatiden nicht getrennt,** sondern die Chromosomen werden als Ganzes zu den Zellpolen gezogen. Der DNA-Gehalt der **Tochterzellen** beträgt **1n2c.**

1. **Prophase I:** Die Prophase I der 1. Reifeteilung ist vergleichsweise komplex (→ Abb. 32.2):
Im Anschluss gibt es einen Unterschied zwischen **Oogenese** (der Bildung der Eizellen) und **Spermatogenese** (der Bildung der Spermien): Die Bildung der Eizellen kann nach dem Crossing Over in ein Ruhestadium eintreten, indem die Eizellvorläufer solange verharren, bis sie benötigt werden. Die Entstehung der Spermien läuft dagegen weiter.
Zum Abschluss der Prophase I löst sich, wie bei der Mitose, die Kernmembran auf und der Nukleolus verschwindet.
Wie bei der Mitose auch kommt es zunächst zur Verdichtung der DNA. Nun passiert aber etwas Seltsames: Die homologen Chromosomen lagern sich zusammen, sodass nun nicht mehr 46 2-Chromatid-Chromosomen vorliegen, sondern 23 **Bivalente** bzw. **Tetraden,** also Strukturen aus vier Chromatiden. Die Chromosomen sind dabei durch den **Synaptonemalkomplex** verbunden. Im Rahmen dieser Anordnung kann es sogar dazu kommen, dass die Chromosomen eines Paars Teile ihrer Erbinformation austauschen, was als **Crossing Over** bezeichnet wird.
1. **Metaphase I:** Wie bei der Mitose ordnen sich die Chromosomen in der Metaphasenplatte an und die Mikrotubuli der Mitosespindel binden an die Kinetochore (→ Abb. 32.2).
2. **Anaphase I:** In der Anaphase kommt es zu einem weiteren wichtigen Unterschied zur normalen Mitose (→ Abb. 32.2). Es findet keine Trennung der Chromatiden eines Chromosoms am Zentromer statt, sondern die **homologen Chromosomenpaare** werden getrennt. Beispielsweise wird die väterliche Version von Chromosom 19 zu einen Zellpol und die mütterliche Version zum anderen Zellpol gezogen. Jedes Chromosom besteht also immer noch aus zwei Chromatiden, aber jede Tochterzelle erhält eben nur 23 statt 46 Chromosomen. Die Verteilung der Chromosomen auf die Tochterzellen erfolgt zufällig, sodass die Zelle, die das mütterliche Chromosom 19 erhalten hat, sowohl das mütterliche als auch das väterliche Chromosom 20 bekommen kann. Da der Chromosomensatz der Tochterzellen nur noch **haploid** ist, bezeichnet man die erste Reifeteilung auch als **Reduktionsteilung.**
3. **Telophase I:** Wie in der Mitose setzt sich die Kernhülle wieder zusammen (→ Abb. 32.2). Parallel dazu kommt es zur **Zytokinese,** sodass sich die zwei Tochterzellen trennen.

> Während der ersten Reifeteilung **bleiben die Schwesterchromatiden zusammen!**

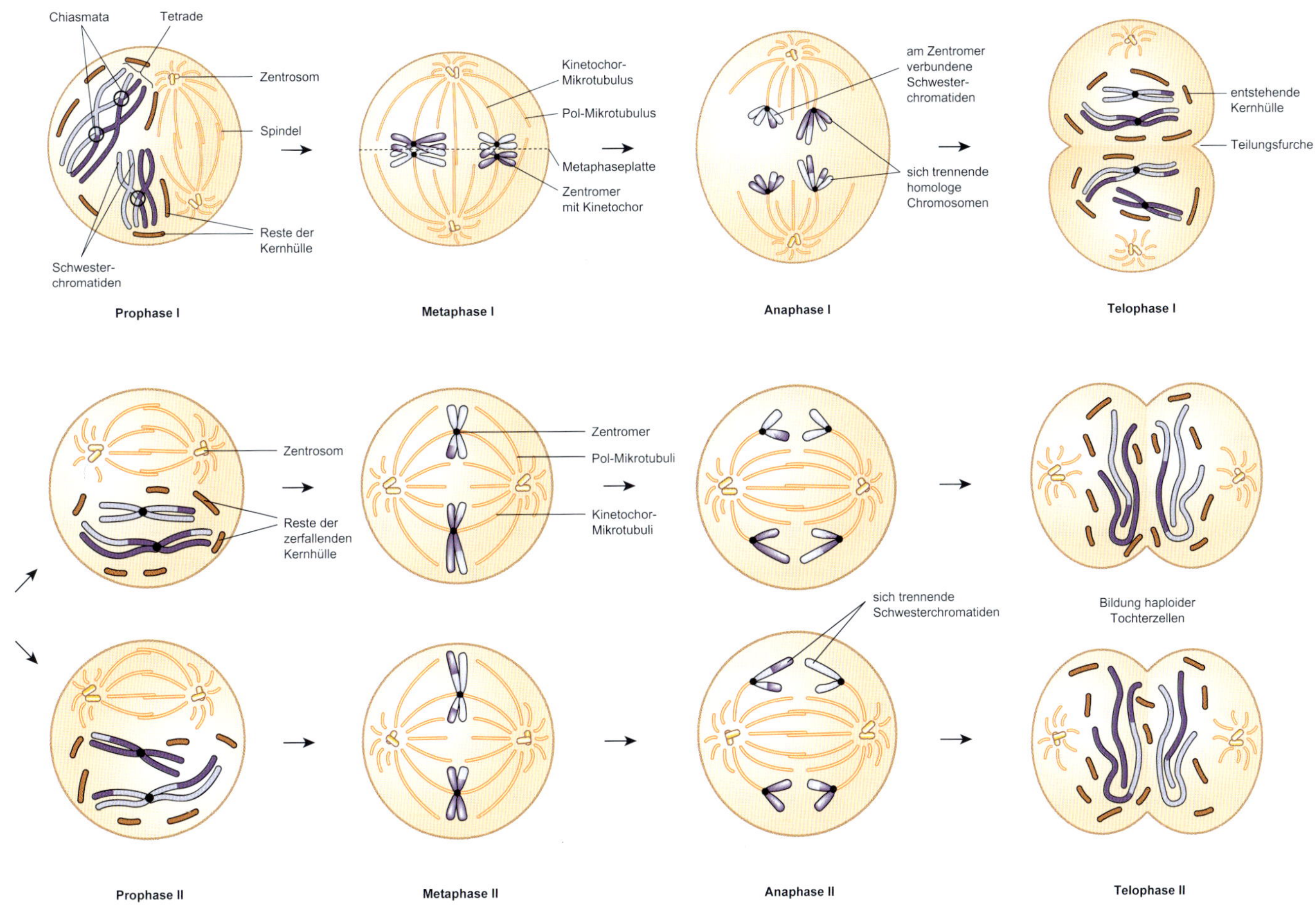

Abb. 32.2 Meiose: Prophase I, Metaphase I, Anaphase I, Telophase I; Prophase II, Metaphase II, Anaphase II, Telophase II [L253]

2. Reifeteilung

Auf die 1. Reifeteilung folgt die 2. Reifeteilung, ohne dass die DNA noch einmal verdoppelt wird. Die zweite Reifeteilung läuft dabei genauso ab wie eine normale Mitose (→ Abb. 32.2), nur eben mit 23 2-Chromatid-Chromosomen und nicht 46. In der Anaphase werden die Schwesterchromatiden getrennt und die entstehenden Tochterzellen haben den DNA-Gehalt **1n1c.** Nach der zweiten Reifeteilung, die auch **Äquationsteilung** genannt wird, ist die Meiose abgeschlossen. Die Erzeugung der Keimzellen im Allgemeinen wird übrigens **Gametogenese** genannt.

Oogenese

Die Zellen, aus denen die Eizellen entstehen, heißen **Oozyten 1. Ordnung.** Die Reifeteilung sämtlicher Oozyten 1. Ordnung beginnt zwar schon in der Embryonalzeit, wird aber direkt in der **Prophase** angehalten (Diktyotän). Mit der Pubertät entwickeln sich einige Eizellen weiter und treten als **Oozyte 2. Ordnung** in die 2. Reifeteilung ein. Die zweite Reifeteilung wird ebenfalls angehalten (diesmal aber in der **Metaphase**) und erst **nach der Befruchtung** vollendet. Entsprechend durchlaufen nur sehr wenige Eizellen tatsächlich die komplette Meiose (→ Abb. 32.3).
Ein weitere Besonderheit der Oogenese: Normalerweise müssten aus einer Zelle bei zwei Reifeteilungen 4 Zellen entstehen. Bei der Oogenese entsteht jedoch nur eine Zelle. Die übrigen drei Tochterzellen degenerieren und werden zu **Polkörpern.**

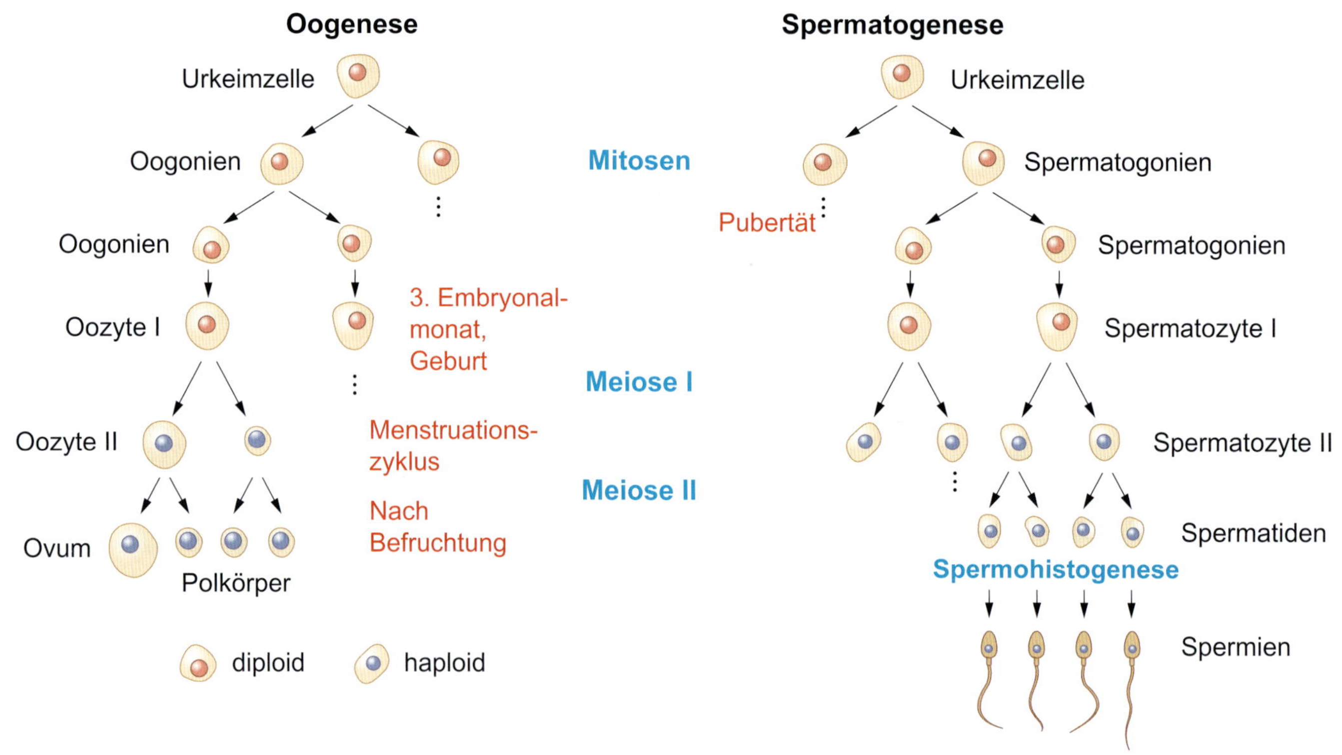

Abb. 32.3 Schematischer Ablauf von Oogenese und Spermatogenese [L253]

Spermatogenese

Die Zellen, die in die Spermatogenese eintreten, heißen, analog zur Oogenese, **Spermatozyten 1. Ordnung.** Die Produkte der ersten Reifeteilung werden **Spermatozyten 2. Ordnung** genannt, denn sie treten in die 2. Reifeteilung ein. Anders als bei der Oogenese entstehen aus einem Spermatozyten 1. Ordnung tatsächlich **4 Spermatiden** (→ Abb. 32.3).
Übrigens: Spermatiden und Spermien sind nicht dasselbe! Im Hoden reifen die Spermatiden zu Spermien heran.
Die wichtigsten Strukturen der reifen Spermien solltet ihr kennen:

- **Kopf:** Der Kopf des Spermiums enthält den haploiden Chromosomensatz und das **Akrosom** (eine Art Lysosom), das das Durchdringen der **Zona pellucida** der Eizelle ermöglicht.
- **Mittelstück:** Im Mittelstück finden sich viele **Mitochondrien,** die ATP produzieren und so den Energiebedarf für die Fortbewegung des Spermiums decken.
- **Schwanzteil:** Im Schwanz des Spermiums finden sich **Mikrotubuli,** die dessen Fortbewegung ermöglichen.

Die Reifung der Spermien endet übrigens erst im weiblichen Genitaltrakt mit einem Vorgang, der **Kapazitation** genannt wird. Bei diesem Prozess wird der Glykoproteinüberzug vom Kopf entfernt und einige Proteine werden aktiviert, was die Verschmelzung von Ei- und Samenzelle ermöglicht.
Zum Abschluss noch ein schon einmal gefragter Fakt: Tritt während der Bildung der Keimzellen eine Mutation auf, betrifft diese nur die Nachkommen dieser Vorläuferzelle und nicht zwingend alle fertigen Keimzellen. Es entsteht ein **Keimzellmosaik** aus mutierten und nicht-mutierten Keimzellen.

Zusammenfassung

- In der Meiose entstehen haploide Keimzellen.
- In der ersten Reifeteilung werden die Chromatiden nicht getrennt, sondern die Chromosomen werden als Ganzes zu den Zellpolen gezogen.
- Die zweite Reifeteilung läuft genauso ab wie eine normale Mitose.

Die Mendelschen Regeln

In diesem Kapitel befassen wir uns mit den Regeln der Vererbung. Es lohnt sich, Zeit ins Verständnis der Inhalte zu investieren, da man sich so sehr viel stures Faktenpauken ersparen kann.
Die **Mendelschen Regeln** eignen sich gut, um sich ein solides Vokabular an genetischen Fachbegriffen anzueignen.
Wir wissen bereits, dass ein **Gen** ein Abschnitt der DNA ist, der für aktive RNAs oder Proteine codiert. Ein Gen sitzt immer an einem bestimmten Ort auf dem Chromosom, den man in der Genetik als **Locus** bezeichnet.
Nun kann ein Gen aber verschiedene Zustandsformen bzw. Ausprägungen haben. Nehmen wir an, dass sich an einem bestimmten Locus ein Gen für eure Haarfarbe befindet. Da wir Menschen über einen diploiden Chromosomensatz verfügen, ist dieses Gen zweimal vorhanden, einmal von eurer Mutter und einmal von eurem Vater. Diese zwei Gene sind allerdings nicht völlig identisch. Sie codieren zwar beide für das Merkmal Haarfarbe, unterscheiden sich aber geringfügig in ihrer Basensequenz. Diese Unterschiede führen zu unterschiedlichen Ausprägungen des Merkmals, z. B. blond und schwarz.

Die Ausprägungen eines Gens bezeichnet man als **Allele.** Welche Allele wir in unseren Zellen haben (also unser **Genotyp**), bestimmt, wie wir aussehen **(Phänotyp).**

Wenn wir für ein Gen zwei identische Allele haben (z. B. zweimal blond), bezeichnet man das als **homozygot.** Der entstehende Phänotyp ist klar: blond!
Besitzen wir allerdings ein Allel für schwarze und ein anderes für blonde Haare **(heterozygot),** ist die Sache schwieriger. Es gibt Allele, die so durchsetzungsstark sind, dass nur ihr Merkmal zur Ausprägung kommt. Man bezeichnet sie als **dominant.** Wäre in unserem Fall Schwarz das dominante Allel, würden sich schwarze Haare als Phänotyp zeigen. Das **rezessive** Allel (blond) könnte keinen Einfluss auf den Phänotyp nehmen.
Dieser **dominant/rezessive Erbgang** sollte euch auf jeden Fall ein Begriff sein.
Manche Merkmale vererben sich allerdings **intermediär.** Dabei dominiert kein Allel das andere und es entstehen Mischformen. Angenommen die Haarfarbe würde einer intermediären Vererbung folgen, so läge beim Vorhandensein der Allele für blond und schwarz der Phänotyp irgendwo dazwischen (braun).
Bei einem **kodominanten** Erbgang haben ebenfalls beide Merkmale Einfluss auf den Phänotyp. Dabei entsteht allerdings keine Mischform, sondern es kommt zur Ausprägung beider Merkmale. Das wäre quasi so, als hätte man in gleichem Maß schwarze und blonde Haare auf der Kopfhaut. Den kodominanten Erbgang werden wir v. a. im Zusammenhang mit der Vererbung der **Blutgruppenantigene** kennen lernen.
Welchem Erbgang folgt die Haarfarbe in Wirklichkeit? Wie so oft beim Menschen ist es nicht so einfach und die Haarfarbe unterliegt einer Vielzahl von Einflussfaktoren, wobei eine dunkle Haarfarbe sich stärker durchzusetzen scheint.
Wir wollen uns nun mit der Vererbung von Merkmalen nach den Mendelschen Regeln befassen. Dafür müssen wir allerdings noch ein paar Dinge klären:

- Anstelle von Eltern und Kindern bzw. Nachkommen sprechen wir von der Parentalgeneration und der Filialgeneration.
- In den Kreuzungsschemata, die wir für unsere Erbgänge verwenden, werden die Merkmale durch Buchstaben repräsentiert. Zum Beispiel erhält das Merkmal Haarfarbe den Buchstaben A. Handelt es sich um einen dominant/rezessiven Erbgang, erhält das dominante Allel (schwarz) einen **Großbuchstaben** und der Buchstabe des rezessiven Allels wird **kleingeschrieben.** Ein Individuum, das heterozygot für diese Merkmale ist (also Allele für schwarz und blond besitzt), hätte entsprechend den Genotyp Aa.
- In den Keimzellen finden sich keine zwei Allele, sondern nur eins. Warum? Im Rahmen der Meiose werden die homologen Chromosomenpaare getrennt, sodass die Keimzellen nur **haploid** sind. Entsprechend produziert unser Individuum mit dem Genotyp Aa entweder Keimzellen mit dem Allel für schwarz (A) oder mit dem Allel für blond (a).

Kreuzungsschemata

Bevor wir uns mit den Regeln, die Mendel aufgestellt hat, auseinandersetzen, müssen wir zunächst die Kreuzungsschemata verstehen. Nehmen wir an, in unserer Parentalgeneration gibt es 2 Elternteile mit den Genotypen Aa und AA. Um das Kreuzungsschema aufzustellen, müssen wir uns nun anschauen, welche Keimzellen die Eltern bilden können. Elternteil Aa kann sowohl Keimzellen vom Typ A als auch vom Typ a bilden, wohingegen Elternteil AA nur Keimzellen vom Typ A bilden kann. Das Kreuzungsschema lautet entsprechend (→ Tab. 33.1):

Tab. 33.1 Kreuzungsschema zwischen Aa und AA

	A	A
A	?	?
a	?	?

Indem wir das Kreuzungsschema vervollständigen, erhalten wir die möglichen Genotypen, die sich bei den Kindern, also in der Filialgeneration, finden könnten (→ Tab. 33.2):

Tab. 33.2 Vollständiges Kreuzungsschema zwischen Aa und AA

	A	A
A	AA	AA
a	Aa	Aa

1. Regel (Uniformitätsregel)

Welche Nachkommen entstehen bei der Kreuzung von Eltern, die **für ein Merkmal homozygot** sind, sich aber in den Allelen voneinander unterscheiden? Ein Elternteil hat also den Genotyp AA, der andere den Genotyp aa.
Wir betrachten das Kreuzungsschema (→ Tab. 33.3):

Tab. 33.3 Kreuzungsschema der Uniformitätsregel AA × aa

	a	a
A	Aa	Aa
A	Aa	Aa

Wir sehen: Egal wie viele Nachkommen es gibt – sie haben alle den gleichen Genotyp (natürlich auch Phänotyp), sind also **uniform.**

2. Regel (Spaltungsregel)

Für die zweite Mendelsche Regel kreuzen wir die **Individuen unserer ersten Filialgeneration** (F1) untereinander und betrachten, was in der F2-Generation passiert (→ Tab. 33.4).

Tab. 33.4 Kreuzungsschema der Spaltungsregel Aa × Aa

	A	a
A	AA	Aa
a	Aa	aa

Wir sehen: Die F2-Generation ist nicht uniform. Stattdessen finden sich alle möglichen Merkmalskombinationen. Sie spalten sich in ein ganz bestimmtes Verhältnis nämlich Aa:AA:aa = 2:1:1.

3. Regel (Unabhängigkeits-/Neukombinationsregel)

Die 3. Mendelsche Regel ist nur bedingt gültig. Betrachtet man verschiedene Merkmale (z. B. Haut und Augenfarbe) und ihre Allele, so stellt man fest, dass diese Merkmale unabhängig voneinander vererbt werden. Das Ganze gilt allerdings nur, wenn sich die **Merkmale nicht auf demselben Chromosom** befinden, denn dann kommen sie natürlich immer gemeinsam in eine Keimzelle (das wusste Mendel aber noch nicht). Damit ihr mal gesehen habt, wie ein Kreuzungsschema für zwei Merkmale aussieht, werfen wir noch schnell einen Blick darauf, bevor wir unser erworbenes Wissen auf Stammbäume anwenden. Die Genotypen der Parentalgeneration wurden dabei zufällig ausgewählt (→ Tab. 33.5).

Tab. 33.5 Kreuzungsschema der Unabhängigkeitsregel AaBb × AAbb

	Ab	Ab
AB	AABb	AABb
Ab	AAbb	AAbb
aB	AaBb	AaBb
ab	Aabb	Aabb

Zusammenfassung

- Uniformitätsregel: Paaren sich Individuen, die sich in einem Merkmal unterscheiden, für das sie homozygot sind, so sind die Individuen die Nachkommen uniform.
- Spaltungsregel: Kreuzt man heterozygote Individuen, zeigen sich verschiedene Geno- und Phänotypen.
- Unabhängigkeitsregel: Einige Merkmale werden unabhängig voneinander vererbt (wenn sie nicht auf demselben Chromosom liegen), sodass es beim Kreuzen auch zu neuen Merkmalskombinationen kommen kann.

34 Erbgänge und Stammbäume

Die in diesem Kapitel für die Stammbäume verwendeten Symbole findet ihr in → Abb. 34.1.

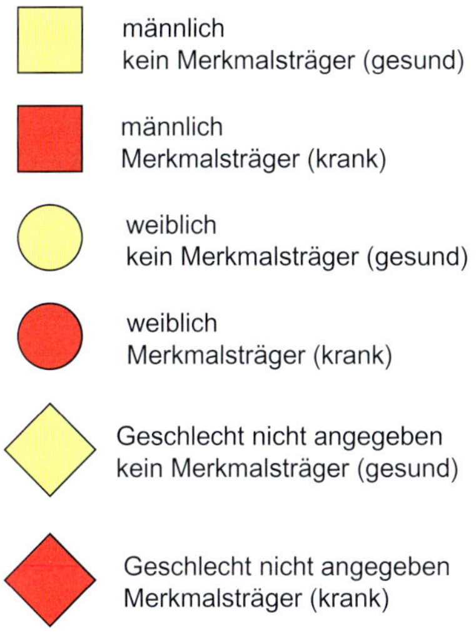

Abb. 34.1 Symbole für die Stammbäume [L253]

Autosomal-dominanter Erbgang

Bei **autosomalen Erbgängen** geht es um Allele, die sich auf den Autosomen (also den Chromosomen 1–22) befinden. Alle Gesetzmäßigkeiten, die wir für autosomale Erbgänge aufstellen, sind also völlig unabhängig vom Geschlecht der Eltern oder der Kinder. Wir befassen uns im Folgenden nicht mehr mit Merkmalen wie der Haarfarbe, sondern mit Allelen, von denen eins fehlerhaft (sprich krank) und das andere gesund ist.
Grundsätzlich entwickeln bei einer autosomal-dominant vererbten Krankheit sowohl Personen, die für das Allel homozygot sind, als auch solche, die für das Allel heterozygot sind, die Krankheit. Dabei kommt es **bei Homozygoten oft zu einer schwereren Symptomatik.**
In unseren Beispielen betrachten wir nun ein krankes Allel A und ein gesundes Allel a. Es gibt vier wichtige Erkenntnisse, die ihr aber nicht auswendig lernen müsst, wenn ihr sie nachvollziehen könnt:

- Ist ein Elternteil heterozygot (Aa und damit krank) und der andere homozygot rezessiv (aa, also gesund), beträgt die Wahrscheinlichkeit für kranken Nachwuchs 50 % (→ Abb. 34.2a). Um das nachzuvollziehen, werft ihr am besten einen Blick in das Kreuzungsschema (→ Tab. 34.1).

Tab. 34.1 Kreuzungsschema für autosomal-dominanten Erbgang Aa × aa

	a	a
A	Aa (krank)	Aa (krank)
a	aa	aa

- Ist ein Elternteil homozygot krank (AA), sind alle Nachkommen ebenfalls krank (→ Tab. 34.2).

Tab. 34.2 Kreuzungsschema für autosomal-dominanten Erbgang AA ×x aa

	a	a
A	Aa (krank)	Aa (krank)
A	Aa (krank)	Aa (krank)

- Sind beide Eltern heterozygot krank (Aa), beträgt die Wahrscheinlichkeit für kranke Nachkommen 75 %. Von den Erkrankten sind ⅓ homozygot und ⅔ heterozygot betroffen (→ Abb. 34.2b, → Tab. 34.3).

Tab. 34.3 Kreuzungsschema für autosomal-dominanten Erbgang Aa × Aa

	A	a
A	AA (krank)	Aa (krank)
a	Aa (krank)	aa

- Wenn beide Eltern phänotypisch gesund sind, müssen sie auch genotypisch gesund sein (aa). Entsprechend sind auch die Nachkommen alle gesund, solange es nicht zu einer Neumutation kommt. Ein autosomal-dominanter Erbgang weißt folglich **keine Generationensprünge** auf.

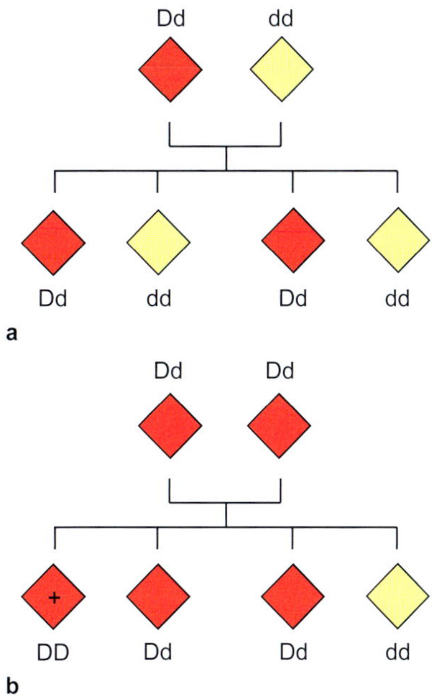

Abb. 34.2 Autosomal-dominanter Erbgang [L253]
a) Mit einem heterozygot-kranken Elternteil. In diesem Fall ist das kranke Allel „D".
b) Mit zwei heterozygot-kranken Eltern. Das homozygot kranke Kind (DD) zeigt u. U. eine schwere Symptomatik.

Autosomal-rezessiver Erbgang

Autosomal-rezessive Erkrankungen können auch Kinder bekommen, die phänotypisch gesunde Eltern haben.

> Aufgepasst: Bei autosomal-rezessiven Erbgängen ist der kleine Buchstabe (a) das kranke Allel!

- Bei heterozygoten, also gesunden, Eltern (Aa) sind die Nachkommen mit einer Wahrscheinlichkeit von 25 % krank (→ Abb. 34.3a). Von den gesunden Nachkommen sind ⅔ heterozygot und haben somit das Potenzial, das kranke Allel an ihre Nachkommen weiterzugeben (→ Tab. 34.4).

Tab. 34.4 Kreuzungsschema für autosomal-rezessive Erbgänge Aa × Aa

	A	a
A	AA	Aa
a	Aa	aa (krank)

- Ist ein Elternteil homozygot-gesund (AA), sind alle Nachkommen gesund (→ Abb. 34.3b).
- Sind beide Elternteile homozygot-krank (aa), sind alle Nachkommen krank.
- Ist ein Elternteil krank (aa) und der andere heterozygot-gesund (Aa), beträgt die Wahrscheinlichkeit, dass die Nachkommen er-

kranken, 50 % (→ Abb. 34.3c, → Tab. 34.5). Diese Situation ist phänotypisch nicht von einem autosomal-dominanten Erbgang zu unterscheiden, bei dem ein Elternteil gesund (aa) und der andere heterozygot-krank (Aa) ist, da auch hier die Erkrankungswahrscheinlichkeit für Nachkommen bei 50 % liegt. Man spricht deshalb auch von **Pseudodominanz.**

Tab. 34.5 Kreuzungsschema für autosomal-rezessive Erbgänge aa × Aa

	A	a
a	Aa	aa (krank)
a	Aa	aa (krank)

Personen, die heterozygot-gesund sind, also das rezessive Allel in sich tragen, ohne einen Phänotyp zu entwickeln, werden auch als **Konduktoren (Überträger)** bezeichnet.

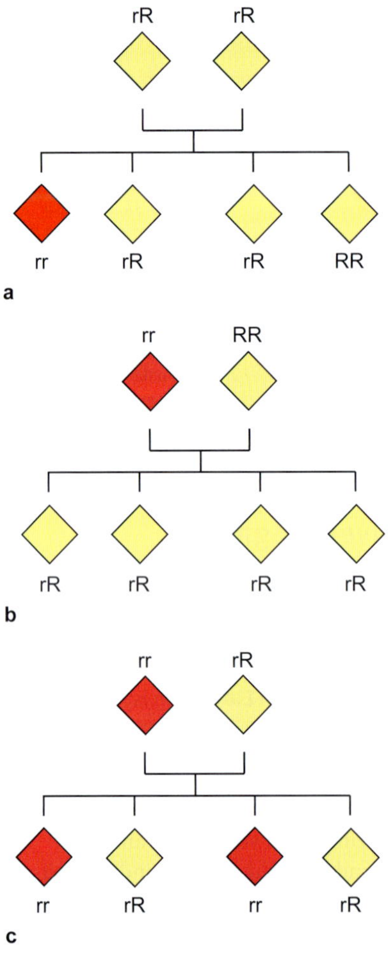

Abb. 34.3 Autosomal-rezessiver Erbgang [L253]
a) Mit zwei heterozygot-gesunden (Rr) Eltern
b) Mit einem kranken (rr) und einem gesunden (RR) Elternteil
c) Mit einem kranken (rr) und einem heterozygot-gesunden (Rr) Elternteil

X-chromosomal-dominanter Erbgang

Bei Erbkrankheiten, die die Geschlechtschromosomen betreffen, den **gonosomalen Erbgängen,** müssen wir zwischen den Genotypen von Vater und Mutter unterscheiden. Zunächst ein paar grundsätzliche Dinge klar:

- Eine **Tochter** hat **zwei X-Chromosomen.** Eines dieser X-Chromosomen bekommt sie von ihrem Vater, der nur ein X-Chromosom hat, das andere stammt von ihrer Mutter. Da die Mutter über zwei X-Chromosomen verfügt, wird das Chromosom, das vererbt wird, zufällig ausgewählt.
- Ein **Sohn** bekommt zufällig **eines der beiden X-Chromosomen** seiner Mutter und das Y-Chromosom seines Vaters.

Mit diesem Wissen können wir uns nun den Erkenntnissen für X-chromosomal-dominante Erbgänge widmen. Diese sind besonders wichtig, um sie in Stammbäumen eindeutig zu identifizieren.

- Ein erkrankter Mann (Xy) gibt das kranke X-Chromosom zwangsläufig an seine Töchter weiter, die dann ebenfalls erkranken. Die Söhne eines kranken Mannes erhalten das Y-Chromosom und werden folglich nicht beeinträchtigt (→ Abb. 34.4).
- Ist die Mutter heterozygot-krank (Xx) und der Vater gesund (xy), sind 50 % der Töchter und 50 % der Söhne krank, je nachdem, ob sie das kranke oder das gesunde mütterliche X-Chromosom erhalten (→ Abb. 34.4).
- Ist die Mutter homozygot-krank (XX), sind alle Nachkommen krank.

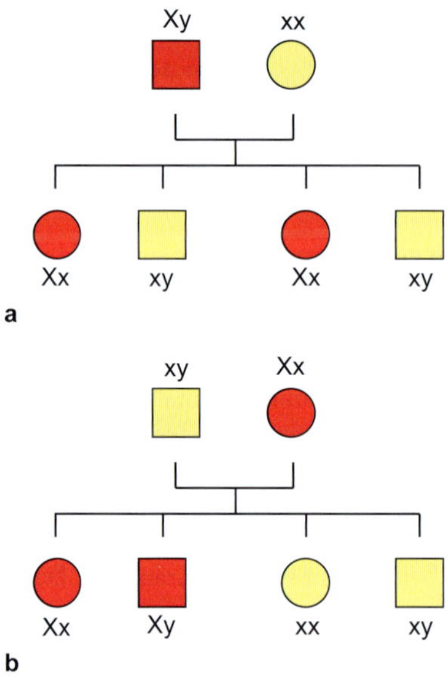

Abb. 34.4 X-chromosomal-dominanter Erbgang mit a) krankem Vater (Xy) bzw. b) kranker Mutter (Xx) [L253]

X-chromosomal-rezessiver Erbgang

Bei X-chromosomal-rezessiven Erbgängen müssen wir eine Besonderheit beachten: Wenn ein Mann ein krankes X-Chromosom besitzt, kann das kleine Y-Chromosom dem nichts entgegensetzen und er ist **phänotypisch krank.** Frauen brauchen dagegen zwei kranke X-Chromosomen, damit sich ein Phänotyp entwickelt. Sonst dominiert das gesunde X. Entsprechend betreffen **X-chromosomal-rezessive Erkrankungen häufig Männer.**
X-chromosomal-rezessive Erkrankungen sind klinisch sehr relevant. Zwei wichtige Beispiele sind die **Hämophilie** (Bluterkrankheit) und die **Rot-Grün-Sehschwäche.**

- Ein kranker Vater und eine homozygot-gesunde Mutter haben nur gesunde Kinder, da das gesunde X-Chromosom der Mutter dominiert. Da aber sämtliche Töchter auch das kranke X des Vaters erhalten, sind sie alle **Konduktorinnen** (→ Abb. 34.5).
- Ist der Vater krank und die Mutter heterozygot gesund, erkranken sowohl die Hälfte der Töchter als auch die Hälfte der Söhne.
- Eine kranke Mutter und ein gesunder Vater haben nur kranke Söhne. Die Töchter sind dagegen, aufgrund des gesunden väterlichen X-Chromosoms, alle phänotypisch gesund, aber Konduktorinnen.
- Ein gesunder Vater und eine heterozygot-gesunde Mutter haben gesunde Töchter (von denen die Hälfte Konduktorinnen sind). Die Wahrscheinlichkeit für kranke Söhne liegt bei 50 %.

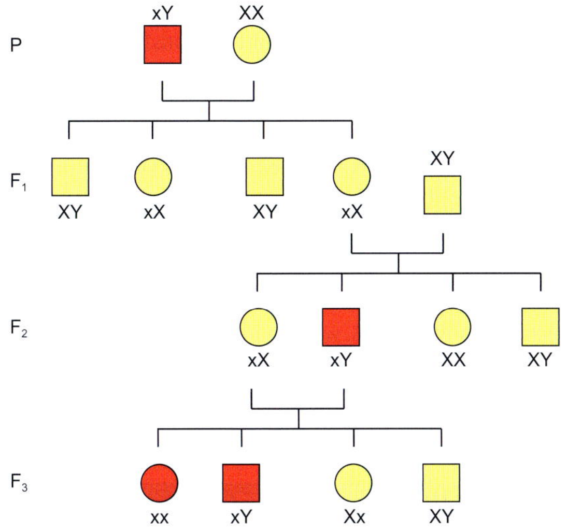

Abb. 34.5 X-chromosomal-rezessiver Erbgang mit krankem Vater (xY) und homozygot-gesunder Mutter [L253]

Y-chromosomaler Erbgang

Y-chromosomale Erbkrankheiten vererben sich von kranken Vätern auf ihre Söhne. Bisher sind allerdings **keine Krankheiten, die diesem Erbgang folgen,** bekannt.

Mitochondrialer Erbgang

Alle Mitochondrien stammen von der Mutter, werden also **maternal vererbt.** Zwar enthält auch das Spermium Mitochondrien (sogar sehr viele, damit Energie für die Fortbewegung produziert wird), diese schaffen es jedoch nicht in die Eizelle oder werden nach der Verschmelzung abgebaut. Dementsprechend vererben sich **mitochondriale Erkrankungen** ebenfalls von der Mutter auf die Kinder.
Mitochondriale Erkrankungen betreffen besonders die Muskulatur (dort sind schließlich auch sehr viele Mitochondrien vorhanden) und das Nervensystem.

Zusammenfassung

- Konduktoren besitzen die Allele für eine bestimmte Eigenschaft, jedoch ohne diese Eigenschaft selbst auszuprägen.
- X-chromosomal-rezessiv vererbte Krankheiten betreffen vorwiegend Männer.
- Mitochondrien werden maternal vererbt.

Blutgruppen

Die Vererbung der Blutgruppenantigene ist so relevant, dass wir sie hier etwas ausführlicher besprechen wollen. Bevor wir uns auf das AB0-, das Rhesus oder das MN-System stürzen, solltet ihr wissen, dass es auf der Oberfläche eines Erythrozyten eine Vielzahl von Antigensystemen gibt, von denen allerdings nur die besprochen werden, die bei Bluttransfusionen am relevantesten sind.

AB0-System

Ihr wisst, dass Menschen unterschiedliche Blutgruppen haben, die bestimmen, ob bei einer Blutspende Spender- und Empfängerblut kompatibel sind. Beim **AB0-System** geht es um **Glykoproteine** auf der Oberfläche der Erythrozyten. Menschen mit dem Allel A tragen andere Glykoproteine auf ihrer Oberfläche als Menschen mit Allel B. Verfügt jemand über beide Allele (AB), so werden auch beide Glykoproteine exprimiert. Es handelt sich also um einen **kodominanten Erbgang.** 0 ist die inaktive Variante unserer Allele. Träger der Blutgruppe 0 haben weder Glykoproteine von Typ A noch von Typ B.
Normalerweise müssen zwei Voraussetzungen erfüllt sein, damit Antikörper (die u. a. dafür sorgen können, dass die Erythrozyten **agglutinieren,** also verklumpen) gegen bestimmte Strukturen gebildet werden:

- Sie müssen **körperfremd** sein, der Körper darf sie also nicht selbst besitzen bzw. produzieren.
- Der Körper muss auf irgendeine Weise mit ihnen **in Kontakt kommen.**

Bei den Blutgruppenantigenen des AB0-Systems finden sich aber bereits bei Patienten, die noch nie eine Bluttransfusion bekommen haben, Antikörper gegen fremde Antigene. Wie diese **Sensibilisierung** zustande kommt, ist noch nicht abschließend geklärt. Es wird aber vermutet, dass sie durch **Darmbakterien und virale Strukturen** ausgelöst wird, die Ähnlichkeit mit den Blutgruppenantigenen besitzen.
Man besitzt also Antikörper gegen die Antigene, die die eigenen Erys nicht haben. Die Prozente in der Tabelle geben an, wie häufig die Blutgruppe ist (→ Tab. 35.1). Die Angaben beziehen sich auf Deutschland (in einigen Regionen Asiens ist z. B. die Blutgruppe B wesentlich häufiger).

Tab. 35.1 Blutgruppen: Antigene und Antikörper

Eigene Blutgruppe	Antikörper gegen
A (40 %)	B
B (15 %)	A
AB (5 %)	keine
0 (40 %)	A und B

Eine Person mit Blutgruppe 0 kann also nur Blut von Personen bekommen, die ebenfalls die Blutgruppe 0 haben. Allerdings kann sie dafür Blut an jede andere Person spenden **(Universalspender).**
Das Gegenteil ist bei der Blutgruppe AB der Fall: Personen mit AB sind **Universalempfänger,** können aber nur an Menschen mit der gleichen Blutgruppe spenden.
Manche fragen sich an dieser Stelle vielleicht, inwiefern Personen mit der Blutgruppe 0 Universalspender sein können. Würden nicht die Antikörper, die sie gegen A und B besitzen, mit übertragen werden und die Erythrozyten des Empfängers agglutinieren?

Das kann tatsächlich zum Problem werden, wird aber heutzutage vermieden, indem man kein Vollblut für Transfusionen einsetzt, sondern das Plasma (mit den Antikörpern) vom Erythrozytenkonzentrat trennt.
Was das alles mit Genetik zu tun hat? Auch die Antigene des AB0-Systems werden vererbt und können sogar als primitiver Vaterschaftstest dienen. Jeder Mensch verfügt über zwei Allele und die Kreuzungsschemata funktionieren wie bei den Mendelschen Regeln (→ Tab. 35.2).

- Besitzt jemand A und B, werden beide Antigene exprimiert.
- Besitzt jemand A oder B und 0, wird A oder B exprimiert.
- Besitzt jemand A und A, wird natürlich A exprimiert.

Tab. 35.2 Blutgruppen: Genotyp vs. Phänotyp im AB0-System

Genotyp	Phänotyp
AA oder A0	A
BB oder B0	B
AB	AB
00	0

Wann kann man dieses Wissen nun als Vaterschaftstest anwenden? Wenn ihr ins folgende Kreuzungsschema schaut, erkennt ihr, dass die Nachkommen nicht die Blutgruppe 0 haben können, wenn ein Elternteil die Blutgruppe AB besitzt (in Klammern steht der Phänotyp) (→ Tab. 35.3).

Tab. 35.3 Kreuzungsschema: A0 × AB

	A	B
A	AA (A)	AB (AB)
0	A0 (A)	B0 (B)

MN-System

M und N sind ebenfalls Antigene, die sich auf den Erythrozyten finden. Auch sie werden im Physikum gefragt (v. a. im schriftlichen Teil), da es im MN-System **kein „0“ Allel** gibt. Entsprechend gibt es nur drei mögliche Genotypen/Phänotypen (→ Tab. 35.4).

Tab. 35.4 Blutgruppen

Genotyp	Phänotyp
MM	M
NN	N
MN	MN

Auch das MN-System kann Anhaltspunkte für eine Vaterschaft geben. Dafür solltet ihr euch klarmachen, dass die Kinder einer Person mit dem Phänotyp M auf keinen Fall die Blutgruppe N haben können, da immer ein M-Allel weitervererbt wird (→ Tab. 35.5).

Tab. 35.5 Kreuzungsschema: MM × MN

	M	M
M	MM	MM
N	MN	MN

Rhesussystem

Wenn es in Klausuren um das Rhesussystem geht, dann ist i. d. R. das **D-Antigen** gemeint, und aus diesem Grund wollen wir uns auch darauf beschränken.

> Beim **D-Antigen** gibt es zwei Möglichkeiten: Entweder man hat es oder man hat es nicht!

Personen, deren Erythrozyten das D-Antigen tragen, heißen **Rhesus-positiv (Rh+).** Alle anderen sind **Rhesus-negativ (Rh–).** In Mitteleuropa sind weitaus mehr Personen Rhesus-positiv (85 %) als -negativ (15 %).
Der wesentliche Unterschied zwischen Rhesus- und AB0-System: Auch bei Rhesus-negativen Personen kommen **normalerweise im Blut keine Antikörper** gegen das D-Antigen vor. Die Bildung von Antikörpern erfolgt erst nach Kontakt mit Rhesus-positivem Blut, z. B. im Rahmen einer Transfusion. Während die erste Transfusion noch problemlos verlaufen kann, sind bei der zweiten Transfusion, wenn die Antikörper schon produziert sind, Komplikationen vorprogrammiert.
Hochgradig prüfungsrelevant ist das Rhesussystem v. a. in Zusammenhang mit **Schwangerschaften,** genauer gesagt bei einer **Rhesus-negativen Mutter und einem Rhesus-positiven Vater.** Bei dieser Konstellation besteht die Möglichkeit, dass die Rhesus-negative Mutter mit einem Rhesus-positiven Kind schwanger wird (der genaue Erbgang darf uns ausnahmsweise egal sein).

Eine Vielzahl von Ursachen (gerade bei der Geburt) kann nun dazu führen, dass Erythrozyten des Kindes in den Blutkreislauf der Mutter gelangen, sodass es zur Bildung von **IgG-Antikörpern** kommt. Bei einer zweiten Schwangerschaft mit einem Rhesus-positiven Kind würde das zum Problem werden, denn die IgG-Antikörper können die Plazentaschranke überwinden und im Kreislauf des Kindes Erythrozyten agglutinieren. Das resultierende Krankheitsbild heißt **Morbus hämolyticus neonatorum** und stellt für das ungeborene Kind eine große Gefahr dar.
Um bei einer solchen Schwangerschaftskonstellation die Bildung von Antikörpern zu vermeiden, führt man eine **Anti-D-Prophylaxe** durch. Dabei gibt man der Rhesus-negativen Mutter nach der Geburt des Rhesus-positiven Kindes Antikörper gegen das Rhesusantigen. Diese Antikörper eliminieren die Erythrozyten des Kindes im mütterlichen Blut, sodass sie das mütterliche Immunsystem nicht zur Antikörperbildung stimulieren können. Im Regelfall ist auf diese Weise auch eine zweite Schwangerschaft mit einem Rhesus-positiven Kind möglich.

Zusammenfassung

- Menschen mit Blutgruppe 0 sind Universalspender. Menschen mit Blutgruppe AB Universalempfänger.
- Im MN-System gibt es kein 0-Allel.
- Bei einer Schwangerschaft mit Rhesus-negativer Mutter und Rhesus-positivem Vater kann es zu einem Morbus hämolyticus neonatorum kommen.

Mutationen

Bei all den Erbgängen, Kreuzungsschemata und Stammbäumen vergisst man schnell, dass viele Krankheiten auch durch spontane **Mutationen,** also Veränderungen der DNA, entstehen können. In diesem Kapitel soll es um subtile Veränderungen der DNA gehen, was aber nicht heißt, dass die Auswirkungen einer solchen Mutation nicht gravierend sein können.
Es gibt viele verschiedene Wege, Mutationen zu gruppieren:

Ursachen von Mutationen

Mutationen können spontan entstehen: An sich sind Mutationen etwas ganz Normales. Manchmal zerfällt ein Nukleotid ohne erkennbaren Grund (als Beispiel solltet ihr die spontane **Desaminierung von Cytosin** kennen), was aber i. d. R. nicht weiter schlimm ist, da die Zelle über Reparaturmechanismen verfügt. Wird die Mutation nicht erkannt, kann sie aber natürlich zum Problem werden. Andere Mutationen sind **induziert** und entstehen durch Kontakt mit **Mutagenen,** also Substanzen, die Mutationen auslösen können – man erntet gewissermaßen, was man sät. Bekannte Mutagene sind z. B. Chemikalien wie **Ethidiumbromid** (das im Labor Verwendung findet), **Aflatoxine** (Schimmelpilzgifte), **ionisierende Strahlung** (Röntgen) oder bestimmte **Viren** (wie Humane Papillomaviren).

Betroffene Zelltypen

Wenn **Zellen der Keimbahn** mutieren, wird das vom Organismus, in dem die Mutation stattfindet, wahrscheinlich nicht wahrgenommen. Da sich aus den Zellen der Keimbahn dann aber irgendwann die Nachkommen entwickeln, wird sich spätestens dann zeigen, ob die Mutation mit dem Leben vereinbar ist, gar keine Auswirkungen hat oder evtl. einen Selektionsvorteil darstellt. Ihr ahnt wahrscheinlich schon, dass Keimbahnmutationen für die Evolution wichtig sind.
Betrifft eine Mutation dagegen eine **„normale" Körperzelle (somatische Zelle),** wird sie hoffentlich erkannt und repariert. Eine andere Option besteht darin, die Zelle in die Apoptose zu schicken. Im schlimmsten Fall kann es nach einiger Zeit dazu kommen, dass sich die Zelle unkontrolliert zu teilen beginnt und damit das Überleben des gesamten Organismus gefährdet.

Formen der Mutation

Punktmutation

Bereits die Mutation einer einzigen Base (Punktmutation) kann dazu führen, dass das Genprodukt seine ursprüngliche Funktion nicht mehr ausüben kann.

- Wird eine Base gegen eine andere ausgetauscht, spricht man von **Substitution.**
- Wird eine Purin- gegen eine andere Purinbase ausgetauscht, z. B. A gegen G (das Ganze funktioniert natürlich auch mit zwei Pyrimidinbasen), nennt man das **Transition.**
- Bei einem Austausch von Purin- gegen Pyrimidinbase (und umgekehrt), lautet der Fachbegriff **Transversion.**

> Bei einer Transversion geht es um den Austausch verschiedener Basentypen (Pyrimidin gegen Purin und umgekehrt)!

- Der Austausch einer Base bedeutet aber nicht zwangsläufig, dass auch eine andere Aminosäure in das Protein eingebaut wird. Schließlich kann das mutierte Codon immer noch für die ursprüngliche Aminosäure codieren. Ist dies der Fall, bleibt die Mutation „still" und man spricht von einer **Silent-Mutation.** Wenn bei einer Substitution ein Codon entsteht, das trotzdem noch für die gleiche Aminosäure codiert, ist es dann so, als hätte die Mutation nie stattgefunden? Nicht immer! Es kann auch dazu kommen, dass sich nach der Transkription des mutierten Gens die mRNA ungewöhnlich faltet, was wiederrum bei der Translation stören kann. Zudem können beim Spleißen Probleme entstehen.
- Wird durch die Mutation eine andere Aminosäure ins Protein eingebaut, ist von einer **Missense-Mutation** die Rede.
- Es ist auch möglich, dass durch die Substitution ein Stopp-Codon entsteht (Wie hießen die noch gleich?), sodass die Translation der entstehenden mRNA zu früh abgebrochen wird, was als **Nonsense-Mutation** bezeichnet wird.
- Zu guter Letzt gibt es noch die **Readthrough-Mutation,** bei der aus einem Stopp-Codon durch Mutation ein normales Codon wird, sodass die Translation einfach weiterläuft.

Deletion, Insertion, Frameshift

- **Deletion:** Bei der Deletion (*engl. delete* = löschen) geht eine Base verloren.
- **Insertion:** Bei der Insertion wird eine zusätzliche Base in das Gen eingefügt.
- Bei Deletion und Insertion kann es zu einem besonders ungünstigen Ereignis kommen – der **Verschiebung des Leserasters** bzw. einem **Frameshift.**

Frameshift

Bei einem Frameshift geht durch das Hinzukommen/Wegfallen einer einzigen Base der Sinn des gesamten Gens verloren. Das kann passieren, weil unsere mRNA in Tripletts abgelesen wird und das Ribosom keine andere Möglichkeit hat sich zu orientieren. Kommt eine Base hinzu, verschiebt sich deshalb das gesamte Leseraster ab der Mutation. Um das zu verdeutlichen, gibt es ein einfaches Beispiel:
ICH ESS EIN EIS

- In diesem Satz ist die Information in Tripletts verpackt. Wird nun ein Buchstabe substituiert, ist zwar das betroffene Wort möglicherweise unverständlich, aber der Rest des Satzes bleibt unbeeinträchtigt:
ICY ESS EIN EIS
- Geht stattdessen ein Buchstabe verloren (Deletion), sieht das schon anders aus, denn dann rutschen die Tripletts sozusagen weiter:
IHE SSE INE IS
- Das Gleiche gilt, wenn ein Buchstabe dazukommt (Insertion):
IZC HES SEI NEI S

Anhand dieser Beispiele sollte klar sein, warum Frameshift-Mutationen ein großes Problem sind und warum Substitutionen keinen Frameshift verursachen.
Gibt es auch Deletionen und Insertionen, die das Leseraster nicht verschieben? Wenn genau drei Basen verloren gehen oder dazu kommen, bliebe das Leseraster erhalten. Das entstehende Peptid wäre dann um eine Aminosäure verkürzt oder verlängert. Eine andere Möglichkeit wäre eine Insertion und eine Deletion im selben Gen. In diesem Fall wäre nur im Bereich zwischen den Mutationen das Leseraster verschoben.

Weitere

Betrifft eine Mutation den Promotorbereich eines Gens, kann es passieren, dass das Gen nicht mehr abgelesen wird. Man spricht dann von einem **Pseudogen.**

Ein Fakt, der sich in fast jedem Lehrbuch findet: Menschen (und Meerschweinchen) besitzen ein **Pseudogen für Vitamin C,** können es also nicht selbst synthetisieren.

Außerdem solltet ihr die Begriffe **Gain-of-Function-Mutation** bzw. **Loss-of-Function-Mutation** kennen, die den Umstand beschreiben, dass ein Genprodukt durch Mutationen neue Funktionen erhalten (Gain-of-Function-Mutation) oder alte Funktionen verlieren (Loss-of-Function-Mutation) kann. Beide Begriffe können sich aber auch auf die Aktivität des Gens beziehen.
Eine Mutation kann aber auch ohne Folgen bleiben, wenn sie einen nicht codierenden Abschnitt der DNA, wie etwa die hochrepetitiven Sequenzen am Zentromer, betrifft.

Zusammenfassung

- Mutationen können nach verschiedenen Kriterien eingeteilt werden (spontan vs. induziert, Keimbahn vs. somatisch etc.).
- Nicht alle Mutationen führen zu einem Phänotyp (denkt an Silent-Mutationen).
- Eine Verschiebung des Leserasters (Frameshift) hat häufig gravierende Folgen.

Bakterien gehören zu den **Prokaryonten.** Da wir Menschen zu den Eukaryonten gehören, gibt es einige wichtige Besonderheiten im Aufbau der Zellen, auf die wir als Erstes eingehen wollen. Mit diesem Wissen zur Struktur der Bakterienzellen werdet ihr euch die weiteren Fakten leicht einprägen können.
Kann man die Begriffe „Bakterien" und „Prokaryonten" synonoym verwenden? Der Begriff Prokaryonten beinhaltet die Bakterien, aber er umfasst zusätzlich noch die Archaeen. Da diese im Medizinstudium nicht relevant sind (es sind auch keine humanpathogene Arten bekannt), wollen wir an dieser Stelle nicht weiter auf sie eingehen. Nur so viel: Auch wenn ihr noch nie von ihnen gehört habt, habt ihr wahrscheinlich gerade welche im Mund.

Aufbau

Prokaryonten besitzen **keinen Zellkern,** sondern ein Kernäquivalent (Nukleoid), d. h. ein geschlossenes, auf engen Raum gepacktes, Bakterienchromosom.

Wir haben bereits diverse Merkmale der Bakterienzelle kennengelernt, von denen einige jetzt noch mal aufgegriffen werden:
DNA Das Kernäquivalent ist nicht von einer Membran umgeben und besitzt keine Histone. Da Bakterien nur ein Chromosom haben, ist die DNA zwar **doppelsträngig,** aber der Chromosomensatz **haploid.** Da das Chromosom **ringförmig** ist, reicht ein einzelner Origin of Replication (ORI) aus, um die gesamte DNA zu replizieren. Eine weitere Besonderheit der Bakterien-DNA: Es gibt **keine Introns** und entsprechend muss auch nicht gespleißt werden!
Plasmide Bakterien besitzen nicht nur DNA in ihrem Kernäquivalent, sondern verfügen zusätzlich über **extrachromosomale, ringförmige DNA,** die im Zytoplasma schwimmt. Diese **Plasmide** (es kann durchaus auch mehrere geben) werden unabhängig vom restlichen Genom repliziert und dann zufällig auf die Tochterzellen verteilt. Wofür codieren Plasmide? Sie enthalten z. B. Resistenzen gegen Antibiotika **(R-Plasmid).** Außerdem können Proteine produziert werden, die die Virulenz des Bakteriums steigern oder es dem Bakterium ermöglichen, seine Plasmide an andere Bakterien weiterzugeben **(Fertilitätsplasmid, F-Plasmid).** Wie Plasmide von einem Bakterium zum anderen gelangen, sodass sich Antibiotikaresistenzen ausbreiten können, werden wir später im Kapitel besprechen.
Organellen Dieser Abschnitt fällt im Vergleich zu den Eukaryonten wesentlich kürzer aus. In der **Prokaryontenzelle** ist nämlich die Kompartimentierung, also die Untergliederung der Zelle in Reaktionsräume, wesentlich geringer ausgeprägt – Mitochondrien, Golgi-Apparat und ER fehlen. Findet in Bakterien dann keine **Atmungskette** statt? Doch, denn die Enzyme der Atmungskette können in der Membran der Bakterienzelle lokalisiert sein, über die dann auch der Protonengradient aufgebaut wird.
Ribosomen Wir haben bereits gelernt, dass sich die bakteriellen Ribosomen von denen der Eukaryonten unterscheiden. Bakterien besitzen (wie die Mitochondrien) **70S-Ribosomen,** die aus einer **50S**- und einer **30S**-Untereinheit bestehen. Diesen Unterschied macht man sich bei der Antibiotikatherapie zunutze. Außerdem wissenswert: Auf den mRNAs der Prokaryonten gibt es die **Shine-Delgarno-Sequenz,** eine Basenfolge, die dafür sorgt, dass die mRNA von den Ribosomen erkannt wird und binden kann.
Zellmembran und Zellwand Bakterien besitzen wie die Eukaryonten eine Zellmembran, die aber, genau wie die innere Mitochondrienmembran, **kein Cholesterin** enthält. Zusätzlich aber besitzen Bakterien noch eine **Zellwand,** die der Zelle eine feste Form gibt. Da dieses Thema sehr prüfungsrelevant ist, werden wir darauf noch mal separat eingehen.
Flagellen Viele Bakterien sind in der Lage, sich aktiv fortzubewegen und nutzen dafür Flagellen, die ihr euch wie eine Schiffsschraube an der Bakterienoberfläche vorstellen könnt. Das Flagellum selbst wird dabei nicht verformt, sondern gedreht. Bakterien können mehrere Flagellen auf der gesamten Zelle **(peritrich)** oder nur ein einzelnes Flagellum **(monotrich)** aufweisen. Besitzen sie an zwei gegenüberliegenden Zellpolen Flagellen, spricht man von **amphitrich,** wohingegen Bakterien, deren Flagellen sich auf einen Zellpol konzentrieren, als **lophotrich** bezeichnet werden.
Manche Autoren verwenden den Begriff „Flagellen" ausschließlich für Bakterien und unterscheiden davon die „Geißeln" der Eukaryonten. In vielen Lehrbüchern werden beide Begriffe allerdings synonym verwendet.
Pili Pili, die auch **Fimbrien** genannt werden, sind ebenfalls Strukturen auf der Bakterienoberfläche, die aber im Gegensatz zu den Flagellen nicht der Fortbewegung dienen. Sogenannte **Haftpili** dienen der Adhäsion des Bakteriums an Strukturen in der Umgebung während die **Konjugations- oder Sexpili** genutzt werden, um Plasmide zwischen den Bakterien zu übertragen.
Kapsel Manche Bakterien umgeben sich mit einer **Kapsel aus Polysacchariden,** die Wassermoleküle binden und so einen zähen Schleim bilden. Die Kapsel schützt die Bakterien vor der Phagozytose z. B. durch Zellen des Immunsystems. Als das Beispiel schlechthin für kapselbildende Bakterien solltet ihr euch schon jetzt die **Pneumokokken** merken.
In → Abb. 37.1 sind zum Vergleich die Bestandteile einer Prokaryonten- und einer Eukaryontenzelle dargestellt.

Bakterielle Zellwand und Zellmembran

Bakterien besitzen zusätzlich zur Zellmembran eine Zellwand, die für verbesserten Schutz sorgt. Da sie zudem die Zielstruktur für einige Antibiotika ist, sollten wir uns mit ihrem Aufbau vertraut machen.

Der wichtigste Bestandteil der Bakterienzellwand ist das **Murein,** das Angriffspunkt diverser Antibiotika ist.

Das **Pepitdoglykan** Murein ist zu einer vielschichtigen Struktur vernetzt, dem **Mureinsacculus.**
Was ist ein Peptidoglykan? Aus dem Namen kann man es schon erahnen: Ein Peptidoglykan besteht aus Protein und Zucker. Beim Murein besteht der Zuckeranteil aus langen Ketten, in denen sich Moleküle von N'-Acetylmuraminsäure (NAM) und N'-Acetylglucosamin (NAG) abwechseln. Diese werden von Peptiden quervernetzt, sodass ein festes Geflecht entsteht.
Die bakterielle Zellwand ist nicht nur das Ziel von diversen Antibiotika, sondern auch von **Lysozym,** einem Enzym, das von diversen Organismen zur Abwehr von Bakterien abgegeben wird (z. B. im Speichel oder in der Tränenflüssigkeit) und die **glykosidischen Bindungen zwischen NAM und NAG** spaltet.

Grampositive und -negative Bakterien

Zwar besitzen fast alle Bakterien eine Zellwand, aber diese ist nicht bei allen gleich ausgeprägt. Man kann die Bakterien sogar anhand der Unterschiede im Aufbau ihrer Zellwand unterteilen und zwar in **grampositive** und **gramnegative** Arten.

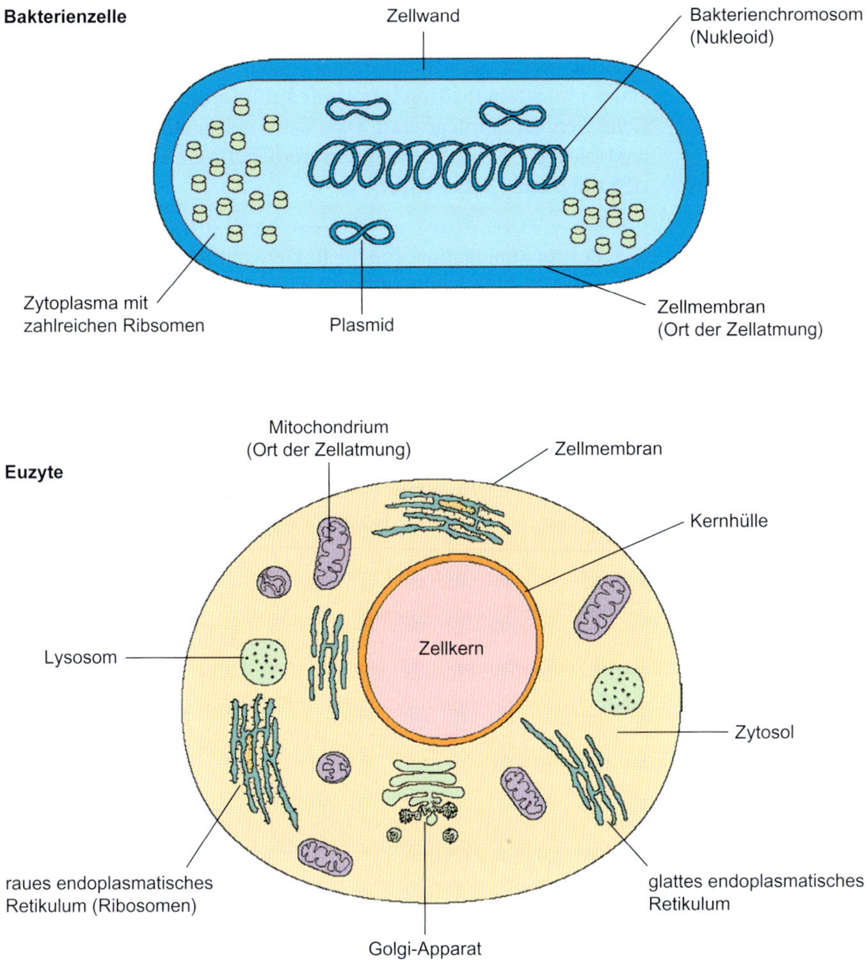

Abb. 37.1 Bakterienzelle und eukaryontische Zelle im Vergleich [G157]

Die Begriffe grampositiv und gramnegativ leiten sich von der Gramfärbung ab, deren Ablauf ihr grob kennen solltet:

1. Die Zellen werden mit einem **violetten Farbstoff** (Karbol-Gentianaviolett) gefärbt.
2. Dann versucht man, die Färbung mit hochprozentigem Alkohol auszuwaschen …
3. … und die Zellen mit einem **Farbstoff** namens **Karbolfuchsin** rot zu färben.

Gramnegative Bakterien durchlaufen diesen Prozess und sind folglich am Ende rot gefärbt. Grampositive Bakterien sind dagegen durch eine Zellwand gekennzeichnet, die aus wesentlich mehr Mureinschichten besteht, als die der gramnegativen. Bei ihnen wird die blaue Färbung durch den Alkohol nicht ausgewaschen, sodass die Zellen trotz der anschließenden Behandlung mit dem roten Farbstoff violett/blau bleiben.

gram**p**ositiv = **p**(b)lau

Wenn man sich die Zellwände von grampositiven und -negativen Bakterien genauer ansieht, erkennt man noch weitere Unterschiede (→ Abb. 37.2):

- Bei den **grampositiven Bakterien** schließt sich außen an die Zellmembran die stark ausgeprägte Zellwand an. In der Zellmembran sind **Teichonsäuren** verankert, die durch die Zellwand hindurchlaufen und nach extrazellulär ragen. Die Teichonsäuren fungieren als **Chelatoren,** halten also Ionen fest, und erhöhen dabei die Stabilität der Zellwand. Übrigens: Die ebenfalls verwendete Bezeichnung **Lipoteichonsäure** macht nur deutlich, dass die Teichonsäuren in Lipiden verankert sind.

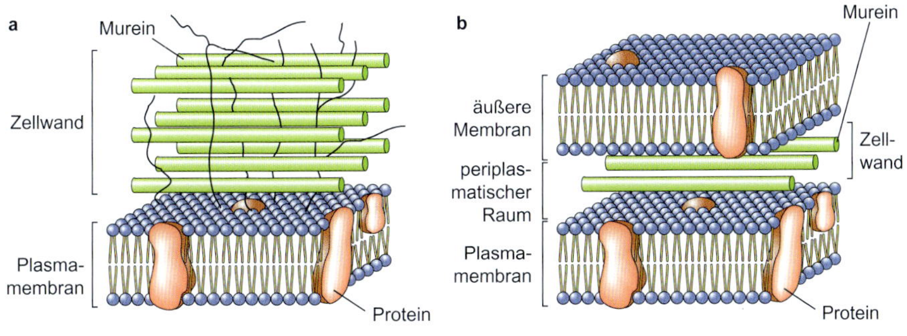

Abb. 37.2 Zellwand und Zellmembran bei grampositiven (a) und gramnegativen (b) Bakterien [L253]

• Bei **gramnegativen Bakterien** schließt sich an die Zellmembran ebenfalls die Zellwand an. Diese ist allerdings wesentlich dünner und noch mal von einer **äußeren Membran** umgeben. In dieser Membran sind **Lipopolysaccharide** verankert, die wiederum als **Endotoxine** von Bedeutung sind.
Endotoxine werden von Bakterien nicht aktiv abgegeben (dann würde man von Exotoxinen sprechen), sondern werden z. B. beim Zerfall der Bakterien frei. Sie können dann beim Kontakt mit dem Immunsystem zum Fieber führen, wirken also pyrogen. Besonders fies: Einige Endotoxine sind sehr hitzestabil, sodass man sie nicht einfach durch Abkochen zerstören kann

Besonderheiten

Plasmide

Wir haben bereits gelernt, dass Bakterien Plasmide, also extrachromosomale DNA, besitzen, die sie an andere Bakterien weitergeben können. Angenommen, auf einem Plasmid kommt es zu einer Mutation, sodass ein Gen entsteht, das dem Bakterium hilft, mit seiner Umwelt fertig zu werden, z. B. weil das Produkt des Gens zu einer Antibiotikaresistenz führt. Das Bakterium gibt nun Kopien dieses Plasmids an seine Artgenossen weiter, die durch die neue Antibiotikaresistenz eine höhere Überlebenswahrscheinlichkeit haben als die Bakterien ohne das Plasmid. Richtig hilfreich wird das Plasmid aber erst, wenn die Bakterien auch tatsächlich mit dem Antibiotikum in Kontakt kommen. Dieser **Selektionsdruck** führt dazu, dass Bakterien ohne das Plasmid sterben. Unsere Bakterien mit Antibiotikaresistenz müssen nun nicht mehr mit den anderen Bakterien um die begrenzten Ressourcen (Platz, Nährstoffe etc.) konkurrieren und können sich stark vermehren, sodass sehr viele Bakterien mit **Antibiotikaresistenz** entstehen.

Horizontaler Gentransfer

Ihr seht: Die Fähigkeit zur Weitergabe von Plasmiden ist für Bakterien extrem nützlich. Da es sich gewissermaßen um eine Art der Fortpflanzung (wenn auch ohne die Entstehung von Keimzellen) handelt, spricht man wahlweise von **Parasexualität oder horizontalem Gentransfer.** Den Bakterien stehen dafür drei sehr gern geprüfte Möglichkeiten zur Verfügung:
Transformation Bakterien können unter bestimmten Bedingungen **freie DNA** aufnehmen. Im Labor kann man die Bakterien auch dazu „zwingen", freie DNA aufzunehmen, damit sie sich danach zusammen mit dem aufgenommenen Plasmid vermehren. Abschließend isoliert man die Plasmide wieder und hat die Bakterien gewissermaßen als biologischen Kopierer genutzt.
Konjugation Die Konjugation kommt unserer Vorstellung von Fortpflanzung noch am nächsten. Dabei bilden Bakterien, die über einen Fertilitätsfaktor verfügen (man bezeichnet sie auch als F^+), einen **Fertilitäts- bzw. Sexpilus** aus, über den die Plasmide direkt von einem Bakterium zum nächsten gelangen können.
Transduktion Bei der Transduktion wird die Bakterien-DNA durch Viren übertragen. Dabei ist der **Bakteriophage** (so bezeichnet man Viren, die sich auf Prokaryonten spezialisiert haben) in erster Linie darauf aus, seine eigene Erbinformation in das bakterielle Genom zu integrieren. Dass dabei gelegentlich auch Teile der bakteriellen DNA mitgenommen werden, ist ein eher für die Bakterien nützlicher Nebeneffekt.

- Bei der Konjugation sind die Bakterien (K)onnected, also über einen Fertilitätspilus verbunden.
- Bei der Transformation geht es um die Aufnahme freier DNA.
- Übrig bleibt die Transduktion, die mithilfe von Viren stattfindet.

Restriktionsendonukleasen

Die Fähigkeit, DNA aufzunehmen, ist allerdings nicht ganz ohne Risiko: Wenn z. B. fremde DNA – also die einer anderen Spezies – in die Zelle gelangt, kann diese zum Problem werden. Aus diesem Grund besitzen Bakterien in ihrem Zytoplasma Enzyme namens **Restriktionsendonukleasen.**
Was verrät uns der Name „Restriktionsendonukleasen"? Nukleasen sind Enzyme, die DNA oder RNA spalten. Die Silbe „endo" macht deutlich, dass die Spaltung mitten im Molekül und nicht nur an den Rändern stattfindet, was auch sinnvoll ist, wenn man die DNA zerstören möchte.
Die Restriktionsendonukleasen spalten die DNA an **palindromischen Sequenzen.** Palindromische Sequenzen sind Abschnitte der DNA, die sich auf beiden Strängen des Doppelstrangs gleich lesen. Bei der Spaltung eines Doppelstrangs durch Restriktionsendonukleasen können **Blunt** oder **Sticky Ends** entstehen (→ Abb. 37.3).
Blunt Ends Bei der Entstehung von Blunt Ends schneidet das Enzym auf dem kürzesten Weg einmal durch den Doppelstrang. Die Chance, dass die zwei Fragmente wieder zusammenfinden, ist relativ gering.
Sticky Ends Schneidet das Enzym Sticky Ends, entstehen an den Enden der Doppelstrangfragmente kleine Einzelstränge, die zueinander komplementär sind. Da sich zwischen ihnen erneut Wasserstoffbrückenbindungen ausbilden können, besteht die Chance, dass sich die Stränge wieder zusammenlagern. Eine DNA-Ligase verbindet das Zucker-Phosphat-Rückgrat und der Doppelstrang ist so gut wie neu. Schneidet man ein Gen und ein Plasmid mit den gleichen Restriktionsenzymen, kann man das Gen in das Plasmid einbauen, weshalb diese Enzyme auch im Labor von großer Bedeutung sind.

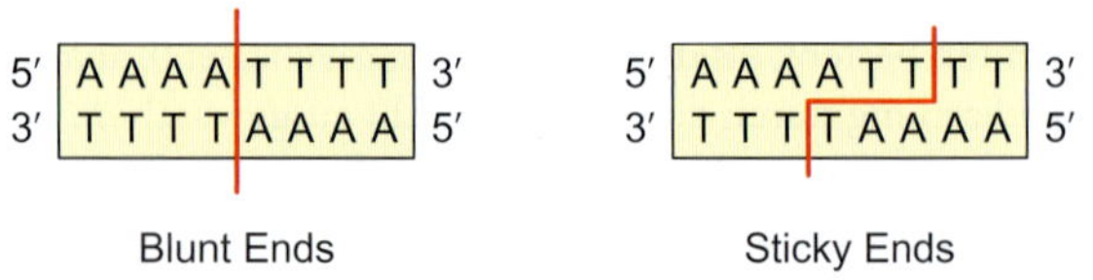

Abb. 37.3 Blunt Ends und Sticky Ends [L253]

Wachstumsverhalten

Welche Bedingungen müssen erfüllt sein, damit Bakterien wachsen und wie gestaltet sich dieses Wachstum? Natürlich unterscheiden sich die Bakteriengattungen in ihren Anforderungen, aber nichtsdestotrotz kann man einige Gemeinsamkeiten finden:

Temperatur Die Bakterien, die ihr im Rahmen eures Medizinstudiums kennenlernen werdet, sind i. d. R. an den Mensch als Wirt angepasst und z. T. sogar humanpathogen. Entsprechend liegt ihr Temperaturoptimum, also die Temperatur, bei der sie am besten wachsen, bei 37 °C.

pH-Wert Beim pH-Wert gibt es kein einheitliches pH-Optimum, denn schließlich gibt es auch verschiedene pH-Werte im menschlichen Körper. Ein Großteil der Bakterien mag es eher neutral, während z. B. *Helicobacter pylori* an den sauren pH des Magens angepasst ist und dort Entzündungen der Magenschleimhaut (Gastritis) auslösen kann.

Nährstoffe Auch Bakterien brauchen Nährstoffe, aber die sind im menschlichen Körper natürlich reichlich vorhanden. Im Labor werden die Bakterien i. d. R. mit **Glukose und Pepton** (einem Gemisch aus verschiedenen Peptiden) versorgt. Die Anzucht der Bakterien kann dabei in flüssigen Nährlösungen oder auf Nährböden stattfinden. Der Hauptbestandteil der Nährböden ist üblicherweise **Agar** (ein Polysaccharid).

Sauerstoff Da sich die Menge an verfügbarem Sauerstoff zwischen Mundhöhle, Darm, Haut und Urogenitaltrakt stark unterscheidet, ist es nur logisch, dass es auch bei den Bakterien unterschiedliche Präferenzen hinsichtlich der Sauerstoffkonzentration gibt. Man unterscheidet **obligat aerobe Bakterien,** die auf Sauerstoff angewiesen sind, von **fakultativ aeroben Bakterien,** die auch ohne Sauerstoff überleben können. Dafür setzen sie wahlweise auf **Gärung** oder **anaerobe Atmung.**

Es gibt allerdings auch Bakterien, die nur in Abwesenheit von Sauerstoff überleben können, man spricht von **obligat anaeroben** Arten. Kann ein Bakterium zwar in Anwesenheit von Sauerstoff überleben, aber diesen nicht verstoffwechseln, ist es **aerotolerant.** Bakterien, die die Abwesenheit von Sauerstoff bevorzugen, aber auch in Anwesenheit von Sauerstoff wachsen, sind **fakultativ anaerob.** Bakterien die grundsätzlich CO_2 bevorzugen, werden allgemein als **capnophil** bezeichnet.

Wenn nun die Voraussetzungen, damit unser Bakterium wachsen kann, erfüllt sind, ergibt sich eine charakteristische Wachstumskurve (→ Abb. 37.4):

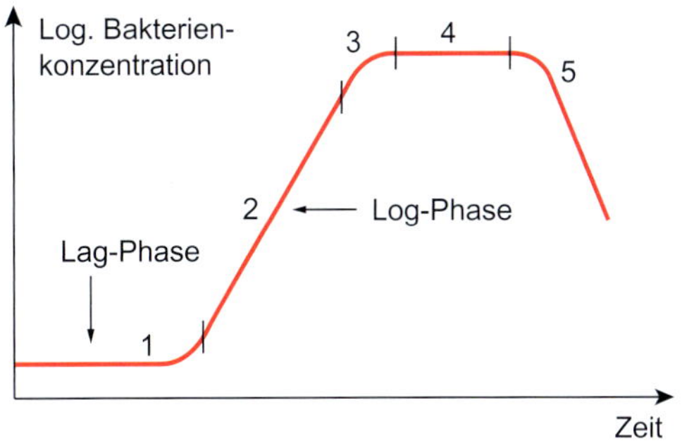

Abb. 37.4 Wachstumskurve von Bakterien: 1. Lag-Phase, 2. Log-Phase, 3. Retardationsphase, 4. stationäre Phase, 5. Absterbephase [L253]

1. **Latenzphase (Lag-Phase):** Während dieser Zeit passt sich das Bakterium an die ihm zur Verfügung stehenden Nährstoffe an. Da die Bakterien, was die Zellteilung angeht, in dieser Zeit noch nicht „Vollgas" geben können, steigt die Kurve zunächst noch nicht so steil an.
2. **Exponentielle Phase (Log-Phase):** Hier teilen sich die Bakterien mit maximaler Geschwindigkeit. Da aus jedem Bakterium zwei neue entstehen, verläuft die Kurve exponentiell (dieser Fakt wird allerdings in der Grafik durch die logarithmische Y-Achse verschleiert).
3. **Stationäre Phase:** Das enorme Wachstum der Bakterien verbraucht natürlich die vorhandenen Nährstoffe. Mit Beginn des Nährstoffmangels verlangsamt sich das Wachstum (manche Autoren sprechen von der **Retardationsphase**) so lange, bis genauso viele Bakterien sterben, wie neue entstehen. Die Zahl der Bakterien bleibt dann konstant.
4. **Absterbephase:** Wenn die Nährstoffe aufgebraucht sind oder die Ausscheidungsprodukte der Bakterien toxische Konzentrationen erreichen, sterben die Bakterien und die Wachstumskurve beginnt zu fallen.

Wie schnell Bakterien wachsen können, hängt neben den Bedingungen natürlich auch von der Bakteriengattung ab. Während *Escherichia coli* sich alle 20 min teilen kann, also eine Generations- bzw. Reduplikationszeit von nur 20 min besitzt, brauchen andere Arten, wie die Mykobakterien, aufgrund ihrer aufwendigen Zellwandsynthese wesentlich länger.

Zusammenfassung

- Bakterien besitzen weder Kern noch Mitochondrien.
- Sie besitzen die Fähigkeit zu horizontalem Gentransfer.
- Man unterscheidet grampositive von gramnegativen Arten.

Krankheiten, die von Pilzen verursacht werden, bezeichnet man als **Mykosen.** Gegen Pilze kann sich das Immunsystem aber i. d. R. sehr gut zur Wehr setzen, sodass es, wenn überhaupt, nur zu lokalen Infektionen (z. B. „Fußpilz") kommt. Ist das Immunsystem dagegen geschwächt, können Pilze dem Körper auch stärker zusetzen. Es kommt zu einer systemischen Infektion, die tödlich enden kann. Da der Pilz dabei eine sich bietende Gelegenheit (die Schwächung des Immunsystems) nutzt, spricht man auch von einer **opportunistischen Infektion.**

Aufbau

Pilze gehören zu den **Eukaryonten,** besitzen also einen Zellkern (und auch Mitochondrien). Auch wenn man einige aufgrund ihrer Erscheinung den Pflanzen zuordnen möchte, können sie keine Photosynthese betreiben, sind heterotrophe Organismen und bilden innerhalb der Eukaryonten neben Tieren und Pflanzen ein eigenes Reich.

Pilze besitzen neben einer Zellmembran auch eine **Zellwand aus Polysacchariden** (unter anderem **Chitin**). Die Zellmembran enthält anstelle von Cholesterin ein verwandtes Lipid namens **Ergosterin.**

Beide Strukturen können im Rahmen einer **antimykotischen Therapie** als Ziele fungieren.

Systematik

Pilze werden aufgrund ihrer Morphologie u. a. in Faden- und Sprosspilze unterteilt (→ Abb. 38.1).

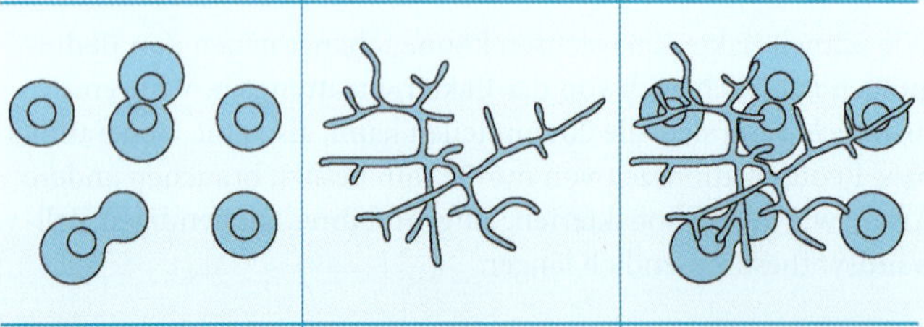

Sprosspilze	Fadenpilze	Dimorphe Pilze
einzelne, abgerundete Zellen Vermehrung mittels Sprossung z.B. *Candida albicans, Cryptococcus neoformans*	verzweigte Zellfäden (Hyphen), die Mycelen bilden Vermehrung mittels Sporen z.B. *Aspergillus fumigatus, Dermatophyten*	können sowohl als Faden- als auch als Sprosspilze wachsen (abhängig von Umweltfaktoren) z.B. *Histoplasma capsulatum, Blastomyces dermatidis*

Abb. 38.1 Einteilung Pilze nach Wachstum [G577]

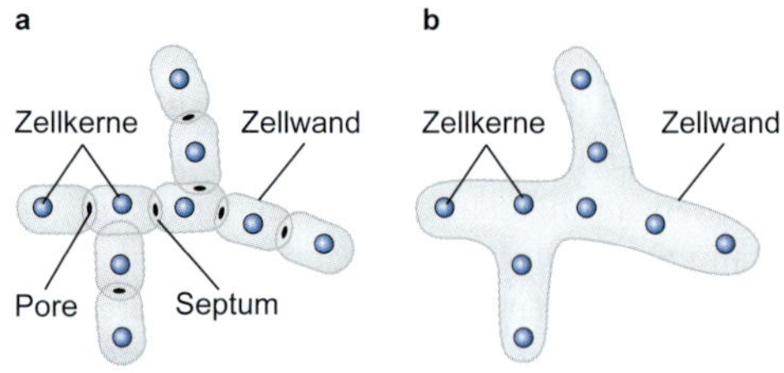

Abb. 38.2 Septierte (a) und coenozytische (b) Hyphen [L231]

Fadenpilze Vielzellige Pilze, die aus mehreren Zellfäden bestehen, heißen Fadenpilze. Die Zellfäden werden dabei als **Hyphen** und das ganze Gebilde als **Myzel** bezeichnet. Sind die Hyphen durch Zellwände getrennt (die allerdings über große Poren verfügen), spricht man von **septierten Hyphen.** Fehlen die Septen und das Zytoplasma erstreckt sich ununterbrochen über das gesamte Myzel, ist von **coenozytischen Hyphen** die Rede (→ Abb. 38.2).
Viele Fadenpilze bilden zur Vermehrung Sporen, von denen manche über einen **haploiden** und andere über einen **diploiden Chromosomensatz** verfügen. Die Vermehrung erfolgt also entweder **geschlechtlich** oder **ungeschlechtlich.**
Als wichtiges Beispiel für Fadenpilze solltet ihr euch die **Aspergillen** (Singular: Aspergillus), eine Gattung der **Schimmelpilze,** einprägen.
Sprosspilze Bei den Sprosspilzen handelt es sich um Einzeller. Diese vermehren sich durch Sprossung. Dabei stülpt sich die Tochterzelle aus der Ursprungszelle aus und schnürt sich ab. Schnürt sich die Zelle nicht vollständig ab, bleibt eine Verbindung bestehen. Das entstehende Gebilde sieht den Fadenpilzen ähnlich, weshalb man es als **Pseudomyzel** bezeichnet. Zu den Sprosspilzen gehören u. a. die **Hefen,** von denen ihr euch *Candida albicans* als humanpathogenen Vertreter merken solltet.

Zusammenfassung

- Pilze sind Eukaryonten. Einige Arten verursachen Mykosen.

Viren

Viren sind im Gegensatz zu den Bakterien **keine Lebewesen,** sondern **infektiöse Partikel.** Wenn man es ganz genau nimmt, bezeichnet man die Form des Virus, die außerhalb von Zellen umherschwirrt, um einen neuen Wirt zu infizieren, als **Virion.** Da die Viren keine Lebewesen sind und entsprechend über **keinen eigenen Stoffwechsel** verfügen, sind sie zur Vermehrung auf andere Organismen angewiesen. In der Regel schaden sie diesen und man könnte sie daher als Parasiten bezeichnen, was aber umstritten ist, da Parasiten eigentlich als Lebewesen definiert sind. Wenn ihr den Begriff **„parasitär"** im Sinne von „den Parasiten ähnlich" verwendet, solltet ihr auf der sicheren Seite sein!
Da Viren normalerweise nur wenige hundert Nanometer groß sind, könnt ihr sie mit dem Lichtmikroskop (im Gegensatz zu den Bakterien) nicht erkennen. Es gibt allerdings Ausnahmen, wie die Megaviren oder die erst vor wenigen Jahren entdeckten **Pandoraviren,** die, was ihre Größe angeht, schon an kleine Bakterien heranreichen.

Aufbau

Im Inneren eines Virus findet sich dessen Erbinformation. Dabei handelt es sich entweder um **RNA oder DNA.** Da das Genom geschützt werden muss, ist es von einer **Proteinhülle,** dem **Kapsid,** umgeben. Erbinformation und Kapsid werden auch als Nukleokapsid zusammengefasst. Einige Viren haben zusätzlich zum Kapsid noch eine **Lipidhülle.** Als Beispiel ist in → Abb. 39.1 der Aufbau eines HI-Virus dargestellt.

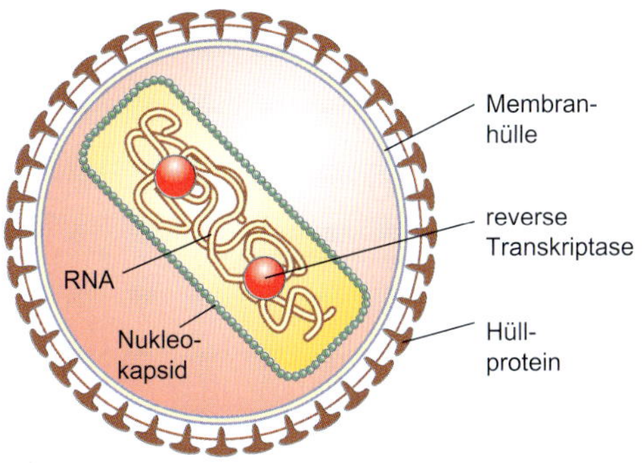

Abb. 39.1 Das HI-Virus und seine Struktur [L253]

Vermehrung

Das Virus will von der Wirtszelle vermehrt werden. Dafür muss es zunächst sein Genom in der Wirtszelle freisetzen. Nachdem Viruskopien erstellt wurden, muss die DNA wieder in Kapside verpackt werden, die dann die Zelle verlassen. Selbstverständlich gibt es von Virus zu Virus Unterschiede, was die Vermehrung angeht, trotzdem kann man einen grundsätzlichen Zyklus beschreiben (→ Abb. 39.2):

1. **Adsorption/Attachment:** Damit ein Virus in eine Zelle gelangen kann, muss es an diese Zelle binden. Da Viren normalerweise Präferenzen hinsichtlich des Zelltyps, den sie befallen, haben, ist diese Bindung meist sehr spezifisch. Diese Spezifität wird erreicht, indem die Kapsidproteine des Virus nur mit bestimmten Oberflächenproteinen bzw. Rezeptoren der Wirtszelle interagieren können.
2. **Penetration:** Nun muss das Virus in die Zelle. Bei den meisten humanpathogenen Viren geschieht dies entweder durch Endozytose des Virus oder Fusion der Membranen. Bakteriophagen müssen, um in ihre Wirtszellen zu gelangen, auch die bakterielle Zellwand überwinden. Um das zu schaffen, können einige Bakteriophagen ihr Genom in die Wirtszellen injizieren, ohne dass das sperrige Kapsid die Zellwand überwinden muss.
3. **Uncoating:** Wenn es noch nicht geschehen ist, muss das Kapsid spätestens jetzt weg. Im einfachsten Fall dissoziiert es einfach ab, ansonsten muss es von viralen Enzymen oder denen der Wirtszelle abgebaut werden.
4. **Replikation:** Der Begriff Replikation ist in Bezug auf Viren nicht nur im Sinne der Verdopplung der Erbinformation zu verstehen. Die Wirtszelle produziert nämlich auch die Proteine, die das Virus benötigt. Die dafür benötigten Gene sind natürlich im Genom des Virus enthalten.
5. **Assembly/Maturation:** Bei den meisten Viren setzen sich die neu synthetisierten Bestandteile noch in der Wirtszelle zusammen. Eine Ausnahme davon ist HIV (Human Immunodeficiency Virus), bei dem dieser Prozess erst nach der Virusfreisetzung stattfindet.
6. **Release/Freisetzung:** Auch bei der Virusfreisetzung gibt es mehrere Möglichkeiten. Eine Möglichkeit besteht darin, dass die Wirtszelle **lysiert** wird und die Viruspartikel auf diese Weise frei werden. Gerade die behüllten Viren (also diejenigen mit einer Lipidhülle) setzen dagegen häufig auf Knospung. Beim Durchtritt durch die Membran der Wirtszelle nehmen sie häufig ein Stück mit, das dann, ggf. in modifizierter Form, die Lipidhülle des Virus bildet.

Manche Viren (v. a. Bakteriophagen) weichen von diesem klassischen Zyklus etwas ab: Sie integrieren ihr Genom in das der Wirtszelle und machen danach erstmal nichts. Da sich die Wirtszelle aber weiter teilt, entstehen viele neue Zellen, die alle die Virus-DNA enthalten. Man bezeichnet diesen Prozess auch als **lysogenen Zyklus.** Das Gegenteil wäre der bereits beschriebene **lytische Zyklus.** Die Viren, die zu einem lysogenen Zyklus fähig sind, heißen **temperente** Viren. Unter bestimmten Umständen können die Viren aus dem lysogenen wieder in den lytischen Zyklus übergehen, was mit einer massiven Zelllyse einhergeht (→ Abb. 39.3).

Phase	Vorgang	Schema
Adsorption	Das Virus bindet an Rezeptoren auf der Zelloberfläche (hohe Wirtsspezifität).	
Penetration	Das Virus wird durch Phago- oder Pinozytose eingeschleust, oder seine Hülle verschmilzt mit der Zellmembran.	
Uncoating	Das Kapsid und ggf. die Hülle werden abgebaut, und das Genom wird freigesetzt.	
Replikation	Die Proteinbiosynthese der Wirtszelle wird umprogrammiert und dient zur Produktion viraler Proteine und Nukleinsäuren.	
Maturation und Self-assembly	Die einzelnen Virenbausteine setzen sich zusammen.	
Liberation	Die Freisetzung der Viren geschieht durch Lyse (Zelle zerfällt) oder durch Abschnürung, wobei die Zellmembran zur neuen Hülle des Virus wird. In die Hülle werden virale Proteine (Spikes) integriert.	

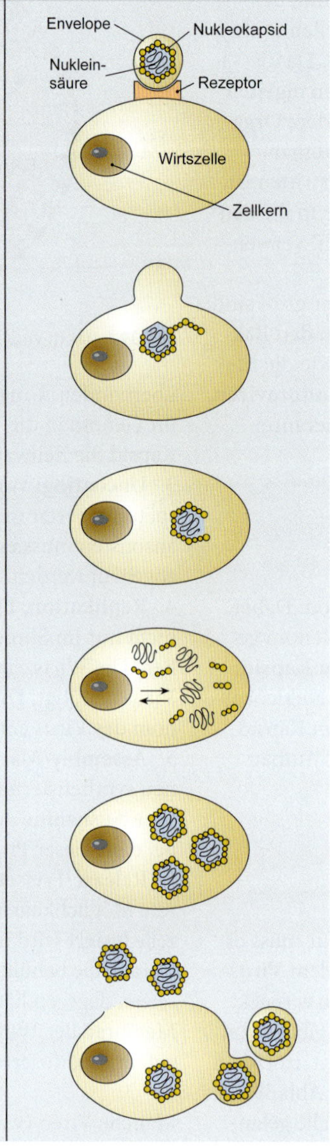

Abb. 39.2 Zyklus der Virusvermehrung [G157]

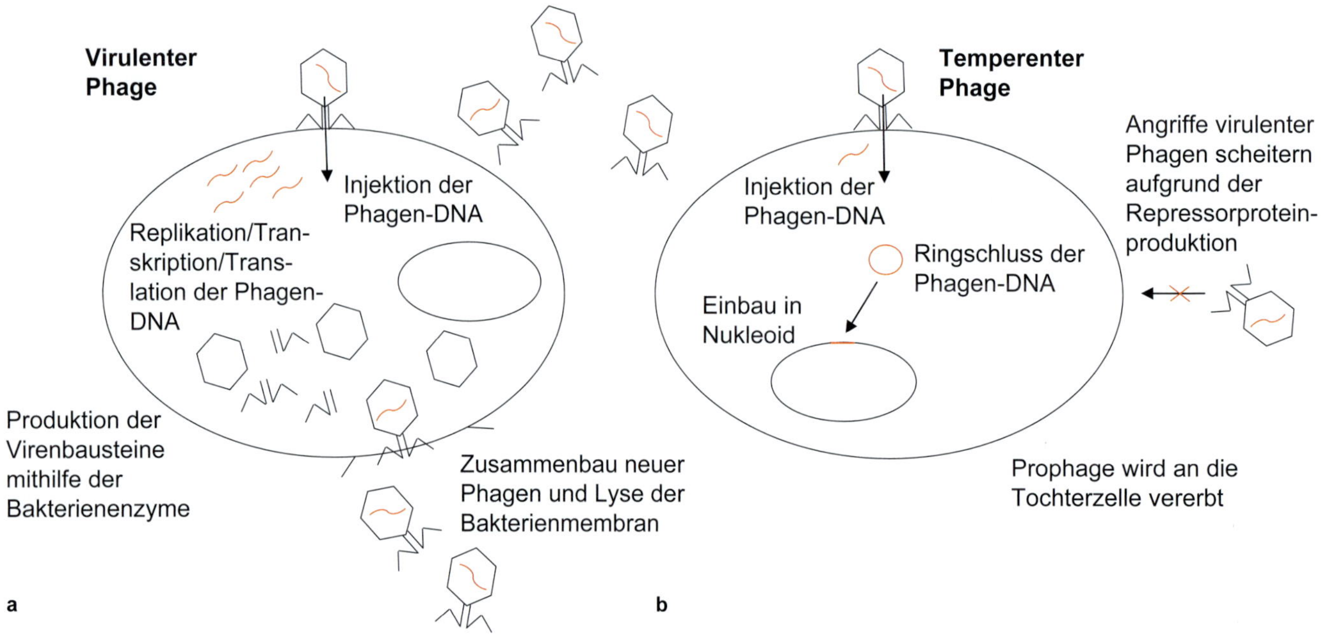

Abb. 39.3 Lytischer (a) und lysogener (b) Zyklus [P118]

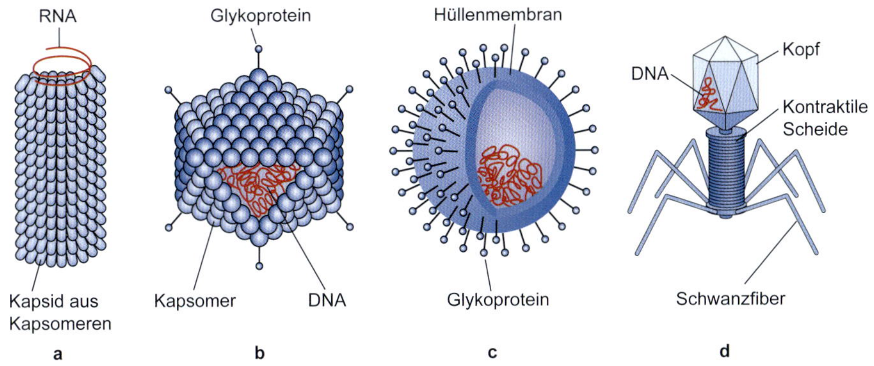

Abb. 39.4 Verschiedene Viren [L231]
a) Tabakmosaikvirus
b) Adenovirus
c) Influenzavirus
d) Bakteriophage

Übrigens: Die virale DNA, die im Rahmen des lysogenen Zyklus für längere Zeit in die Wirtszelle eingebaut ist, wird auch als **Provirus** (bzw. **Prophage** bei Bakteriophagen) bezeichnet.
Die Virusvermehrung ist der Ansatzpunkt zahlreicher **Virostatika,** die aber für das Physikum weit weniger wichtig sind als die Antibiotika.
In → Abb. 39.4 ist eine Auswahl verschiedener Viren gezeigt.

Klassifikation

Es gibt sehr viele Möglichkeiten, Viren zu klassifizieren. Am weitesten verbreitet sind die Unterteilung in **behüllte** und **unbehüllte** Viren oder die Klassifizierung anhand der viralen Erbinformation **(einzelsträngig** vs. **doppelsträngig, RNA** vs. **DNA).** Bei den RNA-Viren kann es eine wissenswerte Besonderheit im Vermehrungszyklus geben: Manche RNA-Viren enthalten RNA, die direkt als **mRNA** fungieren kann. Das heißt, mit der Translation kann direkt begonnen werden, sobald die virale RNA in der Zelle freigesetzt worden ist. Andere Viren tragen RNA in sich, die komplementär zur mRNA ist. Das heißt, das Virus benötigt zunächst eine **RNA-abhängige RNA-Polymerase** (die es i. d. R. selbst mitbringt), um die mRNA zu synthetisieren, sodass die Translation beginnen kann. Als prominentes Beispiel könnt ihr euch das **Polio-Virus** merken. Außerdem gibt es Viren, deren Erbinformation zwar aus RNA besteht, die aber, sobald die Viren in der Wirtszelle angelangt sind, in DNA umgeschrieben wird. Diese wird ins Genom der Wirtszelle integriert und die wiederum synthetisiert dann die mRNAs. Man bezeichnet solche Viren als **Retroviren** und einer der bekanntesten Vertreter dieser Familie ist das **HI-Virus.**

Die Enzyme, die aus der RNA die DNA herstellen sind **RNA-abhängige DNA-Polymerasen** und werden auch als **reverse Transkriptasen** bezeichnet.

Man kann sich denken, dass es für die Wirtszelle zum Problem werden kann, wenn plötzlich ein Virus seine DNA in ihr Genom integriert. Dabei können Gene zerstört oder ihre Aktivität verändert werden. Im besten Fall stirbt die Zelle, im schlimmsten Fall entsteht ein Tumor, der zur Gefahr für den gesamten Organismus wird.
Reverse Transkriptasen werden auch im Labor genutzt, um aus der fragilen RNA vergleichsweise stabile **cDNA (copy DNA)** herzustellen. Außerdem hat die Erstellung von cDNA mithilfe der mRNA eines bestimmten Gens einen weiteren Vorteil gegenüber der genomischen DNA: Sie besitzt **keine Introns,** da die mRNA bereits gespleißt wurde.

Übertragung

Wie sich Viren im Körper vermehren, wissen wir bereits. Nun müssen wir noch einen Blick darauf werfen, wie sie von Mensch zu Mensch gelangen. Bei der Einteilung der Übertragungswege kann man sich sehr in den Details und Kriterien verlieren. Deswegen gibt es an dieser Stelle nur ein grundlegendes Schema:

- **Tröpfcheninfektion:** Bei der Tröpfcheninfektion verbreitet sich das Virus quasi über die Luft, genauer gesagt über kleine virushaltige Tröpfchen, die beim Sprechen, Niesen oder Husten entstehen. Kleinste Partikel können als Aerosol auch größere Distanzen überwinden, da sie kaum absinken. Klassisches Beispiel: Das Influenzavirus.
- **Kontakt- bzw. Schmierinfektion:** Wie der Name schon sagt, muss es bei diesem Übertragungsweg zu einer Form von Kontakt kommen, damit sich eine Person infiziert. Wird der Infizierte selbst berührt, spricht man von einer **direkten Kontaktinfektion.** Infiziert man sich dagegen beim Kontakt mit einem kontaminierten Gegenstand, handelt es sich um eine **indirekte Kontaktinfektion.** Beispiel: das Hepatitis-A-Virus (aber auch einige Bakterienarten).
- **Austausch von Körperflüssigkeiten:** Manche Viren sind nur in bestimmten Körperflüssigkeiten in ausreichend hohen Konzentrationen vorhanden, um eine Infektion zu verursachen oder können an der Luft nicht lange überleben. Damit sie übertragen werden, muss es zur direkten Aufnahme von Körperflüssigkeiten wie Blut, Speichel, Ejakulat etc. kommen. Beispiel: HIV.

Zusammenfassung

- Viren sind keine Lebewesen und i. d. R. kleiner als Bakterien.
- Man unterscheidet verschiedene Möglichkeiten der Mensch-zu-Mensch-Übertragung (Tröpfcheninfektion, Schmierinfektion etc.), aber die Grenzen sind fließend.

Prionen

Der Begriff **Prion** leitet sich von **„Protein"** und **„Infection"** ab. Auch wenn viele Mechanismen der durch Prionen verursachten Erkrankungen noch unklar sind, weiß man mittlerweile, dass es sich bei Prionen um **fehlgefaltete Proteine** handelt. In der Regel werden fehlgefaltete Proteine von der Zelle erkannt und abgebaut. Prionen schaffen es allerdings nicht nur, sich dem Abbau zu entziehen, sondern auch die Fehlfaltung anderer Proteine zu induzieren (→ Abb. 40.1). Auf diese Weise lagern sich in den infizierten Zellen große Mengen des stabilen Prions ab, die dann irgendwann die Funktion der Zellen stören. In der Regel manifestieren sich diese Störungen v. a. im Nervensystem und führen zum Tod. Einige Beispiele für Prionen-Erkrankungen solltet ihr kennen:

- **Creutzfeldt-Jakob-Krankheit** (→ Abb. 40.2): Von Creutzfeldt-Jakob existieren sowohl familiäre als auch erworbene Formen. Am prominentesten ist die new variant Creutzfeldt-Jakob-Disease (nv-CJD), bei der man davon ausgeht, dass sie durch den Verzehr von **BSE (Bovine Spongiforme Enzephalopathie)** verseuchtem Rindfleisch verursacht wird. Zudem kommen für CJD iatrogene Übertragungswege wie Hirnhauttransplantationen infrage.

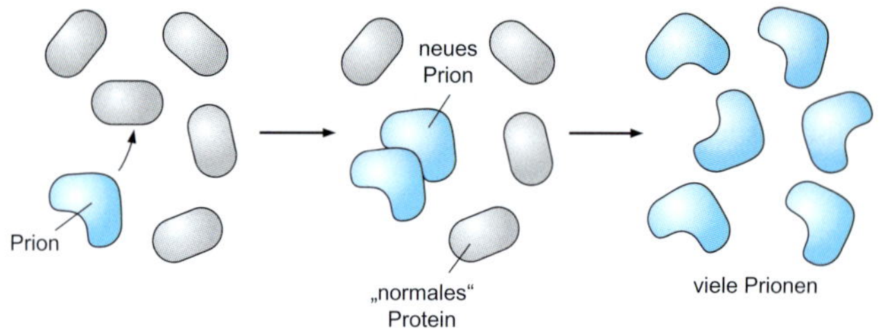

Abb. 40.1 Die Vermehrung der Prionen [L253]

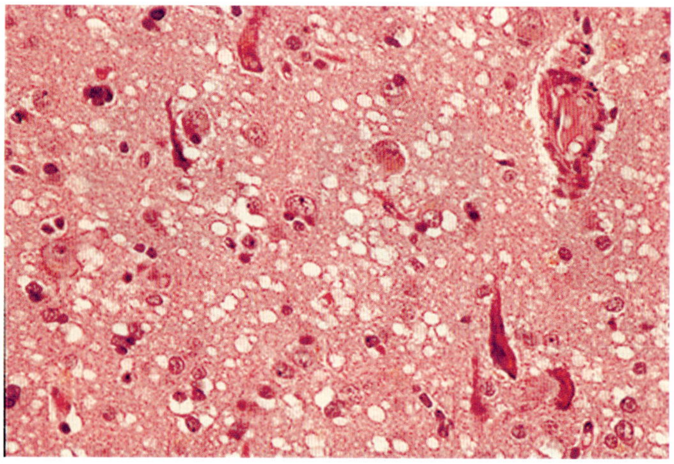

Abb. 40.2 Schwammartige Hirnstruktur (spongiforme Veränderungen) bei Creutzfeldt-Jakob-Krankheit [G166]

- **Kuru:** Bei Kuru handelt es sich um eine Prionen-Erkrankung, die v. a. bei einem Volk in Papua-Neuguinea auftrat. Als Übertragungsweg wurde der rituelle Kannibalismus, den dieses Volk praktizierte, ausgemacht, denn nach dessen Verbot ging die Zahl der Neuerkrankungen stetig zurück. Kuru bedeutet im Übrigen „Muskelzittern".
- **Scrapie:** Die Prionen-Erkrankung Scrapie kommt bei Schafen vor, ist aber prinzipiell auch für den Menschen gefährlich.

Wie Prionen-Erkrankungen übertragen werden, wird nach wie vor diskutiert. Im Labor konnte bereits nachgewiesen werden, dass Prionen auch als Aerosol übertragen werden können.

Zusammenfassung

- Prionen sind fehlgefaltete, infektiöse Proteine.
- Beispiele für Prionen-Erkrankungen sind Creutzfeldt-Jakob-Krankheit, Kuru und Scrapie.

Grundlagen der Ökologie

Die Ökologie wird normalerweise kaum gefragt, sodass die wichtigsten Fakten ausreichen. Ihr solltet dabei v.a. in der Lage sein, die wichtigsten Fachbegriffe zu definieren.

Formen des Zusammenlebens

Es gibt grundsätzlich drei Möglichkeiten, wie Organismen nebeneinander existieren können.

Symbiose

Die **Symbiose** ist die Idealform des Zusammenlebens, denn sie ist dadurch gekennzeichnet, dass beide Partner vom Zusammenleben profitieren. Symbiose ist weit verbreitet (denkt an Bienen und Blumen). Ein beliebtes klinisches Beispiel sind die **Darmbakterien,** die uns den Umgang mit zellulosereicher Nahrung erleichtern und im Gegenzug ein warmes Dach über dem Kopf erhalten. Unterscheiden sich die an der Symbiose beteiligten Organismen stark in ihrer Größe, bezeichnet man den größeren als **Wirt** und den kleineren als **Symbiont.**

Kommensalismus

Beim **Kommensalismus** ist der gegenseitige Nutzen nicht gegeben, allerdings wird auch keinem der beteiligten Organismen geschadet. Die Beziehung zwischen dem Menschen und den **Mikroorganismen der Haut (Hautflora)** wird gerne als Beispiel genannt. Gelangen diese Mikroorganismen aber etwa im Rahmen einer Operation tiefer in den Körper des Menschen, kann die Sache schnell anders aussehen.

Parasitismus

Vom **Parasitismus** spricht man, wenn beim Zusammenleben zweier Organismen der eine profitiert und den anderen dabei schädigt. Der profitierende (und i.d.R. wesentlich kleinere) Partner wird **Parasit** genannt, der geschädigte heißt **Wirt.** Zwar denkt man beim Wort Parasiten meist erst an Flöhe oder Bandwürmer, aber man sollte nicht vergessen, dass auch **Viren,** die unsere Zellen zur Vermehrung nutzen, von uns profitieren (auch wenn sie keine Lebewesen sind). Aufgrund der starken Abhängigkeit des Parasiten vom Wirt ist es nicht sein Ziel, den Wirt zu töten. Ein Virus, das häufig tödliche Infektionen verursacht, ist also noch nicht gut genug an den Menschen angepasst.
Auch die Parasiten lassen sich weiter unterteilen, je nachdem ob sie sich auf der Körperoberfläche ihres Wirts (Ektoparasiten, z.B. Läuse) oder in dessen Innerem (Endoparasiten, z.B. Fuchsbandwurm) niederlassen.
Übrigens: Wann immer zwei Organismen über lange Zeiträume viel miteinander zu tun haben (Wirt und Symbiont, Wirt und Parasit etc.), zwingen evolutionäre Veränderungen des einen Partners den anderen gewissermaßen zum „Nachziehen". Diese wechselseitigen Anpassungen bezeichnet man als **Koevolution.**

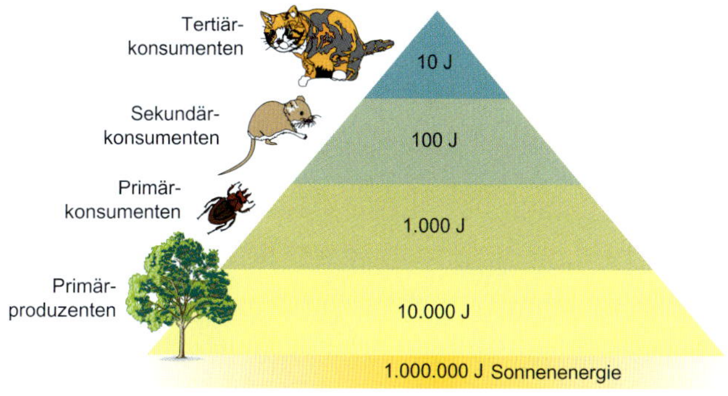

Abb. 41.1 Nahrungskette [L253]

Nahrungsbeziehungen

Als Letztes müssen wir noch ein paar Begriffe klären, die mit dem großen Thema Nahrungskette assoziiert sind. Zunächst solltet ihr ein paar Begriffen kennen:

- **Abiotische Umwelt:** Als abiotische Umweltfaktoren bezeichnet man die Umweltbedingungen, die nicht durch Lebewesen bestimmt sind (Sonnenlicht, chemische Verbindungen etc.).
- **Autotrophe Organismen:** Diese Organismen finden in den abiotischen Umweltfaktoren alles, was sie zum Leben brauchen. Grüne Pflanzen können z.B. aus anorganischen Verbindungen (CO_2 und Wasser) mithilfe von Sonnenlicht Glucose herstellen.
- **Heterotrophe Organismen:** Diese Organismen nutzen organische Verbindungen, um zu überleben. Sie sind also gewissermaßen auf autotrophe Organismen angewiesen, regenerieren dabei aber die anorganischen Verbindungen, die diese zum Überleben benötigen.

In der Nahrungskette dienen die autotrophen Organismen (z.B. Pflanzen) als Produzenten. Die Produzenten werden von den Pflanzenfressern **(Herbivoren)** gegessen, die in der Nahrungskette als **Primärkonsumenten** fungieren. Natürlich können auch die Pflanzenfresser gefressen werden und zwar von den Fleischfressern **(Karnivoren),** die wiederum als **Sekundärkonsumenten** bezeichnet werden (→ Abb. 41.1).
Und wer räumt auf? Das ist Aufgabe der **Destruenten** (Bakterien, Pilze), die natürlich auch heterotroph sind und organisches Material wieder abbauen, sodass es den autotrophen Organismen erneut zur Verfügung steht – der Stoffkreislauf ist geschlossen!

> **Zusammenfassung**
> - Man unterscheidet Symbiose, Kommensalismus und Parasitismus als Formen des Zusammenlebens.
> - Heterotrophe Organismen benötigen organische Verbindung zum Leben. Autotrophe Organismen synthetisieren diese.

Physik

BASICS

Grundlagen

42 Einführung und Statistik 108
43 Mechanik 110
44 Flüssigkeiten 114
45 Thermodynamik und Gase 116
46 Elektrizität 118

Angewandte Physik

47 Optik 122
48 Ionisierende Strahlung 124

Als Einstieg in die Physik kehren wir thematisch zunächst zum Beginn dieses Buchs zurück und befassen uns mit der Statistik. Erfreulicherweise ist die Statistik, die man im Physikum benötigt, wirklich nicht kompliziert. Die Anforderungen in den Physikpraktika an der eigenen Uni können aber teilweise deutlich darüber hinausgehen – in jedem Fall verhilft euch dieses Kapitel zu einer soliden Basis.

Mittelwerte

Wenn man Daten sammelt, wird man diese irgendwann auch auswerten wollen. Dabei wird i. d. R. nach einem **Mittelwert** gesucht, um anzugeben, wie der „durchschnittliche Proband" im Hinblick auf das untersuchte Merkmal abschneidet. Es gibt allerdings mehrere Möglichkeiten, einen Mittelwert zu berechnen. Ihr solltet euch dabei einprägen, wie die einzelnen Werte definiert sind. Im Studium befasst man sich dann noch intensiver damit, wann welcher Mittelwert sinnvoll ist.

Arithmetisches Mittel

Mit dem arithmetischen Mittel hattet ihr in der Schule wahrscheinlich am meisten zu tun. Um es zu berechnen, addiert ihr zunächst alle gemessenen Werte und teilt die Summe durch die Anzahl der Werte:
Pascal, Bernd und Karl sind 1,60 m, 1,75 m und 1,80 groß. Wir rechnen folglich:

$$\frac{1{,}60\,m + 1{,}75\,m + 1{,}80\,m}{3} \approx 1{,}72\,m$$

In diesem Beispiel ist das arithmetische Mittel also 1,72 m. Häufig verwendet man für das arithmetische Mittel auch den Begriff **Durchschnitt.**

Median

Um den Median eines Datensatzes zu finden, ordnet man alle Werte zunächst aufsteigend. Dann sucht man sich den Wert in der Mitte, und schon hat man den Median. Und wenn man eine gerade Anzahl an Werten hat, es also keinen Wert in der Mitte gibt? Dann bildet man das **arithmetische Mittel der beiden mittleren Werte:** In unserem Beispiel mit Pascal, Bernd und Karl liegt der Median bei 1,75. Wann macht es Sinn, den Median zu verwenden? Angenommen, in einer Klasse sind 20 Schüler und man möchte wissen, wie viel Taschengeld ein „typischer Schüler" bekommt. 19 Schüler erhalten 30 Euro pro Monat, aber einer bekommt, aus welchem Grund auch immer, 500 Euro. Würde man hier das arithmetische Mittel berechnen, käme man auf 53,50 Euro. Dadurch, dass ein Wert so stark abweicht, erhalten wir als arithmetisches Mittel einen Wert, der fast doppelt so hoch ist, wie das tatsächliche Taschengeld von 95 % der Schüler. Würden wir allerdings alle Schüler der Reihe nach ordnen und nach dem Median suchen, kämen wir auf 30 Euro und kämen damit dem „typischen Schüler" wesentlich näher. Ob arithmetisches Mittel oder Median sinnvoller sind, hängt folglich immer auch von der Fragestellung ab.

Modalwert

Der Modalwert ist schnell gefunden: Wir suchen uns den **häufigsten Wert** aus unserem Datensatz. Für Pascal, Bernd und Karl wird das schwierig, denn jeder Wert kommt einmal vor. Für unsere Schulklasse wäre der Modalwert (der auch als Modus bezeichnet wird) 30.

Normalverteilung, Glockenkurve und Standardabweichung

Wir befassen uns weiter mit dem Merkmal Körpergröße, aber vermessen diesmal nicht nur Pascal, Bernd und Karl, sondern gleich 10 000 Leute. Und weil kein Platz ist, um die Tabelle mit allen Werten hier abzudrucken, tragen wir sie einfach in ein Diagramm ein.

Gaußsche Glockenkurve

Auf die x-Achse kommen dabei die verschiedenen Körpergrößen (also z. B. 1,70 m) und auf der y-Achse tragen wir ein, wie viele Leute mit der jeweiligen Körpergröße sich unter unseren 10 000 Personen fanden. Verbinden wir die Punkte, ergibt sich eine Kurve, die **Gaußsche Glockenkurve** (→ Abb. 42.1).
Ihr seht: Die Kurve hat in der Mitte ein Maximum, das die Fläche unter der Kurve in zwei gleich große Hälften teilt. Entfernt man sich vom Mittelpunkt, streben die Werte erst schnell, dann immer langsamer, gegen 0. Man spricht von einer **Normalverteilung.** Das Maximum würde für Männer in Deutschland bei ca. 1,80 m liegen. Das Ganze ist eigentlich relativ intuitiv: Wenn ihr euch fragt, wie viele Leute in eurem Freundeskreis zwischen 1,70 m und 1,90 m groß sind, fallen euch wahrscheinlich relativ viele ein. Zwischen 1,60 m und 1,70 m bzw. 1,90 m und 2 m werden es schon merklich weniger und unter 1,60 m bzw. ab 2 m kommen den meisten nur noch vereinzelt Personen in den Sinn.
Man spricht beim Maximum auch vom **Erwartungswert,** denn wählt man aus unseren 10 000 Personen eine aus, so ist die Wahrscheinlichkeit am höchsten, dass ihre Körpergröße dem Erwartungswert entspricht.

Standardabweichung

Es gibt viele Merkmale, die normalverteilt sind. Bei einigen standardisierten Tests (IQ-Tests) finden sich z. B. viele Probanden mit mittleren Ergebnissen, während die Ausreißer nach oben und unten immer seltener werden.
All diese Merkmale stellen sich als Glockenkurve dar, was aber nicht heißt, dass diese Kurve immer exakt gleich aussieht. Bei Kurve A ist das Maximum vielleicht höher als bei Kurve B, wohingegen bei Kurve B die Breite der Kurve größer ist, die Werte also teilweise stärker vom Maximum abweichen.
Besonders die Breite der Kurve ist für uns von großem Interesse und der wichtigste Weg, diese anzugeben, ist mittels der **Standardabweichung (σ).**

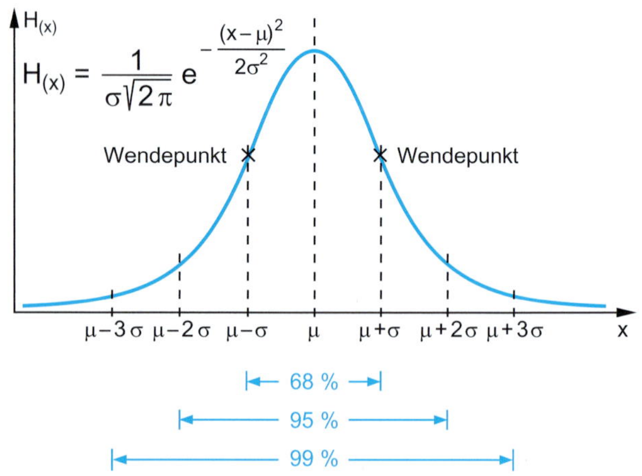

Abb. 42.1 Normalverteilung (Gaußsche Glockenkurve) [L253]

Die mathematischen Herleitung der Standardabweichung können wir uns guten Gewissens schenken.

> Merkt euch aber, weil es gelegentlich mal gefragt wird: Die **Standardabweichung ist die Quadratwurzel der Varianz!**

Wenn man nun für eine Normalverteilung die Standardabweichung kennt, kann man damit ziemlich gut arbeiten, denn für jede Normalverteilung gilt:

- Wenn man vom Mittelwert **eine Standardabweichung** nach links und nach rechts geht, finden sich in diesem Intervall ($\pm 1\sigma$ bzw. 1-σ-Intervall) rund **68 % aller Werte.**
- Wenn man vom Mittelwert **zwei Standardabweichung** nach links und nach rechts geht, finden sich in diesem Intervall ($\pm 2\sigma$ bzw. 2-σ-Intervall) rund **95 % aller Werte.**
- Wenn man vom Mittelwert **drei Standardabweichung** nach links und nach rechts geht, finden sich in diesem Intervall ($\pm 3\sigma$ bzw. 3-σ-Intervall) über **99 % aller Werte.**

Damit das Ganze etwas anschaulicher wird:
Angenommen, für unsere Körpergrößennormalverteilung mit Mittelwert 1,80 m wäre die Standardabweichung $\sigma = 10$ cm. Dann würden sich im $\pm 1\sigma$-Intervall (also von 1,70–1,90 m) folglich 68 % unserer Probanden, also 6 800 Personen finden. Im $\pm 2\sigma$-Intervall (also von 1,60–2,00 m) lägen schon 95 % aller Werte etc.
Und zwischen 1,80 m und 1,90 m? Hierbei handelt es sich um ein halbes $\pm 1\sigma$-Intervall (nämlich nur „$+1\sigma$“), sodass die Größe von 34 % der Probanden in dieses Intervall fallen sollten.
Übrigens: Wenn man sagt, dass 68 % der Personen unserer Untersuchung zwischen 1,70 m und 1,90 m groß sind, gibt man die **relative Häufigkeit** an. Die zugehörige **absolute Häufigkei**t erhält man, indem man mit dem Stichprobenumfang (also 10 000) multipliziert:

$$10\,000 \times 0{,}68 = 6\,800$$

Messfehler

Wenn wir für unsere Untersuchung die Körpergröße von 10 000 Personen messen, werden Fehler passieren und das ist ganz normal. Denn selbst das präziseste Instrument arbeitet nicht mit hundertprozentiger Genauigkeit.
Auch bei den Messfehlern unterscheidet man **absolute von relativen Messfehlern.** Angenommen, unser absoluter Messfehler beträgt ± 1 cm (z. B. weil wir das Maßband nicht immer genau gleich gespannt haben), dann liegt der relative Fehler für einen Messwert von 1,80 m bei:

$$0{,}01\,\text{m} : 1{,}80\,\text{m} \approx 0{,}56\,\%$$

Wie könnte man diesen Fehler reduzieren? Zum Beispiel, indem man mehrere Messungen durchführt und den Mittelwert berechnet.
Bei unserer Körpergrößenuntersuchung muss man sich auch die Frage stellen, wie wahrscheinlich es ist, dass der Mittelwert von 1,80 m tatsächlich der Durchschnittsgröße der Bevölkerung entspricht. Eine Antwort darauf gibt der **Standardfehler des Mittelwerts.** Um ihn zu berechnen, teilt man die **Standardabweichung** unserer Normalverteilung durch die **Wurzel des Stichprobenumfangs n:**

$$\frac{\sigma}{\sqrt{n}}$$

Es sollte klar sein, dass bei einer weniger breiten Kurve (kleines σ) die Wahrscheinlichkeit groß ist, den Mittelwert präzise bestimmt zu haben. Umgekehrt kann man die Aussagekraft des Mittelwerts aber auch erhöhen, indem man den Umfang der Stichprobe von 10 000 auf z. B. 20 000 Personen erhöht (großes n).

Zusammenfassung

- Modalwert, Median und arithmetisches Mittel sind drei mögliche Mittelwerte. Wann man welchen verwendet, hängt von den auszuwertenden Daten und der Fragestellung ab.
- Die Normalverteilung wird euch im Studium oft begegnen, sodass ihr Begriffe wie Standardabweichung und relative Häufigkeit sicher beherrschen solltet.
- Um den Messfehler zu reduzieren, kann es hilfreich sein, Messungen zu wiederholen.

Mechanik

Die Mechanik bietet sich für den Einstieg an, da man hier mit Konzepten wie Geschwindigkeit und Beschleunigung arbeitet, mit denen ihr bereits aus dem Alltag vertraut seid.

Grundlagen

Geschwindigkeit und Impuls

Über die Geschwindigkeit müssen wir nicht allzu viele Worte verlieren: Wenn ihr eine bestimmte Strecke s in einer bestimmten Zeit t zurückgelegt habt, müsst ihr, um eure Durchschnittsgeschwindigkeit **v (velocity)** zu berechnen, s durch t dividieren:

$$v = \frac{\Delta s}{\Delta t}$$

Warum das „Delta"? Wir betrachten die Änderung der Strecke bzw. die Änderung der Zeit: Angenommen, ihr wollt die Durchschnittsgeschwindigkeit eines 100-m-Sprinters auf den letzten 30 m berechnen, dann dividiert ihr die Änderung der Strecke (von 70 m zu 100 m, also 30 m) durch die Änderung der Zeit (von 16 zu 23 s auf der Stoppuhr, also 7 s). Ihr solltet allerdings immer bedenken, dass es sich um die Durchschnittsgeschwindigkeit handelt und dass die Momentangeschwindigkeiten teilweise darüber und darunter lagen. Lediglich bei einer **gleichförmigen Bewegung** bleibt die Geschwindigkeit konstant und die Durchschnittsgeschwindigkeit entspricht der Momentangeschwindigkeit.
Übrigens: Die zwei geläufigsten Einheiten der Geschwindigkeit sind **km/h** und **m/s.**

> Um euch in der Klausur viel Rechnen zu ersparen, solltet ihr euch merken, dass **1 m/s genauso schnell ist wie 3,6 km/h.**

Die nächste Größe, mit der wir uns befassen wollen, ist der **Impuls.** Wenn ihr euch fragt, ob es schlimmer wäre, von einem 100 km/h schnellen Tischtennisball oder einem 100 km/h schnellen Golfball getroffen zu werden, würden die meisten Menschen wohl intuitiv den Golfball nehmen. Auch wenn beide Bälle gleich schnell fliegen, hat der schwerere Golfball nämlich den größeren Impuls **p,** der sich als **Produkt von Masse und Geschwindigkeit** des Körpers berechnet:

$$p = m \times v$$

Und welche Einheit hat p? Die Masse hat die Einheit kg und die Geschwindigkeit die Einheit m/s, folglich hat p die Einheit:

$$[p] = kg \times m/s$$

> In einem geschlossenen System bleibt die **Summe aller Impulse** immer gleich.

Trifft eine Kugel auf eine Wand, ändert sie lediglich ihre Richtung und behält ihren Impuls. Beim Kontakt mit einer anderen Kugel wird Kugel A vielleicht etwas abgebremst und Kugel B dafür leicht beschleunigt – die Summe bleibt gleich. Man spricht folglich vom **Impulserhaltungssatz.**

Beschleunigung

Die Änderung der Geschwindigkeit eines Körpers bezeichnet man als Beschleunigung. Hat die **Beschleunigung** einen positiven Wert, wird der Körper schneller, wohingegen eine negative Beschleunigung dem Abbremsen des Körpers entspricht. Die Beschleunigung **a** (acceleration) ist also nichts anderes als die Änderung der Geschwindigkeit v während eines Zeitraums:

$$a = \frac{\Delta v}{\Delta t}$$

Auch die Einheit der Beschleunigung könnt ihr euch herleiten, wenn ihr mit Brüchen rechnen könnt:

$$[a] = \frac{\frac{m}{s}}{s} = \frac{m}{s^2}$$

Kraft

Damit ein Körper seine Geschwindigkeit ändert, muss auf ihn eine Kraft wirken, sonst würde er sich für immer gleich schnell weiterbewegen. Kräfte sind also essenziell, um einen Körper zu beschleunigen.
Die Formel für die **Kraft F (force)** lautet:

$$F = m \times a$$

Mit ihr könnt ihr z. B. ausrechnen, welche Kraft benötigt wird, um einen Gegenstand der Masse m um a zu beschleunigen.
Alternativ könnt ihr die Formel auch nach **a** auflösen. Mit dieser Formel erfahrt ihr dann, was für eine Beschleunigung entsteht, wenn ihr auf einen Gegenstand der Masse m eine Kraft F ausübt.
Die Einheit der Kraft erhaltet ihr natürlich, indem ihr die Einheiten von Masse und Beschleunigung miteinander multipliziert. Damit man nicht immer so viel schreiben muss, fasst man sie auch gerne als **Newton (N)** zusammen:

$$[F] = kg \times \frac{m}{s^2} = N$$

Eine besondere Kraft, der wir permanent ausgesetzt sind, ist die **Gravitationskraft** der Erde bzw. die Erdanziehungskraft. Wenn wir ihr permanent ausgesetzt sind, warum werden wir dann nicht immer schneller (schließlich führt eine Kraft zu einer Beschleunigung)? Weil wir uns häufig in einem Kräftegleichgewicht befinden, indem sich alle Kräfte, denen unser Körper ausgesetzt ist, so neutralisieren, dass wir nicht weiter Richtung Erde beschleunigt werden. Wenn wir von unserem Schreibtisch springen, merken wir allerdings schnell, dass die Erde sehr wohl in der Lage ist, uns zu beschleunigen. Diese Erdbeschleunigung wird auch als **g** abgekürzt (obwohl man wie für jede Beschleunigung auch a nehmen könnte) und beträgt **9,81, also ungefähr 10 m** s^{-2}.
Die Gravitationskraft hängt u. a. von der Masse der beteiligten Partner ab. Das führt dazu, dass wir uns auf dem Mond „leichter" fühlen, obwohl wir natürlich noch die gleiche Masse haben – lediglich die Gewichtskraft (also die Kraft, die auf dem Mond auf uns wirkt) ist kleiner.

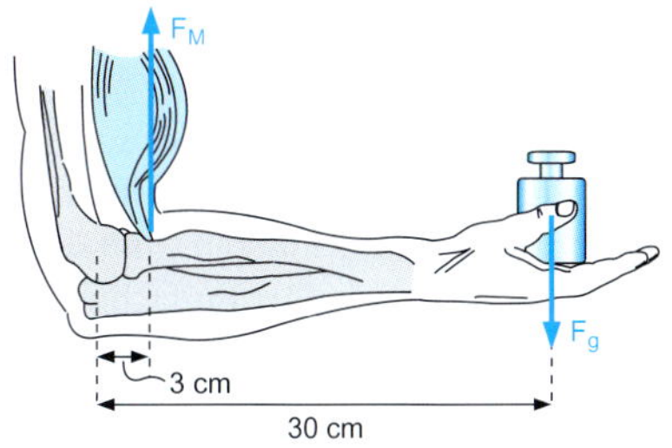

Abb. 43.1 Einarmiger Hebel am Beispiel des Unterarms. Bizeps und Gewicht erzeugen unterschiedliche Drehmomente. [L253]

Drehmoment und Hebelgesetz

Obwohl es bei Drehmoment und Hebelgesetz schon etwas weg von der linearen Bewegung hin zur Kreisbewegung geht, wollen wir diese beiden Dinge bereits jetzt besprechen, da sie definitiv zu den Grundlagen zählen und auch gerne geprüft werden. Da die gestellten Fragen zudem meist recht simpel sind, lassen sich hier leichte Punkte ernten.

Das klassische Beispiel zur Illustration des Drehmoments ist eine Wippe: Angenommen Person A sitzt auf der einen Seite einer Wippe, dann zeigt das andere Ende der Wippe in die Luft. Das liegt daran, dass Person A ein **Drehmoment M** erzeugt. Dieses berechnet sich aus der Kraft F, die Person A auf die Wippe ausübt, und dem Abstand zwischen dem Ansatzpunkt der Kraft und dem Drehpunkt der Wippe, dem **Hebel- oder Kraftarm l.**

$$M = F \times l$$

Setzt sich nun Person B zu Person A auf dieselbe Seite der Wippe, so addieren sich die Drehmomente. Würde sich Person C auf die andere Seite des Drehpunkts der Wippe setzen, würde sein Drehmoment in die entgegengesetzte Richtung zeigen, sodass man die Drehmomente subtrahieren müsste, um herauszufinden, welches am größten ist. Würde Person C das größere Drehmoment erzeugen, bewegt sich die Wippe.

Übrigens: Bei Aufgaben wie dieser sollte man, um nicht durcheinander zu kommen, jedem Drehmoment einen Index zuweisen, sodass er eindeutig einer Person zugeordnet werden kann, also z. B. M_A für das Drehmoment von Person A etc. Auch wenn zwei Kräfte auf derselben Seite des Drehpunkts ansetzten, können entgegengesetzte Drehmomente resultieren. Dafür müssen dann natürlich die Kräfte in entgegengesetzte Richtungen weisen, wie in → Abb. 43.1 zu sehen ist.

Das Drehmoment hängt auch davon ab, in welchem **Winkel** die Kraft am Hebelarm ansetzt. Da dieser Winkel in den meisten Aufgaben allerdings 90° beträgt, sodass wir die eben genannte Formel unverändert anwenden können, verzichten wir aus Platzgründen an dieser Stelle auf weitere Ausführungen.

Druck

Auch der Druck wird noch ausführlicher im → Kap. 44 besprochen, aber es schadet nicht, den Begriff bereits an dieser Stelle zu definieren.

Angenommen, ihr sitzt in der Vorlesung neben einem gemeinen Kommilitonen. Wenn dieser mit der flachen Hand gegen euren Arm drückt, also eine Kraft F auf euch ausübt, ist das i. d. R. zwar nervig, aber nicht schmerzhaft. Wie könnte der Kommilitone eure Vorlesung unangenehmer gestalten? Entweder er erhöht die Kraft, indem er stärker drückt, oder er verringert die Fläche, auf die sich die Kraft konzentriert, indem er z. B. statt mit der flachen Hand mit den Fingerknöcheln (oder mit einem Bleistift) Druck ausübt. Der Druck **p (pressure)** berechnet sich nämlich als Quotient aus der Kraft F, die senkrecht auf eine Fläche A (area) wirkt, und der Größe von A:

$$p = \frac{F}{A}$$

Die Einheit von p erhält man, indem man die Einheit von F durch die von A teilt:

$$[p] = \frac{[F]}{[A]} = N/m^2$$

Alternativ kann man auch von **Pascal (Pa) statt N/m²** sprechen.

Kreisbewegung

Während wir uns bei den Grundlagen noch vorwiegend auf lineare Bewegungen fokussiert haben, kommen wir nun zu Kreisbewegungen. Als Beispiel stellen wir uns vor, dass wir in einem Karussell sitzen.

Bahn- und Winkelgeschwindigkeit

Wenn wir unsere Geschwindigkeit angeben wollen, bietet es sich an, einfach die Strecke, die wir in unserer Gondel zurücklegen, durch den Zeitraum zu teilen, den wir dafür benötigen. In diesem Zusammenhang werden die Begriffe **Bahn- oder Radialgeschwindigkeit** verwendet.

Es gibt allerdings ein Problem: Angenommen, in einer Gondel, die näher am Drehpunkt des Karussells (also weiter innen) aufgehängt ist, sitzt eine andere Person. Diese Person legt bei einer Umdrehung des Karussells (also im gleichen Zeitraum) eine geringere Strecke zurück. Folglich ist auch seine Geschwindigkeit kleiner als unsere, obwohl wir im selben Karussell sitzen. Aus diesem Grund können wir bei der Kreisbewegung noch eine andere Geschwindigkeit angeben, die für alle Personen im Karussell gleich ist, nämlich die **Winkelgeschwindigkeit ω (Omega).** Sie ist definiert als der Winkel, um den sich unser Karussell in einem bestimmten Zeitraum dreht, dividiert durch eben diesen Zeitraum. Der Winkel wird allerdings nicht in Grad, sondern im **Bogenmaß (rad)** angegeben, sodass die Einheit der Winkelgeschwindigkeit **rad/s** bzw. rad s^{-1} ist. Wie kommt man nun von der Winkelgeschwindigkeit zur Bahngeschwindigkeit der Gondeln? Ganz einfach, wir multiplizieren mit dem Radius, also dem Abstand der Gondeln von Drehpunkt.

$$v = \omega \times r$$

Zentripetal- und Zentrifugalkraft

Wenn wir in einem Karussell sitzen, das sich im Kreis dreht, ändern wir permanent unsere Richtung, schließlich bewegen wir uns ja nicht geradeaus. Ändert ein Körper einfach so seine Richtung? Nein, Körper sind träge und bewegen sich nur in eine Richtung, wenn sie durch eine Kraft in diese Richtung beschleunigt werden. Auf uns muss also eine Kraft wirken, die uns permanent zum Drehpunkt des Karussells hin beschleunigt. Diese Kraft nennt sich **Zentripetalkraft F_{Zp}** (→ Abb. 43.2).

$$F_{Zp} = m \times r \times \omega^2$$

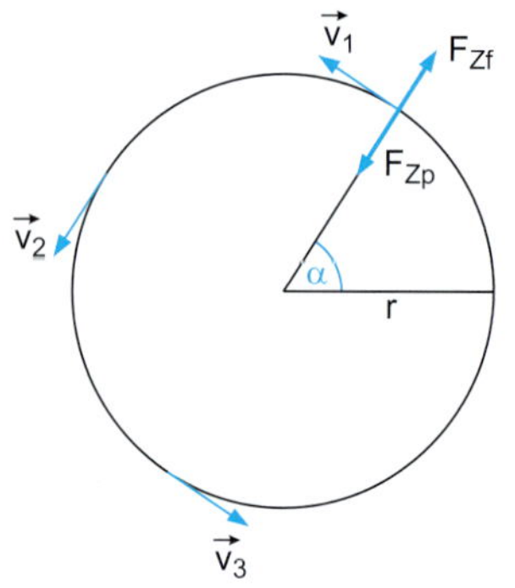

Abb. 43.2 Kreisbewegung, Zentripetalkraft (F_{Zp}) und Zentrifugalkraft (F_{Zf}) [L253]

Die meisten von euch werden eher den Begriff **Zentrifugal-** bzw. **Fliehkraft** kennen, schließlich hat man ja auch das Gefühl, in einem Karussell gegen die äußere Wand der Gondel gedrückt, anstatt nach innen beschleunigt zu werden. Die Zentrifugalkraft ist allerdings eine Scheinkraft. Das, was wir eigentlich spüren, ist unsere eigene Trägheit. Unser Körper will viel lieber die schon eingeschlagene Richtung beibehalten, sodass wir das Gefühl haben, gegen die Wand der Gondel gepresst zu werden, die nach innen beschleunigt wird und uns letztlich mitbewegt. Diese Trägheit macht man sich bei Zentrifugen zunutze, um Stoffe voneinander zu trennen.

Frequenz und Periodendauer

Zum Abschluss wollen wir noch zwei Begriffe klären, die im Zusammenhang mit Kreisbewegungen sehr wichtig sind. Die Zeit, die ein Objekt wie unsere Gondel für einen vollen Umlauf des Kreises benötigt, heißt **Periodendauer T** und wird normalerweise in Sekunden gemessen. Wenn wir T und den Umfang des Kreises kennen, können wir daraus die **Bahngeschwindigkeit v** unseres Objekts berechnen. Anstelle des Umfangs genügt es uns, alternativ auch den Radius r des Kreises zu kennen, denn aus ihm können wir den Umfang U berechnen:

$$U = 2 \times \pi \times r$$

$$v = \frac{2 \times \pi \times r}{T}$$

Angenommen, ein Objekt benötigt für einen vollen Umlauf auf seiner Kreisbahn nur 0,25 s. Nun kann es u. U. sinnvoll sein, den Anteil des Kreises anzugeben, den das Objekt in 1 s zurücklegt, die **Frequenz f.** Wie kommt man von der Periodendauer T = 0,25 s auf die Frequenz? Ganz einfach: Man bildet den Kehrwert des Bruchs.

$$T = 0{,}25\,s = \tfrac{1}{4}\,s$$

$$f = \frac{4\;1}{1\;s} = 4 s^{-1}$$

Wir sehen: Unser Objekt absolviert in 1 s vier volle Umläufe. Die Frequenz ist „vier pro Sekunde".

Energie

„Energie ist die Fähigkeit, Arbeit zu verrichten." So oder so ähnlich findet sich dieser Satz wahrscheinlich in euren Physikbüchern aus der Schulzeit. Den Begriff Energie exakt zu definieren (und dann noch einen Satz) ist aber deutlich schwieriger. Der Einfachheit halber können wir uns in diesem Buch auf die anschauliche Definition beschränken.

Arbeit

Wenn wir Energie als die „Fähigkeit, Arbeit zu verrichten" definieren wollen, sollten wir zunächst klären, was Arbeit im Rahmen der Mechanik ist: Wenn wir einen Körper mit der Kraft F entlang der Strecke s bewegen, verrichten wir Arbeit. Die Formel für die **Arbeit W (work)** ist also:

$$W = F \times s$$

Ziemlich intuitiv: Wenn wir mehr Kraft aufwenden müssen, um einen Körper zu bewegen, oder diese Bewegung über eine längere Strecke ausführen, verrichten wir mehr Arbeit.
Die Einheit der Arbeit ist das Produkt der Einheiten von Kraft und Weg, also Newton und Meter. Anstelle von einem **Newtonmeter (Nm)** spricht man auch von einem **Joule (J).**

$$[W] = [F] \times [s] = N \times m = Nm = J$$

Joule ist zudem die Einheit der Energie. Das ist natürlich praktisch, denn auf diese Weise können wir aus der Energie direkt ablesen, wie viel Arbeit mit ihrer Hilfe verrichtet werden kann.
Übrigens: Für die Berechnung der Arbeit zählt nur der Anteil eurer Kraft, der in Richtung des Wegs (der Strecke s) zeigt (→ Abb. 43.3). Wenn ihr also eine Kiste nicht nur entlang der Strecke s schiebt, sondern auch durch einen ungünstigen Winkel die Kiste permanent etwas nach oben drückt, zählt lediglich die Kraftkomponente, die parallel zum Boden in Richtung s verläuft.

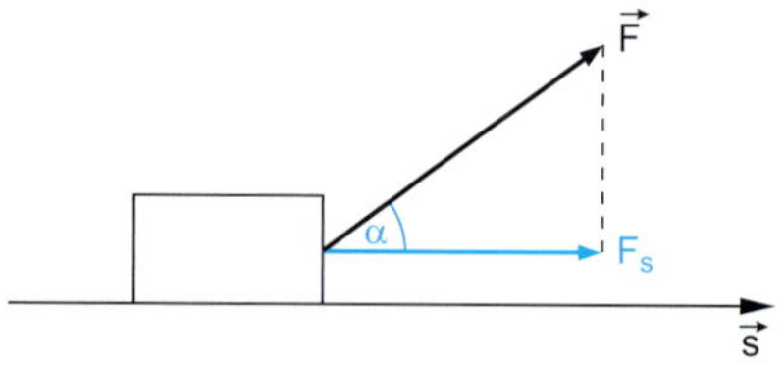

Abb. 43.3 W = F × s. Dabei zählt nur der Anteil von F, der in Richtung der Wegstrecke zeigt. [L253]

Leistung

Bleiben wir beim Beispiel unserer Kiste. Angenommen, ihr wollt die Kiste entlang der Strecke s = 100 m schieben. Um das zu bewerkstelligen, werdet ihr die Kraft F aufbringen müssen, schließlich wird sich die Kiste nicht freiwillig bewegen. Das Produkt aus Kraft und Weg, sprich die Arbeit, die ihr aufwenden müsst, ist also in gewisser Weise vorgegeben. Trotzdem wird es einen Unterschied machen, ob ihr versucht, diese Strecke in 20 s oder 2 min zurückzulegen und das, obwohl ihr in beiden Fällen dieselbe Arbeit verrichtet. Der Unterschied liegt in der Leistung. **Leistung P (power)** ist der Quotient aus der Arbeit und der Zeit, in der diese Arbeit verrichtet wurde. Die Einheit der Leistung ist folglich Joule pro Sekunde. Anstelle von **Joule pro Sekunde** spricht man aber v. a. im Alltag häufig von **Watt:**

$$P = \frac{W}{t}$$

$$[P] = \frac{[W]}{[t]} = Nm/s = J/s = Watt(W)$$

Bitte beachtet: Das „P" der Leistung ist groß und nicht klein wie beim Druck p. Außerdem müsst ihr aufpassen, damit ihr nicht große W der Einheit Watt mit dem W der Größe Arbeit verwechselt.

- Viel Arbeit in kurzer Zeit = große Leistung
- Wenig Arbeit für die viel Zeit benötigt wird = kleine Leistung

Wenn ihr also eine Leistung gegeben habt (z. B. 10 W), müsst ihr diese nur mit der Zeitraum multiplizieren, in dem sie aufgebracht wurde (z. B. 50 s), um die geleistete Arbeit zu berechnen:

$$W = P \times t = 10\ W \times 50\ s = 10\ J/s \times 50\ s = 500\ J$$

Verschiedene Formen von Energie

Arbeit ist nicht gleich Arbeit. Wenn ihr eine Kiste auf euren Schrank hebt, verrichtet ihr **Hubarbeit.** Wenn ihr gegen einen Ball tretet, sodass dieser losrollt, verrichtet ihr **Beschleunigungsarbeit.** Passend dazu gibt es verschiedene Arten von Energien. Wenn Energie verwendet wird, um Arbeit zu verrichten, ist die Energie nicht verschwunden, sondern geht in eine andere Form von Energie über.

Energie kann (zumindest in einem geschlossenen System) nicht verloren gehen.
Man spricht vom **Energieerhaltungssatz.**

Ein gutes Beispiel: Wenn ihr eine Kugel aus dem Fenster eurer Wohnung im 10. Stock haltet, hat sie **potenzielle Energie** bzw. Höhenenergie. Lasst ihr die Kugel los, wird diese Höhenenergie langsam in **kinetische Energie** (Bewegungsenergie) umgewandelt – die Kugel beschleunigt. Wenn die Kugel am Boden ankommt, ist ihre Höhenenergie vollständig in kinetische Energie umgewandelt worden, die dann u. U. den Gegenstand verformt, auf den sie bei ihrem Einschlag trifft.
Wenn man das ganze tatsächlich wie beschrieben durchführt (und nicht etwa im Vakuum), würde man feststellen, dass nicht die komplette Höhenenergie in kinetische Energie umgewandelt wird. Beim Fallen reiben nämlich die Teilchen der Luft an unserer Kugel und es entsteht Wärme. Ein Teil unserer mechanischen Energie wird also in **Wärmeenergie** umgewandelt. Diese hat zwar ihrerseits auch die Möglichkeit Arbeit zu verrichten, steht aber nicht mehr für die Beschleunigung unserer Kugel zur Verfügung.

Zusammenfassung

- Aus diesem Kapitel solltet ihr euch die vorgestellten Größen, ihre ungefähre Herleitung und Einheiten einprägen.
- Da in der Medizin häufig mit Drücken gearbeitet wird: Druck ist Kraft pro Fläche.
- In einem geschlossenen System geht keine Energie verloren.

Flüssigkeiten

Flüssigkeiten und Strömungslehre sind wahrscheinlich die Teilbereiche der Physik, die am engsten mit der Physiologie verknüpft sind, auf die ihr im Medizinstudium stoßen werdet. Grund genug, sich hier einen guten Überblick zu verschaffen.

Grundbegriffe und Größen

Volumen und Volumenstromstärke

Den Begriff des **Volumens** hatten wir im Chemieteil schon einige Male verwendet, ohne ihn wirklich zu definieren. Wenn wir nach dem Volumen fragen, versuchen wir, den Rauminhalt bzw. den Platzbedarf eines Körpers zu ermitteln. Im Alltag verwendet man für Volumina gerne die Einheit **Liter,** wohingegen in der Physik der **Kubikmeter** (m^3) die SI-Einheit des Volumens darstellt.

Ein Kubikdezimeter (dm^3) entspricht einem Liter (l).

Wenn ihr euch das nicht merken wollt, stellt es euch einfach bildlich vor, denn dann wird schnell klar, dass in einen Würfel mit der Kantenlänge 10 cm ungefähr 1 l Wasser passt. Wie viel Liter entsprechen einem Kubikmeter?

$$1\ m^3 = 1\,000\ \text{Liter}$$

Ein weiterer zentraler Begriff der Strömungslehre ist die **Volumenstromstärke.** Wenn man z. B. sagt, dass pro Sekunde rund 3000 m^3 Wasser die Niagarafälle hinunterstürzen, gibt man den Quotienten aus Volumen, das an einem Punkt vorbeiströmt und der Zeit, die es dafür braucht, also die Volumenstromstärke **I** an.

$$I = \frac{V}{t}$$

$$[I] = \frac{[V]}{[t]} = m^3/s$$

Dichte

Wenn man versucht, 1 kg Eisenpulver und 1 kg Styroporkügelchen abzuwiegen, wird man feststellen, dass man wesentlich „mehr", also ein größeres Volumen, Styropor benötigt. Um Stoffe unabhängig von ihrer Form und Größe vergleichen zu können, wurde die **Dichte ρ** (roh) definiert, die lediglich durch das Material, aus dem ein Körper besteht, bestimmt wird. Man berechnet sie, indem man die Masse des Körpers durch sein Volumen teilt.

$$\rho = \frac{m}{V}$$

$$[\rho] = \frac{[m]}{[V]} = kg/m^3$$

Die Dichte ist **temperaturabhängig.** Erhitzt man einen Stoff, dehnt dieser sich grundsätzlich aus (und wechselt evtl. sogar den Aggregatzustand), sodass der Nenner unseres Bruchs zur Berechnung der Dichte größer wird. Da sich die Masse nicht ändert, sinkt die Dichte. Eine berühmte Ausnahme ist die **Dichteanomalie des Wassers,** denn Wasser hat bei rund 4 °C seine größte Dichte.

Die Dichte von Wasser beträgt bei Raumtemperatur knapp 1000 kg/m^3 bzw. 1 g/cm^3.

Strömungsgeschwindigkeit und Kontinuitätsgleichung

Zurück zur Volumenstromstärke: Eine andere Möglichkeit das Volumen, das in einem bestimmten Zeitraum durch ein Rohr fließt, anzugeben, ist mittels der **Strömungsgeschwindigkeit.** Angenommen, wir wissen, dass das Wasser in einem Rohr mit der Geschwindigkeit von 1 m/s fließt. Wie erhalten wir nun den Volumenstrom? Ganz einfach, wir müssen die Strömungsgeschwindigkeit v mit der Querschnittsfläche A des Rohrs multiplizieren:

$$I = A \times v$$

Da die meisten Rohre rund sind, sollten wir uns an dieser Stelle noch mal die Formel zur Flächeninhaltsberechnung eines Kreises in Erinnerung rufen:

$$A = \pi r^2$$

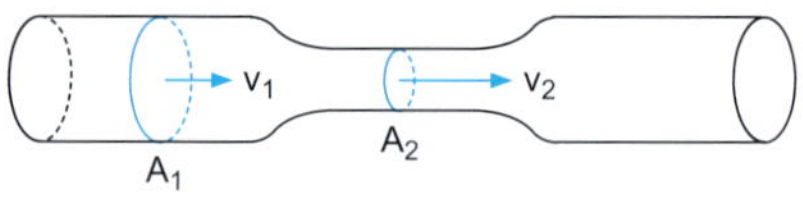

Abb. 44.1 Kontinuität der Volumenstromstärke bei verändertem Rohrquerschnitt [L253]

Angenommen, wir betrachten ein Rohr mit unterschiedlichen Querschnitten. Wenn Wasser kontinuierlich durch das Rohr fließt, bedeutet das, dass die Volumenstromstärke überall im Rohr gleich groß sein muss (→ Abb. 44.1). Wenn wir also an zwei beliebigen Punkten (A und B) die Volumenstromstärke messen, gilt:

$$I_A = I_B$$

Wenn sich aber die Querschnittsfläche des Rohrs ändert, muss sich auch die Geschwindigkeit ändern, sonst wäre der Volumenstrom nicht konstant. Zur Veranschaulichung ersetzen wir in unserer Gleichung einfach mal die Volumenstromstärke durch v und A.

$$A_A \times v_A = A_B \times v_B$$

Wenn an Punkt B das Rohr nur ein Viertel der Querschnittsfläche von Punkt A hat, muss die Geschwindigkeit über dieser Stelle 4-mal höher sein, damit die gleiche Menge Wasser transportiert werden kann, was auch in der Realität der Fall ist. So lassen sich z. B. Stenosen (also Verengungen) von Gefäßen aufspüren, weil über ihnen das Blut mit höherer Geschwindigkeit fließt. Den Umstand, dass der Volumenstrom in einem Rohr konstant ist, bezeichnet man als **Kontinuitätsgleichung.**

Hagen-Poiseuille-Gesetz

Mit dem **Hagen-Poiseuille-Gesetz (HPG)** und dessen korrekter Aussprache werdet ihr im Studium noch genug zu tun haben, deswegen gibt es hier nur ein paar simple Vorüberlegungen:

$$R = \frac{8 \times l \times \eta}{\pi \times r^4}$$

Mithilfe des HPG kann der Widerstand R, den eine Flüssigkeit in einem Rohr (oder einem Blutgefäß) erfährt, berechnet werden. Damit dieser korrekt ermittelt wird, müssen noch ein paar andere Voraussetzungen erfüllt sein, die wir an dieser Stelle aber ignorieren. Viel wichtiger ist es, zu überlegen, wie R beeinflusst werden kann:

Angenommen, wir haben ein Rohr und wollen es einer Flüssigkeit möglichst schwer machen, durch das Rohr zu kommen (R soll groß werden). Wir könnten

- die Länge des Rohrs erhöhen (l wird groß),
- eine visköse (also zähe) Flüssigkeit einsetzen (η wird groß),
- den Radius und damit die Querschnittsfläche des Rohrs verkleinern (r wird klein).

π und 8 sind dagegen Konstanten, auf die wir keinen Einfluss haben.

Hydrostatischer Druck

Eine weitere Größe, die man im Zusammenhang mit Flüssigkeiten kennen sollte, ist der **hydrostatische Druck.** Dass am Boden eines mit Wasser gefüllten Gefäßes ein stärkerer Druck herrscht als an der Oberfläche, ist den meisten klar. Der hydrostatische Druck (Schwerdruck) lässt sich folgendermaßen berechnen:

$$p = \rho \times g \times h$$

- Je höher die Dichte der Flüssigkeit, desto höher der hydrostatische Druck.
- Je größer die Fallbeschleunigung/Ortsfaktor (auf der Erde 9,81 m/s^2), desto höher der hydrostatische Druck.
- Je größer die Eintauchtiefe, desto höher der hydrostatische Druck. Anders gesagt: Je höher die Flüssigkeitssäule, die auf dem Ort der Messung lastet, desto höher der hydrostatische Druck.

Die Einheit ist, wie bei jedem anderen Druck auch, N/m^2 bzw. Pascal. Aus der Formel kann man erkennen, dass der hydrostatische Druck nicht von der Form des Gefäßes abhängt, sondern nur von der Eintauchtiefe, was als **hydrostatisches Paradoxon** bezeichnet wird (→ Abb. 44.2).

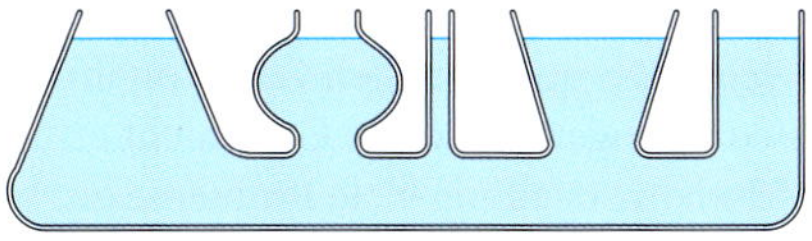

Abb. 44.2 Hydrostatisches Paradoxon: Am gesamten Boden des Gefäßes herrscht der gleiche Druck. [L253]

Auftrieb

Auch die Tatsache, dass manche Körper im Wasser schwimmen, hat etwas mit dem Schweredruck zu tun. Wir wissen, dass mit zunehmender Tiefe der Druck auf einen Körper zunimmt. Folglich wirkt bei einem in einer Flüssigkeit (z. B. Wasser) eingetauchten Körper eine höhere Kraft auf den unteren Teil als auf den oberen des Körpers. Das resultiert in einer Kraft, die den Körper nach oben drückt – dem **Auftrieb.**
Wie groß ist diese Kraft? Der Auftrieb entspricht der Gewichtskraft, welche die Flüssigkeit, die normalerweise das Volumen des Körpers eingenommen hätte, erfahren würde:

$$F_A = g \times m_{Fl} = g \times V_K \times \rho_{Fl}$$

In der Formel erkennt ihr, dass die Masse i. d. R. als Produkt von Dichte (der Flüssigkeit) und Volumen (des Körpers und damit auch der verdrängten Flüssigkeit) dargestellt wird. g ist der **Ortsfaktor.** Folglich erfahren also ein Eisenblock und ein Styroporblock von je 1 m^3 dieselbe Auftriebskraft, wenn sie beide in Wasser eingetaucht werden. Warum schwimmt nun der eine und der andere nicht? Ganz einfach, der Styroporblock erfährt aufgrund seiner geringeren Dichte eine kleinere Gewichtskraft:

$$F_G = g \times V_K \times \rho_K$$

Wenn die Gewichtskraft die Auftriebskraft übersteigt, steigt der Körper, was beim Styropor der Fall ist, während der Eisenblock sinkt.
Eisen schwimmt also nicht, weil $\rho_{Eisen} > \rho_{Wasser}$ ist, sodass F_G F_A übersteigt ist. Bei einem Styroporblock sieht die Sache anders aus.

Zusammenfassung

- Dichte ist Masse pro Volumen.
- Volumenstromstärke ist Volumen pro Zeit.
- Der hydrostatische Druck, der auf einen Körper in einer Flüssigkeit wirkt, hängt nur von dessen Eintauchtiefe und nicht von der Form des Gefäßes ab.

Thermodynamik und Gase

In diesem Kapitel können wir uns kurz fassen, denn wir haben im Rahmen der Chemie bereits einiges zu Aggregatzuständen und auch über Begriffe wie Diffusion und Osmose gelernt (→ Kap. 8). Ihr wisst mittlerweile auch, dass Temperatur ein Maß für die kinetische Energie der Teilchen eines Stoffes darstellt, und dass man sie nicht nur in Grad Celsius, sondern auch in Kelvin angeben kann. Das sollte man sich zumindest für die Physik auch angewöhnen, denn nur so kommt ihr mit den Gleichungen, die ihr noch kennenlernen werdet, zum richtigen Ergebnis.

Wärme

Ihr habt bereits in der Mechanik gelernt, dass Wärme eine **Form von Energie** ist, die z. B. entsteht, wenn Reibungsarbeit verrichtet wird.
Zwischen zwei Gegenständen mit unterschiedlichen Temperaturen kann Energie in Form von Wärme übertragen werden, sodass sich die Temperaturen der beiden Gegenstände annähern (z. B. wird eure Hand in der Nähe oder gar auf der Herdplatte warm, während sich die Herdplatte etwas abkühlt).
Ihr merkt schon: In der Physik lassen sich die Begriffe Wärme und Temperatur nicht wie im Alltag teilweise synonym verwenden.
Für die Übertragung von Wärme gibt es prinzipiell drei Möglichkeiten:

- **Wärmeleitung:** Zur Wärmeleitung kommt es in Feststoffen oder ruhenden Flüssigkeiten. Angenommen, eine Seite des Feststoffes ist heiß, dann schwingen die Teilchen auf dieser Seite stärker und stoßen dabei andere Teilchen an, die nun ihrerseits schneller schwingen. Auf diese Weise wandert die Wärme langsam von einer Seite zur anderen.
- **Konvektion:** Auch hier ist Materie beteiligt, allerdings bewegt sich diese als Ganzes: Stellt euch vor, Wasser wird im Keller eures Hauses erwärmt und dann durch eine Pumpe in einen Heizkörper transportiert. Die Wärme hat also wieder eine Strecke zurückgelegt, aber diesmal wurde die Materie bewegt und nicht die Schwingung von einem Teilchen zum nächsten.
- **Temperaturstrahlung:** Diese Form des Wärmetransports kommt völlig ohne Materie aus, sodass auch die Wärme der Sonne durch den weitgehend leeren Weltraum zu uns vordringen kann.

Die Wärme hat in der Physik das Formelzeichen **Q** und die Einheit **Joule** … schließlich handelt es sich ja um eine Energie!
Wenn man zwei Gegenstände eine bestimmte Menge Wärme zuführt, heißt das nicht, dass sich ihre Temperatur um den gleichen Betrag erhöht.

> Verschiedene Körper verfügen über unterschiedliche **Wärmekapazitäten c.**

Diese wiederum hängt von der Masse des Körpers ab und davon, aus welchem Material er besteht. c kann bestimmt werden, indem wir die Wärmemenge, die wir einem Körper zuführen, durch die Temperaturänderung teilen, zu der es aufgrund dieser Wärmezufuhr kommt:

$$c = \frac{\Delta Q}{\Delta T}$$

$$[c] = \frac{[\Delta Q]}{[\Delta T]} = J/K$$

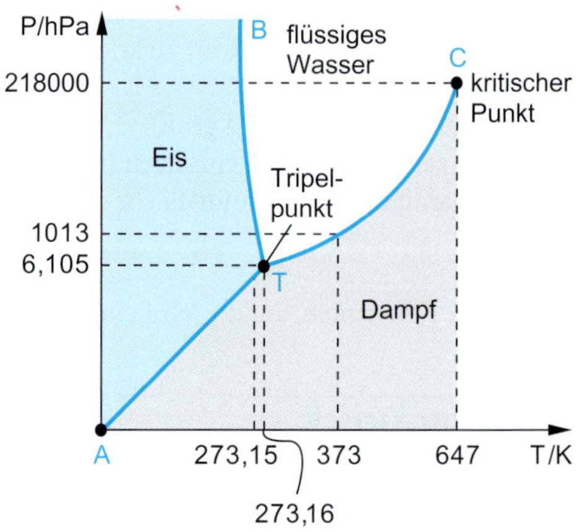

Abb. 45.1 Phasendiagramm des Wassers [L253]

Übrigens: Gelegentlich werdet ihr auf **Phasendiagramme** treffen, die für verschiedene Verbindungen und Elemente spezifisch sind. In ihnen ist auf der einen Achse die Temperatur und auf der anderen der Druck aufgetragen, sodass ihr ablesen könnt, welchen Aggregatzustand ein Stoff bei bestimmten Bedingungen annimmt. Macht euch einfach mal mit dem Phasendiagramm des Wassers vertraut und schaut, wie sich sein Aggregatzustand (v. a. bei niedrigem Druck und Temperatur) entwickelt (→ Abb. 45.1).

Gase

> In einem Gas sind die Atome bzw. Moleküle frei beweglich. Ihre kinetische Energie bestimmt die Temperatur des Gases.

Ideale Gase

Wenn man in der Physik über Gase spricht, geht man i. d. R. von **idealen Gasen** aus. Auch wenn sich unsere realen Gase von ihnen unterscheiden, da sie die Bedingungen für ideale Gase nicht erfüllen, lassen sich mit dieser Modellvorstellung viele Probleme gut berechnen.
Wie lauten also die Voraussetzungen für ein ideales Gas?

- Die Teilchen besitzen ein für ihre Masse sehr geringes Volumen, sie sind **Massepunkte** bzw. Punktmassen.
- Die Teilchen üben **keine Kräfte aufeinander** aus – es sei denn, sie stoßen zusammen. In der Realität üben Teilchen, die eine Masse besitzen, natürlich zwangsläufig Gravitationskräfte aufeinander aus.
- Stoßen zwei Teilchen zusammen, bleibt die **kinetische Energie erhalten** und wird nicht etwa in Verformungsarbeit umgewandelt.

Allgemeine Gasgleichung

Betrachten wir nun ein Gas in einem Gefäß. Hierbei spielen mehre Größen eine Rolle, die sich gegenseitig beeinflussen. Einerseits müssen wir wissen, wie viel Gas im Gefäß ist. Da die Zahl der Teilchen ziemlich umständlich zu händeln wäre, arbeiten wir auch hier wieder mit der Stoffmenge n in mol. Natürlich wollen wir auch wissen, wie groß das Gefäß, also das Volumen, das unser Gas einnehmen kann, ist. Die Einheit des **Volumen V** ist m^3. Was ist noch wissenswert? Jedes Mal, wenn ein Teilchen des Gases gegen die Wände des Gefäßes stößt, übt es für einen kurzen Moment eine Kraft aus. Die Summe all dieser Kräfte, geteilt durch die Fläche des Gefäßes, ergibt den **Druck p** des Gases, den wir in N/m^2 messen. Der Druck ist hoch, wenn wir viele Teilchen in ein kleines Gefäß packen, denn

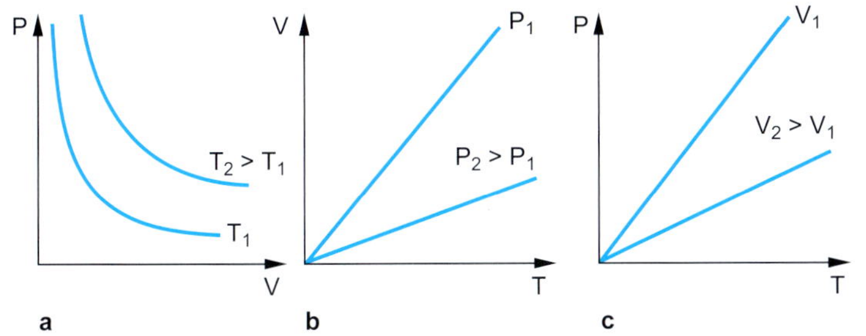

Abb. 45.2 a) Isotherme, b) isobare und c) isochore Zustandsänderung [L253]

dann kommt es zu vielen Stößen. Wie kann man den Druck weiter erhöhen? Mit steigender Temperatur bewegen sich die Teilchen schneller, sodass Kraft und Frequenz der Einschläge zunehmen. Die Temperatur T wird, wie in der Physik üblich, in Kelvin angegeben.

All diese Parameter sind in der **allgemeinen Gasgleichung** zusammengefasst:

$$p \times V = n \times R \times T$$

Wer bis jetzt aufmerksam gelesen hat, dem wird auffallen, dass sich in der Gleichung ein **R** findet. Dieses R steht für die **allgemeine Gaskonstante** und hat immer den Wert **8,31.** Wenn ihr die Einheit der allgemeinen Gaskonstante wissen wollt, könnt ihr überlegen, welche Einheit R haben müsste, damit das Produkt aller Einheiten auf der rechten Seite des Gleichzeichens dem Produkt der Einheiten auf der linken Seite entspricht.

$$[R] = \frac{J}{molK}$$

Um euch mit der Gleichung vertraut zu machen, solltet ihr ein bisschen mit ihr arbeiten. Ihr könnt sie z. B. so auflösen, dass eine Größe – z. B. p – alleine steht. Nun könnt ihr sehen, wie Veränderungen in den anderen Größen p beeinflussen und versuchen diese logisch nachzuvollziehen.

Zustandsänderungen

Wenn wir die Beziehungen zwischen den Parametern genauer untersuchen wollen, bietet es sich an, einige der Parameter konstant zu halten und zu schauen, wie sich Änderungen der anderen auswirken. Hierfür formen wir zunächst unsere Gleichung etwas um, indem wir durch T dividieren:

$$V \times \frac{p}{T} = R \times n$$

Wenn wir uns ein geschlossenes Gefäß vorstellen, das mit Gas gefüllt ist, dann bleibt die Stoffmenge n ohnehin konstant. Die Gaskonstante ist, wie der Name schon sagt, ebenfalls immer gleich. Folglich ist das Produkt auf der rechten Seite des Gleichzeichens ebenfalls konstant, sodass $V \times p/T = R \times n$ immer denselben Wert ergibt. Wenn wir unsere Größen V, p und T zu einem Zeitpunkt (nennen wir ihn „1") messen und dann z. B. die Temperatur erhöhen, müssen sich die anderen Größen so verändern, dass $V \times p/T = R \times n$ am zweiten Zeitpunkt (2) wieder denselben Wert ergibt. Folglich gilt:

$$V_1 \times \frac{p_1}{T_1} = V_2 \times \frac{p_2}{T_2}$$

Wenn wir uns entscheiden, einen der drei Werte konstant zu halten, können wir berechnen, wie die Änderung des zweiten Werts den dritten Wert beeinflusst (→ Abb. 45.2):

Isotherme Zustandsänderung Angenommen, wir halten die Temperatur konstant, dann ist $T_1 = T_2$. Nun können wir die Gleichung einfach mit T_1 oder T_2 multiplizieren (schließlich sind beide gleich) und schon werden wir T_1 und T_2 los. Übrig bleibt:

$$V_1 \times p_1 = V_2 \times p_2$$

Was bedeutet das? Wenn wir das Produkt unseres Ausgangszustands ($V_1 \times p_1$) bestimmen und dann das Volumen verkleinern (unser Gefäß hat bewegliche Wände), sodass V_2 kleiner als V_1 ist, können wir aus der Gleichung erkennen, dass der Druck p_2 steigen muss, damit das Produkt $V_2 \times p_2$ so groß ist wie $V_1 \times p_1$. Wir können sogar noch präziser sein: Wenn V_2 halb so groß ist wie V_1, muss p_2 doppelt so groß sein wie p_1, damit beide Produkte gleich sind. Ist V_2 nur ein Viertel von V_1 wird p_2 4-mal so groß wie p_1. Wir können verschiedene Werte einsetzen und diese dann grafisch darstellen, sodass eine Kurve entsteht, die charakteristisch für die isotherme Zustandsänderung ist.

Isochore Zustandsänderung Wenn wir das Volumen konstant halten wollen, müssen wir unsere Gleichung durch V teilen und erhalten:

$$\frac{p_1}{T_1} = \frac{p_2}{T_2}$$

Wir sehen: Wenn wir die Temperatur erhöhen, muss auch der Druck steigen, damit der Quotient p_2/T_2 genauso groß bleibt wie p_1/T_1. Wenn T_2 5-mal größer ist als T_1, muss auch p_2 5-mal größer sein als p_1. T und p sind also **proportional.** Wenn wir die Werte grafisch darstellen, entsteht eine Gerade.

Isobare Zustandsänderung Bleibt der Druck konstant, teilen wir die Gleichung durch p:

$$\frac{V_1}{T_1} = \frac{V_2}{T_2}$$

Wenn wir die Temperatur verdreifachen, müssen wir auch das Volumen des Gefäßes verdreifachen, damit der Quotient konstant, bzw. der Druck gleich bleibt. V und T sind also ebenfalls **proportional.**

Zusammenfassung

- Wärme ist eine Form von Energie.
- Es gibt drei Möglichkeiten, Wärme zu übertragen: Wärmeleitung, Konvektion und Wärmestrahlung.
- Die allgemeine Gasgleichung gilt für ideale Gase.

Elektrizität

Ein Großteil dessen, was ihr im Medizinstudium zur Elektrizitätslehre wissen müsst, werden die meisten von euch schon im Physikunterricht der Mittelstufe besprochen haben. Eins vorweg: Ein wirklich tiefgreifendes Verständnis davon, was Spannung, Widerstrand, Strom etc. wirklich bedeuten, haben die meisten Mediziner auch nach dem Physikteil des Studiums nicht. Die gute Nachricht: Dieses tiefgreifende Verständnis ist zum Lösen der meisten Aufgaben auch nicht notwendig und man kommt mit simpler Logik vergleichsweise weit!

Begriffe und Größen

Ladung

Im Chemieteil habt ihr schon einiges zum Thema Ladung gelernt (→ Kap. 4):

- Sie ist positiv oder negativ.
- **Elektronen** sind negativ, **Protonen** dagegen positiv geladen.
- Die Einheit der Ladung ist **Coulomb (C).**
- Die Ladung eines Protons bzw. eines Elektrons ist die **Elementarladung** (der Betrag ist bei beiden gleich, nur positiv bzw. negativ). Die Elementarladung entspricht $1{,}6 \times 10^{-19}$ C.

Wir hatten außerdem gelernt, dass sich positive und negative Ladungen anziehen. Die Kraft zwischen beiden Ladungen wird **Coulomb-Kraft** genannt. Die Gleichung zur Berechnung der Coulomb-Kraft muss euch zunächst nicht interessieren.

> Die **Coulomb-Kraft** wird größer, je stärker die Teilchen geladen sind und je näher man sie aneinanderbringt.

Denkt an zwei Magnete, die sich auch kaum noch auseinanderhalten lassen, wenn sie sich erst mal weit genug angenähert haben. Übrigens: Ladung hat das Formelzeichen **Q**, genau wie die Wärme.

Strom

Wenn auf Ladungen Kräfte wirken können, dann ist es naheliegend, dass sie auch die Fähigkeit besitzen, sich zu bewegen. Beispielsweise können negativ geladene Elektronen durch ein Kabel strömen – es fließt **Strom (I).** Wann ist der Strom stark? Wenn viele Ladungen in einem kurzen Zeitraum durch das Kabel strömen. Man definiert Strom folglich als:

$$I = \frac{Q}{t}$$

Die Einheit von I ist entsprechend:

$$[I] = \frac{[Q]}{[t]} = C/s$$

Anstelle von **Coulomb pro Sekunde** verwendet man allerdings meist die Einheit **Ampere.** Entsprechend kann man statt Coulomb auch die Einheit As (Ampere x Sekunde) verwenden.

Spannung

Während die Begriffe Ladung und Strom vergleichsweise anschaulich sind, muss man sich bei der **Spannung** etwas mehr anstrengen: Man kann Spannung auch als **elektrische Potenzialdifferenz** zwischen zwei Punkten beschreiben. Den Begriff „Potenzial" kennt ihr einerseits natürlich aus dem Alltag, andererseits aber auch von der potenziellen Energie. Transportieren wir einen Körper in den 10. Stock eines Hauses, hat dieser potenzielle Energie. Diese Energie resultiert aus der Verschiebung des Körpers im Gravitationsfeld der Erde und ist genau so groß wie die Arbeit, die wir zur Verschiebung aufgewendet haben. Bei der Spannung ist es nicht anders: Das elektrische Potenzial hat eine Ladung aufgrund ihrer Lage in einem Feld, nur diesmal eben nicht des Gravitations-, sondern des **elektrischen Felds** (→ Abb. 46.1). Wenn wir die Spannung zwischen zwei Punkten angeben wollen, müssen wir uns fragen, wie groß die Arbeit sein müsste, um eine Ladung von einem Punkt zum anderen zu bewegen bzw. wie viel Energie frei wird, wenn sich eine Ladung in die entgegengesetzte Richtung bewegt. Die Spannung hat das Formelzeichen **U** und die Einheit **Volt (V).**

> Spannung entsteht nicht nur in einem statischen elektrischen Feld, sondern auch, wenn eine **Ladung** durch ein **Magnetfeld** fliegt oder sich ein Magnetfeld zeitlich ändert.

Übrigens: Wie kann man die Stärke eines elektrischen Felds bestimmen? Wir wissen, dass auf Ladungen im elektrischen Feld Kräfte wirken, die von der Position der Ladung abhängen. Um die **Feldstärke E** zu bestimmen, müssten wir folglich einfach eine Probeladung an irgendeinen Punkt in unser elektrisches Feld setzen und schauen, wie groß die Kraft ist, die auf sie wirkt. Der Quotient aus Ladung und Kraft ergibt die Feldstärke:

$$E = \frac{F}{q}$$

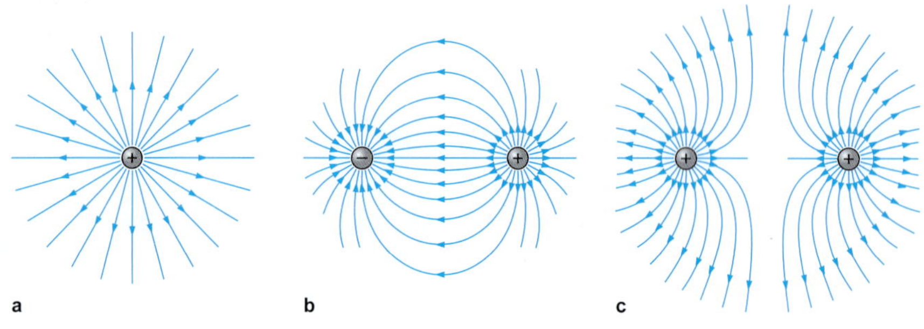

Abb. 46.1 Das elektrische Feld (a) einer Punktladung, (b) zwischen ungleichnamigen Ladungen und (c) zwischen gleichnamigen Ladungen [L253]

Die Feldstärke kann man zudem nutzen, um das elektrische Feld grafisch darzustellen: Man verbindet einfach die Punkte, an denen das elektrische Feld dieselbe Stärke hat und erhält **Äquipotenziallinien** – ähnlich den Isobaren aus dem Wetterbericht. Verwechselt sie bitte nicht mit den **Feldlinien.** Diese laufen im elektrischen Feld von der positiven zur negativen Ladung. Sind die Feldlinien sehr eng beieinander, ist das Feld an diesem Punkt besonders stark.

Stromkreis

Beim Stromkreis werden elektrische Bauteile so verknüpft, dass Strom fließt und die Anordnung der Bauteile mithilfe von Schaltplänen festgehalten. Damit ihr diese auch lesen könnt, findet ihr in → Abb. 46.2 die wichtigsten Symbole.

Unverzweigter Stromkreis

Ein sehr simpler Stromkreis besteht aus einer **Spannungsquelle** (z. B. einer Batterie), einem **Verbraucher** (z. B. eine Glühbirne) und ein paar **Kabeln.**

Die Elektronen fließen vom Minuspol durch den Verbraucher zum Pluspol und die Lampe leuchtet. Die **technische Stromrichtung** ist übrigens aus historischen Gründen genau andersherum (von + nach –) definiert.
Zum Messen von Stromstärke und Spannung im Stromkreis stehen **Amperemeter** und **Voltmeter** zur Verfügung. Damit wir wirklich messen können, wie viele Elektronen pro Zeit durch die Kabel fließen, müssen wir dafür sorgen, dass sie direkt durch das Amperemeter hindurchströmen, damit es sie „zählen“ kann. Wir schalten das Amperemeter deshalb **in Reihe.** Die ermittelte Stromstärke sollte für unseren gesamten unverzweigten Stromkreis gelten. Das Voltmeter misst die Spannung, also eine Potenzialdifferenz zwischen zwei Punkten. Ihr könnt euch folglich merken, dass das Voltmeter auch an zwei Punkten Kontakt mit dem Stromkreis haben muss – es wird **parallel** geschaltet (→ Abb. 46.3).

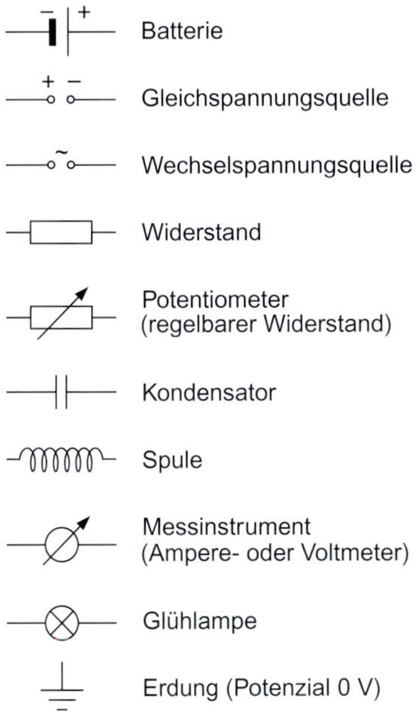

Abb. 46.2 Symbole für elektrische Schaltpläne [L253]

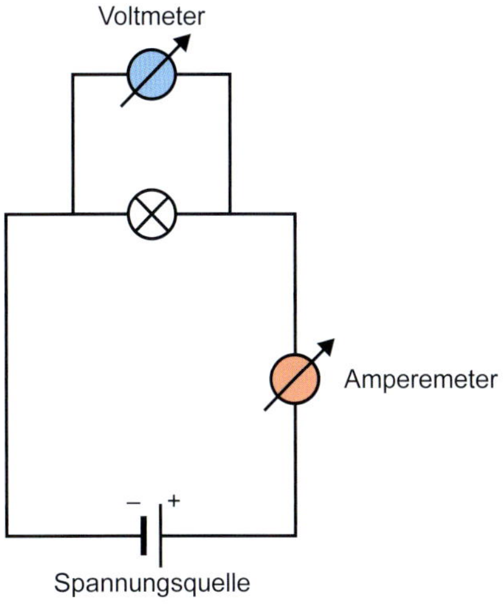

Abb. 46.3 Einfacher Stromkreis mit Volt- und Amperemeter [L231]

Elektronen können aber nicht einfach so durch ein Kabel oder eine Glühbirne hindurchströmen, denn jeder dieser Gegenstände setzt ihnen einen gewissen **Widerstand** entgegen. Im Falle der Kabel wird dieser bei den meisten Schaltplänen vernachlässigt (schließlich sind diese darauf ausgelegt, möglichst gut zu leiten), aber für alle übrigen Dinge muss man sich mit ihm auseinandersetzen.
Der Widerstand hat das Formelzeichen **R (resistance**) und die Einheit **Ohm (Ω).** Es gibt zudem das **Ohmsche Gesetz.** Dieses besagt, dass der Widerstand eines Bauteils konstant und von Spannung und Stromstärke unabhängig ist. Er berechnet sich als:

$$R = \frac{U}{I}$$

Aus der Gleichung können wir erkennen, wie sich ein großer Widerstand auf einen Stromkreis auswirkt: Trotz hoher angelegter Spannung (großes U) fließt nur wenig Strom (kleines I). Anstelle des Widerstands können wir auch dessen Kehrwert angeben. Man spricht dann vom **Leitwert G** mit der Einheit **1/Ω bzw. Siemens.**

Großer Leitwert = kleiner Widerstand!

Auch für Stromkreise können wir die Leistung P berechnen. Dazu multiplizieren wir die angelegte Spannung U mit der Stromstärke und erhalten das Ergebnis in Watt.

$$P = U \times I$$

Wenn wir wissen wollen, wie viel Arbeit in einem Zeitraum verrichtet wird, müssen wir die Leistung mit diesem Zeitraum multiplizieren (schließlich ist Leistung = Arbeit pro Zeit).
Bevor wir uns dem verzweigten Stromkreis widmen, werfen wir noch einen Blick darauf, was passiert, wenn wir zwei oder mehr Widerstände **in Reihe** schalten (→ Abb. 46.4). Für die Elektronen gibt es nur einen Weg, deshalb ist die Stromstärke überall gleich groß. Die Summe der Widerstände ergibt den gesamten Widerstand des Schaltkreises:

$$R_{ges} = R_1 + R_2$$

Die Spannungsabfälle an den Widerständen addieren sich ebenfalls zur Gesamtspannung:

$$U_{ges} = U_1 + U_2$$

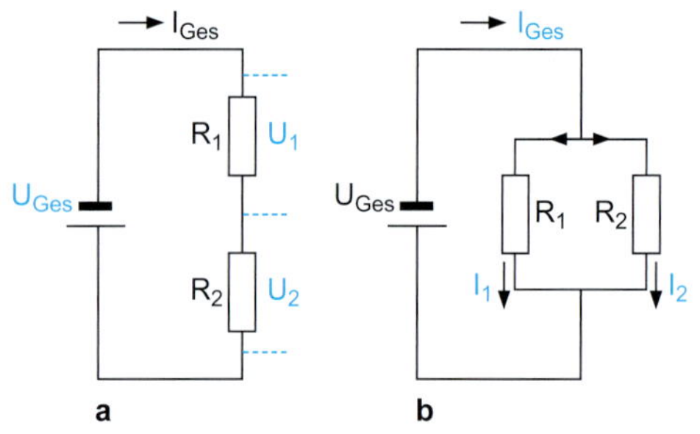

Abb. 46.4 Reihen- (a) und Parallelschaltung (b) von Widerständen [L253]

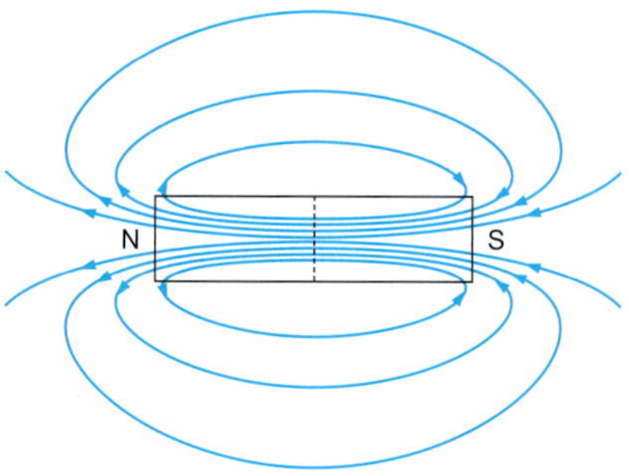

Abb. 46.6 Das magnetische Feld eines Stabmagneten [L253]

Verzweigter Stromkreis

Ein simples Beispiel für einen verzweigten Stromkreis ist die **Parallelschaltung** von zwei Widerständen (→ Abb. 46.4). Die Stromstärke ist hier nicht überall gleich, denn dort, wo sich der Stromkreis zu den zwei Widerständen aufteilt, kann das Elektron jeden der beiden Wege „nehmen". Das hängt davon ab, wo das Elektron auf einen größeren Widerstand treffen wird, in jedem Fall erhalten wir aber die Gesamtstromstärke, indem wir einfach die Elektronen, die Weg 1 nahmen, zu denen, die Weg 2 nehmen, addieren:

$$I_{ges} = I_1 + I_2$$

Wie ist es mit der Spannung? An jedem Widerstand liegt die volle Batteriespannung an, sodass U überall gleich ist.
Und die Widerstände selbst? Würden sich die Widerstände addieren, würde das bedeuten, dass die Elektronen, obwohl sie zwei mögliche Wege haben, einen höheren Widerstand erfahren, als wenn sie nur einen Weg hätten, was nicht sein kann. In einem verzweigten Stromkreis addieren sich die Leitwerte, also die Kehrwerte der Widerstände:

$$G_{ges} = G_1 + G_2$$

$$\frac{1}{R_{ges}} = \frac{1}{R_1} + \frac{1}{R_2}$$

Um sicherzustellen, dass ihr das Ganze wirklich verstanden habt, solltet ihr einen Blick auf → Abb. 46.5 werfen und versuchen, die angegebenen Werte (zumindest Stromstärken und Widerstände) nachzuvollziehen.

Magnetismus

Der Magnetismus wird hier im Kapitel Elektrizität behandelt, weil es einige Parallelen und wichtige Schnittstellen zwischen beiden Themen gibt, allerdings existieren auch wesentliche Unterschiede. Wenn wir uns einen Magneten betrachten und ihn in immer kleinere Teile zerteilen würden, hätten die entstehenden Teile immer noch zwei Pole (Nord- und Südpol). Auch das kleinste denkbare magnetische Teilchen, der **Elementarmagnet,** ist also immer noch ein **Dipol.** Während in der Elektrizität durchaus einzelne negative Ladungen existieren können, ist ein Nordpol ohne Südpol nicht möglich.

Magnete und ihre Kräfte

Dass von Magneten Kräfte ausgehen, habt ihr mit Sicherheit schon bemerkt. Auch hier gilt: Gleichnamige Pole stoßen sich – wie gleichnamige Ladungen – ab, während sich ungleichnamige Pole anziehen. Der Bereich um einen Magneten, in dem auf andere Magneten, magnetisierbare Gegenstände oder bewegte Ladungen Kräfte wirken, wird als **Magnetfeld** bezeichnet (→ Abb. 46.6). Auch hier kommen Feldlinien zum Einsatz. Diese verlaufen **außerhalb des Magneten vom Nord- zum Südpol.** Innerhalb des Magneten ist es umgekehrt. Auch hier gilt: Dort, wo die Feldlinien besonders dicht sind, ist das Magnetfeld stark.

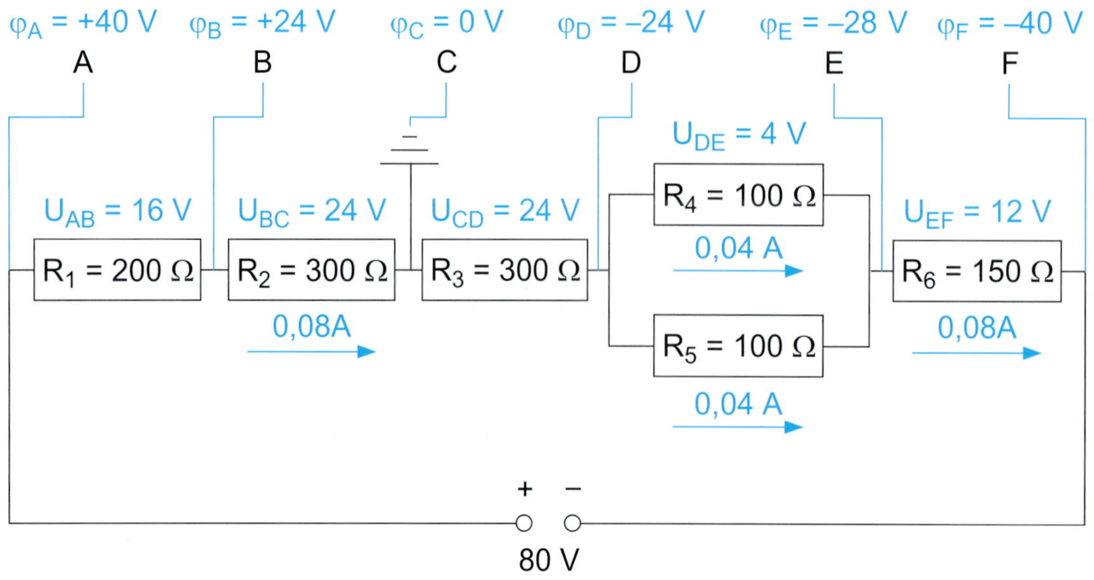

Abb. 46.5 Schaltung von Widerständen mit Angabe der Ströme, Teilspannungen und Potenziale [L253]

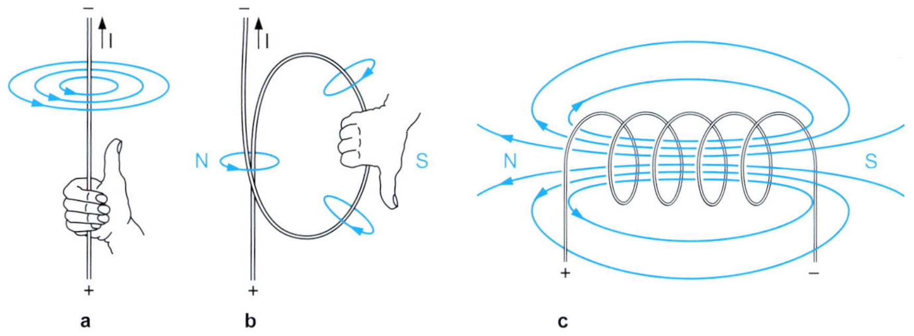

Abb. 46.7 Magnetfeld: a) eines geraden, stromdurchflossenen Leiters, b) einer Leiterschleife, c) einer Spule [L253]

Magnete und Strom

Wir haben bereits gelernt, dass eine Spannung entsteht, wenn eine Ladung durch ein Magnetfeld bewegt wird. Was passiert, wenn sich eine Ladung aufgrund einer angelegten Spannung bewegt? Es entsteht ein Magnetfeld. Wenn wir uns ein Kabel vorstellen, durch das Strom fließt, ist es intuitiv, dass das Magnetfeld unmittelbar am Kabel am stärksten ist.

Solltet ihr nach der Richtung der Feldlinien gefragt werden, denkt an die **„Rechte-Hand-Regel“:** Wenn ihr das Kabel mit der rechten Hand so umgreift, dass euer Daumen in Richtung der technischen Stromrichtung (also genau entgegen des eigentlichen Elektronenflusses) zeigen, weisen die gekrümmten Finger in die Richtung der Feldlinien (→ Abb. 46.7).
Wickelt man nun das Kabel zu einer **Spule** auf, entsteht in deren Inneren ein starkes Magnetfeld.

Zusammenfassung

- Ladung Q, Spannung U, Stromstärke I und Widerstand R sind die wichtigsten Größen der Elektrizität.
- In verzweigten und unverzweigten Stromkreisen gelten unterschiedliche Regeln für die Berechnung der genannten Größen.
- Magnete kommen immer als Dipole vor. Bewegte Ladungen erzeugen magnetische Felder.

→ 47 Optik

Licht und andere Wellen

In der Optik geht nichts ohne Licht. Licht besitzt sowohl Eigenschaften von Wellen als auch von Teilchen – man spricht vom **Welle-Teilchen-Dualismus.**

Wellen

Schwingt ein Gegenstand wie etwa ein Pendel um eine Ausgangs- oder Ruhelage, spricht man passenderweise von einer **Schwingung.**

> Schwingungen, die sich im Raum ausbreiten können, bezeichnet man als **Welle.**

Wir können Wellen in zwei wichtige Gruppen einteilen (→ Abb. 47.1):

Transversalwellen Bei den Transversalwellen steht die **Ausbreitungsrichtung der Welle senkrecht zur Schwingungsrichtung.** Als Beispiel wird gerne das Licht genannt. Zur Veranschaulichung verwenden wir an dieser Stelle die La-Ola-Welle: Bei einer La-Ola-Welle schwingen die Arme von unten nach oben bzw. umgekehrt, während sich die Welle in der Horizontalen, also von einem Zuschauer zum nächsten, ausbreitet.

Longitudinalwellen Das wahrscheinlich wichtigste Beispiel für Longitudinalwellen ist die Schallausbreitung in Gasen (wie der Luft). Angenommen, wir stehen an Silvester neben einem explodierenden Böller, dann drückt die Explosion die Moleküle in ihrer unmittelbaren Umgebung von sich weg und versetzt sie dadurch in Schwingung. Diese Teilchen stoßen nun immer weitere Teilchen an, bis irgendwann unser Ohr erreicht ist, mit dem wir die durch die Schwingungen entstehenden Druckänderungen wahrnehmen. Die Longitudinalwelle **schwingt also in Ausbreitungsrichtung.**

Neben dieser Unterteilung ist es wichtig zu wissen, mit welcher Geschwindigkeit sich eine Welle ausbreitet. Die **Ausbreitungsgeschwindigkeit c** ist das Produkt aus der **Wellenlänge λ** und der **Frequenz f** der Welle und hat – wie andere Geschwindigkeiten auch – die Einheit m/s.

$$c = f \times \lambda$$
$$[c] = [f] \times [\lambda] = s^{-1} \times m = m/s$$

Die Ausbreitungsgeschwindigkeit einer Welle hängt immer vom Medium ab, in dem sich die Welle befindet. Geht ein Lichtstrahl von Luft in Wasser über, ändert sich dabei seine Ausbreitungsgeschwindigkeit (sie sinkt), was durch eine **Änderung der Wellenlänge** hervorgerufen wird. Die Frequenz ändert sich nicht.

Licht

Beim Licht handelt es sich (zumindest teilweise) um eine Welle, genauer gesagt eine **elektromagnetische Welle.** Die Ausbreitungsgeschwindigkeit im Vakuum, also die **Vakuumlichtgeschwindigkeit,** sollte man kennen. Sie liegt bei 3×10^8 m/s bzw. **300 000 km/s.** Da die Ausbreitungsgeschwindigkeit in Luft nur geringfügig langsamer ist, könnt ihr dafür denselben Wert verwenden. Wenn man sich mit der Energieübertragung von Licht befasst, hebt man i. d. R. die Teilchenqualitäten des Lichts hervor und spricht von kleinen Energieportionen, die **Photonen** genannt werden.

Licht hat nicht eine Wellenlänge, sondern besteht aus vielen unterschiedlichen Wellen mit **unterschiedlichen Wellenlängen,** von denen wir nur einen kleinen Teil (ca. **400–700 nm**) als **sichtbares Licht** wahrnehmen können (→ Abb. 47.2). Übrigens: Wie können wir von der Wellenlänge auf die Frequenz schließen? Indem wir die Formel zur Berechnung der Ausbreitungsgeschwindigkeit des Lichts umstellen!

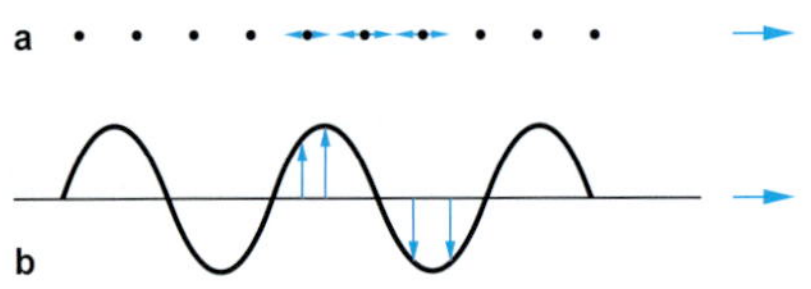

Abb. 47.1 Longitudinal- (a) und Transversalwellen (b) [L253]

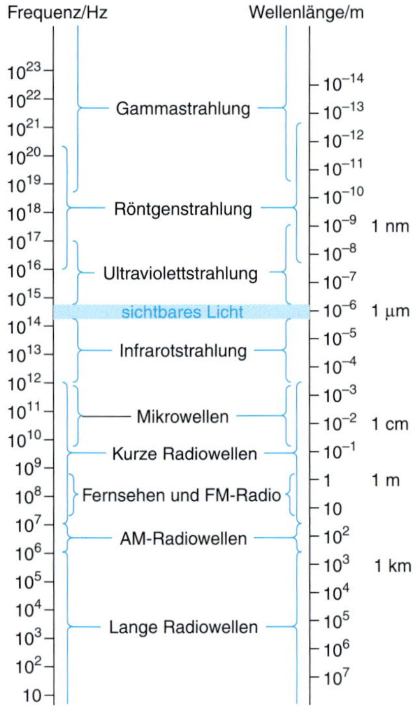

Abb. 47.2 Das elektromagnetische Spektrum [L253]

Reflexion und Brechung

Wir wollen im Folgenden das Licht als einen Strahl behandeln, der sich nur in eine Richtung ausbreitet, was nicht der Realität entspricht. Wie so oft in der Physik reicht allerdings diese Vereinfachung (man spricht auch von **geometrischer Optik**) aus, um sich die wichtigsten Grundprinzipien klarzumachen.

Reflexion

Ein Gegenstand, der Licht vollständig reflektiert, ist der Spiegel. Er weist eine sehr glatte Oberfläche auf, sodass man sehr gut vorhersagen kann, wie das Licht reflektiert wird (→ Abb. 47.3). Dafür muss man natürlich zunächst beschreiben können, aus welcher Richtung der Lichtstrahl kommt. Dafür legt man eine Gerade senkrecht durch die Grenzfläche zwischen Spiegel und dem Medium, durch das der Lichtstrahl zieht (z. B. Luft) und zwar genau in dem Punkt, in dem der Strahl auf den Spiegel trifft. Nun kann man den Winkel zwischen dem Lichtstrahl und diesem sog. **Lot** angeben. Wenn wir nun aus mehreren Winkeln Lichtstrahlen auf den Spiegel schießen, werden wir sehen, dass der Winkel des ausfallenden Strahls β immer dem des einfallenden Strahls α entspricht.

> **Einfallswinkel = Ausfallswinkel**

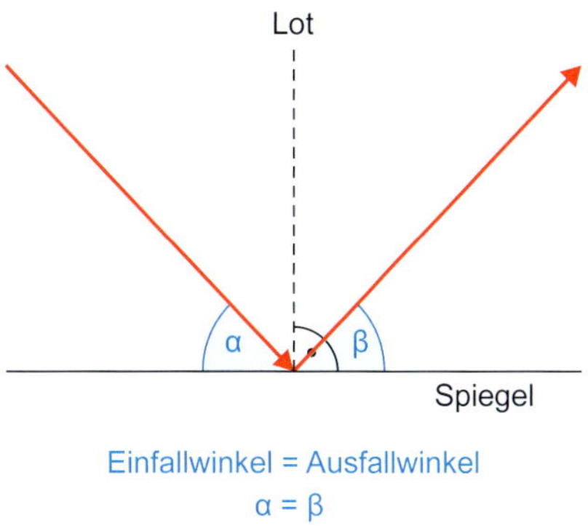

Abb. 47.3 Reflexion an ebenem Spiegel (Planspiegel) [L231]

Bildet ein Lichtstrahl keinen Winkel mit dem Lot (trifft also genau senkrecht auf die Grenzfläche), wird er in sich zurückgeworfen.

Brechung

An manchen Grenzflächen wird das Licht nur z. T. reflektiert, während der Rest durch die Grenzfläche hindurchtritt. Es kommt zur Brechung.

$$n_{Medium} = c_{Vakuum}/c_{Medium}$$

Ein Begriff, den wir benötigen werden, ist der des **Brechungsindex n** eines Mediums. Man berechnet ihn, indem man die Vakuumlichtgeschwindigkeit durch die Lichtgeschwindigkeit in dem Medium dividiert.
Er ist für jedes Material spezifisch. Da wir bereits wissen, dass die Lichtgeschwindigkeit in Luft fast identisch mit der Lichtgeschwindigkeit im Vakuum ist, erhalten wir bei der Division als Ergebnis ungefähr 1. Da die Lichtgeschwindigkeit in Wasser geringer ist als im Vakuum (kleinerer Nenner), erhalten wir einen größeren Brechungsindex, genauer gesagt 1,33. Der Brechungsindex hat keine Einheit, denn die Einheiten der beiden Geschwindigkeiten kürzen sich raus. Ist der Brechungsindex von Medium A größer als der von Medium B, bezeichnet man A als optisch dichter.
Beim **Übergang von einem Medium** in ein anderes ändert sich einerseits die Geschwindigkeit, andererseits auch die Richtung des Lichtstrahls – er wird gebrochen. Um die Richtungsänderung genauer zu beschreiben, legt man wieder eine Gerade senkrecht durch die Grenzfläche und den Punkt, an dem der Strahl diese durchdringt – das Lot. Nun kann man angeben, ob der Strahl zum Lot hin oder von ihm weg gebrochen wird.
Wir können uns das merken, indem wir uns den Strahl wie ein Auto mit Allradantrieb vorstellen: Im optisch dünneren Medium kommt das Auto gut voran, aber an der Grenzfläche passiert etwas: In unserer Abbildung kommt das rechte Vorderrad zuerst ins optisch dichtere Medium, wird also abgebremst. Das linke Vorderrad ist allerdings noch im optisch dünneren Medium und dreht sich nach wie vor schnell. Was passiert? Das Auto zieht nach rechts und das Licht wird **zum Lot hin gebrochen.**

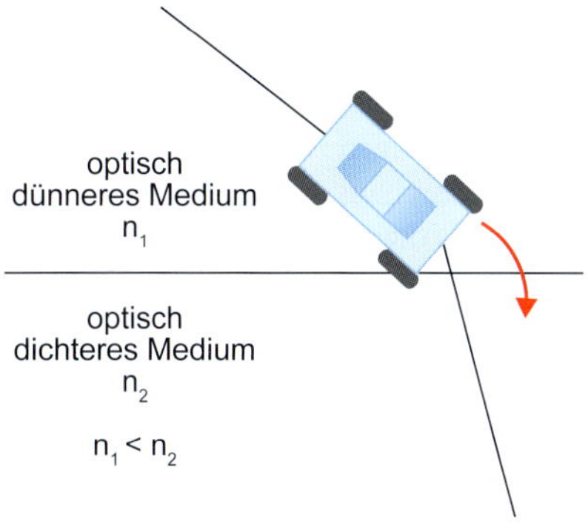

Abb. 47.4 Veranschaulichte Brechung beim Übergang vom optisch dünneren in optisch dichteres Medium [L231]

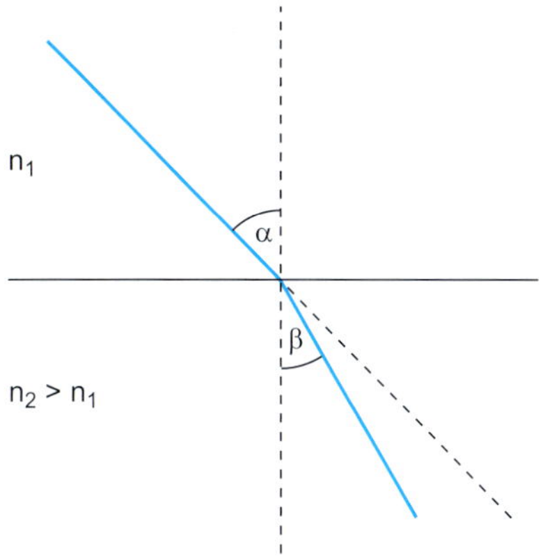

Abb. 47.5 Lichtbrechung am Übergang zweier Medien [L253]

Würde es sich bei der Abbildung um den Übergang von einem optisch dichteren in ein dünneres Medium handeln, würde das rechte Vorderrad als erstes Fahrt aufnehmen, sodass das Auto nach links steuert und das Licht **vom Lot weg gebrochen** wird (→ Abb. 47.4).

- Beim Übergang von einem **optisch dünneren in ein optisch dichteres Medium** wird der Lichtstrahl zum Lot hin gebrochen.
- Beim Übergang von einem **optisch dichteren in ein optisch dünneres Medium** wird der Lichtstrahl vom Lot weg gebrochen.

Für die Berechnung der Winkeländerung (zum Lot) nutzt man das **Snellius-Brechungsgesetz** (→ Abb. 47.5):

$$n_1 \times \sin \alpha = n_2 \times \sin \beta$$

Wenn man den Einfallswinkel α und die Brechungsindices der beteiligten Medien kennt, kann man den Sinus des Ausfallswinkels β und damit auch den Ausfallswinkel selbst berechnen, indem man die Gleichung nach sin β auflöst.

Zusammenfassung

- Licht besteht aus verschiedenen Wellenlängen/Frequenzen. Die Vakuumlichtgeschwindigkeit beträgt 300 000 km/s.
- Bei der Reflexion gilt: Einfallswinkel = Einfallswinkel.
- Bei der Brechung gilt das Brechungsgesetz: $n_1 \times \sin \alpha = n_2 \times \sin \beta$.

Ionisierende Strahlung

Als ionisierende Strahlung bezeichnet man zunächst einmal Strahlung, die in der Lage ist, Elektronen aus Molekülen und Atomen zu entfernen, sodass geladene Ionen zurückbleiben. Im Rahmen dieser Ionisierung können chemische Bindungen zerstört werden, was – z. B. für unsere Erbinformation – durchaus schädlich sein kann. Da Ionisierende Strahlung trotzdem als diagnostisches und therapeutisches Werkzeug aus der modernen Medizin nicht wegzudenken ist, wollen wir uns ihr zum Schluss dieses Buchs widmen.
Ionisierende Strahlung kann u. a. in Partikel- und Elektromagnetische Strahlung eingeteilt werden:
Partikelstrahlung Besteht aus Teilchen, wie Elektronen, Neutronen, α-Teilchen, Protonen oder Schwerionen. Allerdings ist nicht jedes fliegende Teilchen gleich ionisierende Strahlung, sondern muss zunächst eine bestimmte kinetische Energie besitzen, bevor es in der Lage ist, Elektronen aus Atomen zu lösen. Diese Energie unterscheidet sich von Teilchen zu Teilchen.
Elektromagnetische Strahlung An sich ist sie nicht zwingend ionisierend. Erst die kurzwellige hochfrequente Strahlung mit Wellenlängen unter 200 nm (also außerhalb des sichtbaren Spektrums) hat das Vermögen Atome zu ionisieren. Zur ionisierenden elektromagnetischen Strahlung zählen z. B. UV-, Röntgen- und Gammastrahlung.

Radioaktivität

Aus dem Alltag kennt ihr wahrscheinlich eher den Begriff **„radioaktive Strahlung"** als ionisierende Strahlung. Radioaktivität beschreibt zunächst nur die Eigenschaft eines Atomkerns, zu zerfallen und dabei **spontan ionisierende Strahlung** auszusenden. Der Begriff „radioaktive Strahlung" bezeichnet also nur die ionisierende Strahlung, die das Produkt eines radioaktiven Zerfalls ist. Merkt euch deshalb bitte, dass diese Begriffe keine Synonyme sind oder vermeidet „radioaktive Strahlung" ganz und sprecht stattdessen von „ionisierender Strahlung radioaktiver Substanzen", denn die Strahlung selbst ist natürlich nicht radioaktiv, sondern nur die Substanz, von der sie ausgeht.
Bei einem radioaktiven Zerfall handelt es sich eigentlich um eine Umwandlung. Entweder ändert ein Kern seinen Zustand oder er wandelt sich in einen anderen Kern, der dann **Tochterkern** genannt wird, um.
Je nach frei werdender Strahlung kann man drei (oder vier) Zerfallsarten unterscheiden:
Alpha-Zerfall Bei einem Alpha-Zerfall wird ein α-Teilchen frei, das aus zwei Protonen und zwei Neutronen besteht. Wenn man im Periodensystem nach einem Teilchen mit zwei Protonen zwei Neutronen sucht, wird man bei Helium fündig. Handelt es sich beim α-Teilchen also um ein Helium Atom? Nein, denn das Helium Atom besitzt auch noch zwei Elektronen und ist damit elektrisch neutral. Das α-Teilchen ist dagegen wie der Kern eines Heliumatoms zweifach positiv geladen.
Ein beliebtes Beispiel ist der Zerfall von Radium-226 zu Radon-222:

$$^{226}_{88}\mathrm{Ra} \rightarrow {}^{222}_{86}\mathrm{Rn} + {}^{4}_{2}\alpha$$

Die **allgemeine Formel** für Alpha-Zerfälle lautet:

$$^{m}_{p}\mathrm{X} \rightarrow {}^{m-4}_{p-2}\mathrm{Y} + {}^{4}_{2}\alpha$$

Beta-Zerfall Den Beta-Zerfall kann man noch weiter in Beta$^+$ und Beta$^-$ unterteilen:

- Beim Beta$^-$-Zerfall wird ein Neutron im Kern in ein positiv geladenes Proton umgewandelt, sodass sich bei diesem Zerfall nur die Protonenzahl, aber nicht die Massenzahl ändert. Zudem entsteht noch ein negativ geladenes Elektron, dann ist die ganze Sache wieder ausgeglichen. Dieses **Elektron** verlässt als Strahlung den Kern. Da hier ein negativ geladenes Teilchen auf die Reise geht, spricht man vom Beta-**Minus**-Zerfall. Zudem entsteht noch ein **Antineutrino,** das ebenfalls emittiert wird:

$$^{m}_{p}\mathrm{X} \rightarrow {}^{m}_{p+1}\mathrm{Y} + e^{-} + \bar{\nu}$$
$$^{14}_{6}\mathrm{C} \rightarrow {}^{14}_{7}\mathrm{N} + e^{-} + \bar{\nu}$$

- Beim Beta$^+$-Zerfall wird ein Proton in ein Neutron umgewandelt, sodass die Massenzahl wieder gleich bleibt, während sich die Protonenzahl ändert. Damit das Ganze ausgeglichen ist, entsteht noch ein positiv geladenes, und wie das Elektron fast masseloses **Positron.** Da dieses den Kern verlässt, spricht man vom Beta-**Plus**-Zerfall. Zudem wird ein **Neutrino** emittiert:

$$^{m}_{p}\mathrm{X} \rightarrow {}^{m}_{p-1}\mathrm{Y} + e^{+} + \nu$$
$$^{40}_{19}\mathrm{K} \rightarrow {}^{40}_{18}\mathrm{Ar} + e^{+} + \nu$$

Gammastrahlung Kommt es zu einem Zerfall, ist der entstehende Tochterkern i. d. R. nicht direkt in seinem Grundzustand, sondern zunächst noch etwas energiereicher, man spricht von einem **angeregten Zustand.** Beim Übergang von diesem Zustand in den Grundzustand wird elektromagnetische Gammastrahlung frei. Die Gammastrahlung ist deshalb oft ein Begleiteffekt radioaktiver Zerfälle. Der angeregte Zustand wird in den Gleichungen durch ein „*" deutlich gemacht:

$$^{m}_{p}\mathrm{X}^{*} \rightarrow {}^{m}_{p}\mathrm{X} + \gamma$$

Aktivität und Halbwertszeit

Wir haben bereits in → Kap. 11 etwas zur Halbwertszeit gelernt. An dieser Stelle wollen wir aber zunächst noch ein paar Überlegungen einschieben:
Auch wenn wir wissen, dass Jod-133 eine Halbwertszeit von 8 Tagen hat und wir ein Jod-133 Atom vor uns auf dem Tisch liegen haben, können wir nicht vorhersagen, wann dieses Atom zerfällt. Der Zerfall eines einzelnen Kerns geschieht **spontan.** Es kann in der nächsten Sekunde oder erst in ein paar Wochen soweit sein. Die Halbwertszeit sagt, dass in 8 Tagen nur noch die Hälfte einer sehr großen Menge von Jod-133-Atomen vorhanden sein wird. Die Halbwertszeit ist also eine statistische Aussage.
Die **Aktivität A** beschreibt die Anzahl der Zerfälle pro Zeit. Sie hat die Einheit Bequerel (Bq), wobei 1 Bq einem Zerfall pro Sekunde entspricht. Bei einen Eimer mit einem radioaktiven Stoff ist die Aktivität hoch,

- wenn die Halbwertszeit kurz ist: Dann gibt es viele Zerfälle in kurzer Zeit.
- wenn viele Atome des Stoffes vorhanden sind: Wo viel ist, kann viel zerfallen. Das ist auch der Grund, warum die Zerfallsaktivität mit der Zeit abnimmt. Wenn nach Verstreichen einer Halbwertszeit nur noch 50 % der Atome vorhanden sind, gibt es auch nur noch 50 % der ursprünglichen Zerfälle.

Übrigens: Wenn ein radioaktiver Stoff (oder eine andere schädliche Substanze) in unseren Körper gelangt ist, wartet der Körper häufig nicht darauf, bis dieser von alleine zerfallen ist. Viele Stoffe werden vom Körper verstoffwechselt oder ausgeschieden, sodass die Konzentration im Körper schneller sinkt.

Die Zeitspanne, in der die Konzentration eines Stoffes allein aufgrund von biologischen Vorgängen auf die Hälfte des Ausgangswerts gesunken ist, bezeichnet man als **biologische Halbwertszeit.**

Dosis

Da man als Patient gelegentlich mit ionisierender Strahlung in Kontakt kommt, ist es wichtig, die „Menge an Strahlung", sprich die **Dosis,** quantifizieren zu können. Hierfür gibt es mehrere Möglichkeiten:

Energiedosis D Man gibt die durch die Strahlung auf den Körper übertragene Energie an und teilt diese durch die Masse des Körpers. Die Einheit ist entsprechend **Joule/kg,** was auch als **Gray** (Gy) bezeichnet wird.

$$D = \frac{E}{m}$$

Ionendosis I Bei der Ionendosis gibt man an, wie viel Ladung durch Strahlung im Körper erzeugt wurde und dividiert erneut durch die Masse des Körpers. Die Einheit ist entsprechend **Coulomb/kg,** wohingegen früher Röntgen (R) verwendet wurde.

$$I = \frac{Q}{m}$$

Äquivalentdosis H Wenn man mit Menschen arbeitet, sollte man berücksichtigen, dass unterschiedliche Arten von Strahlung unterschiedlich große Schäden verursachen. Aus diesem Grund multipliziert man bei der Berechnung der Äquivalentdosis den Wert der Energiedosis mit einem **Weighting Factor w** (→ Tab. 48.1). Besonders wirksame Strahlung erhält dabei ein großes w. Die Einheit der Äquivalentdosis ist **Sievert** (Sv).

$$H = D \times w$$

Tab. 48.1 Weighting Factors für einige Strahlenarten

Strahlung	w
Röntgen-, Gamma- und Beta-Strahlung	1
Protonen	2
Alpha-Strahlung	20

Macht es einen Unterschied, ob man eine bestimmte Dosis innerhalb von 5 s oder innerhalb von 5 Jahren abbekommt? Ja, macht es, und passenderweise werden die Dosisangaben häufig auch auf den Zeitraum bezogen, in dem man dieser Dosis ausgesetzt war. Man spricht dann von der Energie-, Ionen- oder Äquivalentdosis**leistung** und setzt einen kleinen Punkt über das Formelzeichen.

Zusammenfassung

- Ionisierende Strahlung kann Elektronen aus Atomen oder Molekülen entfernen.
- Bei radioaktiven Zerfällen wird α-, β- oder γ-Strahlung frei.
- Bei der Berechnung der Äquivalentdosis wird die unterschiedlich starke Wirkung verschiedener Strahlenarten auf den menschlichen Körper berücksichtigt.

Übungen

BASICS

Übungen

49 Mathematik 128
50 Chemie 129
51 Biologie 132
52 Physik 133

Löse durch Überschlagen:
a) 238 × 376
b) 503 × 718

a) 89 488 b) 361 154

Das Ergebnis von 39,24 × 7,18 ist:
a) 362,52
b) 281,74
c) 238,11
d) 196,02
e) 187,38?

b) 281,7432

Löse durch schriftliches Multiplizieren:
a) 946 × 39
b) 84 × 693

a) 36 894 b) 58 212

Berechne:
a) $\frac{7}{5} \times \frac{9}{3}$
b) $\frac{3}{4} \times 5$
c) $\frac{6}{8} : \frac{2}{9}$
d) $\frac{7}{3} : 4$
e) $\frac{5}{9} + \frac{1}{2}$
f) $\frac{2}{3} + 6$
g) $\frac{4}{7} - \frac{1}{5}$
h) $\frac{9}{10} - 2$

a) $\frac{21}{5}$ b) $\frac{15}{4}$ c) $\frac{27}{8}$ d) $\frac{7}{12}$ e) $\frac{19}{18}$ f) $\frac{20}{3}$ g) $\frac{13}{35}$ h) $-\frac{11}{10}$

Schreibe als Dezimalzahl:
a) $\frac{3}{5}$
b) $\frac{12}{30}$
c) $\frac{1}{50}$

a) 0,6 b) 0,4 c) 0,02

Löse durch Überschlagen:
a) 38 % von 9 241
b) 7 % von 4 718
c) 12,5 % von 8 000

a) 3 511,58 b) 330,26 c) 1 000

Welche der Einheiten st keine SI-Basiseinheit?
a) Meter
b) Candela
c) Volt
d) Ampere
e) Kelvin

c) Volt

Vervollständige: Ein ___meter sind 10^{-9} Meter. Ein Mikrometer sind $10^{?}$ Meter.

Ein Nanometer sind 10^{-9} Meter. Ein Mikrometer sind 10^{-6} Meter.

Berechne:
a) 2^5
b) 3^4
c) 8^{-2}
d) $10^2 \times 10^3$
e) $10^4/10^2$
f) $(10^4)^6$
g) $\sqrt{10^8}$

a) 32 b) 81 c) $\frac{1}{64} = 0{,}015625$ d) 10^5 e) 10^2 f) 10^{24} g) 10^4

Wie viele mm^3 sind 2 m^3?

$2 \times 10^9\ mm^3$

Wie viele Halbwertszeiten müssen mindestens verstreichen, bis erstmals weniger als 10 % der Ausgangsmenge eines radioaktiven Stoffs vorhanden sind?

Nach 4 Halbwertszeiten sind erstmals weniger als 10 % vorhanden.

Welche Aussage ist richtig? In einem Atom gilt:
a) Protonenzahl = Massenzahl.
b) Massenzahl = Neutronenzahl + Protonenzahl.
c) Nukleonenzahl = Neutronenzahl + Elektronenzahl.
d) Elektronenzahl = Neutronenzahl.
e) Ordnungszahl = Neutronenzahl + Protonenzahl.
Aussage b) ist richtig.

Welche Aussage trifft nicht zu?
a) Elektronen sind negativ geladen.
b) Die Masse eines Atoms konzentriert sich im Kern.
c) Der Durchmesser eines Atoms wird in u gemessen.
d) Der Kern eines Atoms ist positiv geladen.
e) Die Kernladungszahl entspricht der Ordnungszahl.
Aussage c) trifft nicht zu.

Vervollständige die Tabelle. Periodensystem erlaubt.

Symbol	$^{59}Co^{3+}$			
Protonenzahl		34	76	80
Neutronenzahl		46	116	120
Elektronenzahl		36		78
Ladung			2+	

Symbol	$^{59}Co^{3+}$	$^{80}Se^{2-}$	$^{192}Os^{2+}$	$^{200}Hg^{2+}$
Protonenzahl	27	34	76	80
Neutronenzahl	32	46	116	120
Elektronenzahl	24	36	74	78
Ladung	3+	2–	2+	2+

Ordne diese Elemente nach steigender Elektronegativität (PSE erlaubt): K, F, Rb, Cl, Fr.
Fr < Rb < K < Cl < F

Ordne diese Elemente nach abnehmendem Atomradius (PSE erlaubt): Na, Al, P, F, Mg.
Na > Mg > Al > P > F

Vervollständige die Tabelle.

	Metalle		Salze	
	Ja	Nein	Ja	Nein
Leiten im festen Zustand Strom				
Bestehen aus Atomen mit ähnlicher Elektronegativität				
Sind plastisch verformbar				
Bestehen aus Anionen und Kationen				
Bilden eine gitterartige Struktur aus				

Lösung (von oben nach unten): **Metalle:** Ja – Ja – Ja – Nein – Nein. **Salze:** Nein – Nein – Nein – Ja – Ja.

Nenne die Summenformel für: Aluminiumfluorid, Calciumoxid, Kupfer(II)-Chlorid.
AlF_3, CaO, $CuCl_2$

Welche Aussage trifft nicht zu?
a) Schmelzen von Salzen leitet den elektrischen Strom.
b) Metalle leiten im festen Zustand den elektrischen Strom.
c) In einem Salz geben einige Atome Elektronen ab, während andere Elektronen aufnehmen.
d) In einem Metall geben einige Atome Elektronen ab, während andere Elektronen aufnehmen.
e) Aluminium bildet Al^{3+}-Ionen.
Aussage d) trifft nicht zu.

Welche Aussage trifft zu?
a) Atome einer Doppelbindung sind drehbar.
b) Bei einer Einfachbindung ist der Bindungsabstand geringer als bei einer Dreifachbindung.
c) Das Wassermolekül ist linear gebaut.
d) σ-Bindungen entstehen aus p-Orbitalen.
e) Zum Spalten einer Doppelbindung muss mehr Energie aufgewandt werden, als man zum Spalten einer Einfachbindung benötigen würde.
Aussage e) trifft zu.

Welche Aussage trifft nicht zu?
a) Bei der Atombindung ist die Differenz der Elektronegativitäten der beteiligten Komponenten kleiner als bei der Ionenbindung.
b) Neon liegt bevorzugt zweiatomig vor.
c) Ein Molekül mit einer Dreifachbindung ist linear.
d) Doppelt besetzte Orbitale können keine Molekülorbitale bilden.
e) Sauerstoff liegt bevorzugt zweiatomig vor.
Aussage b) trifft nicht zu.

Welche Aussage trifft zu?
a) Hydrophobe Wechselwirkungen sind stärker als Wasserstoffbrücken.
b) Mit zunehmender Kettenlänge nehmen Van-der-Waals-Kräfte ab.
c) Eine polare Substanz wie Ethanol löst sich in Wasser.
d) Hydrophobe Wechselwirkungen können nur innerhalb eines Moleküls entstehen.
e) Die Elektronegativitäten von Wasser- und Kohlenstoff unterscheiden sich sehr stark.
Aussage c) trifft zu.

Wie viel K entsprechen 100 °C?
373 K

Wie nennt man den Übergang vom festen in den gasförmigen Zustand?
Sublimation

Welche Aussage trifft zu?
a) Flüssigkeiten lassen sich i. d. R. gut durch Druck komprimieren.
b) Der osmotische Druck hängt auch von der Größe der Teilchen ab.
c) Der osmotische Druck ist temperaturabhängig.
d) Unter hohem Druck sieden Stoffe leichter.
e) Semipermeable Membranen lassen nur Ionen, aber kein Wasser passieren.
Aussage c) trifft zu.

Welche Aussage trifft zu?
a) Im Gleichgewichtszustand findet keine Stoffumwandlung mehr statt.
b) Indem man Produkte entfernt, veranlasst man die Reaktion dazu, mehr Edukte zu bilden.
c) Ist die Gleichgewichtskonstante K > 1, liegt das Gleichgewicht auf der Eduktseite.
d) Indem man Produkte entfernt, verringert man die Gleichgewichtskonstante einer Reaktion.
e) Im Gleichgewichtszustand ändern sich die Konzentrationen der beteiligten Stoffe nicht mehr.
Aussage e) trifft zu.

Welche Aussage trifft nicht zu?
a) Die Lage des Gleichgewichts lässt sich aus den Geschwindigkeitskonstanten einer Reaktion berechnen.
b) Im Gleichgewichtszustand sind beide Geschwindigkeitskonstanten gleich groß.
c) Die Aktivierungsenergie lässt Rückschlüsse auf die Geschwindigkeit einer Reaktion zu.
d) Die Geschwindigkeitskonstanten sind temperaturabhängig.
Aussage b) trifft nicht zu.

Die Reaktionsgeschwindigkeit lässt sich auf zwei Weisen definieren. Wie lauten sie?
Abnahme der Eduktkonzentration pro Zeit oder Zunahme der Produktkonzentration pro Zeit

Berechne den pH-Wert einer 0,15-molaren Essigsäurelösung ($pK_s = 4{,}75$). Taschenrechner erlaubt.
2,79

Berechne den pH-Wert (nicht pOH) einer 0,20-molaren Ammoniak-Lösung ($pK_b = 4{,}75$). Taschenrechner erlaubt.
11,28

Bestimme, ohne zu zeichnen, die Oxidationszahlen der Atome in den folgenden Verbindungen:
a) SO_2.
b) $COCl_2$.
c) MnO_4^-.
d) O_2.
e) HBrO.
a) +4, −2 b) +4, −2, −1 c) +7, −2 d) 0 e) +1, +1, −2

Welche Aussage trifft nicht zu?
a) Eine Reduktion geht mit einer Verringerung der Oxidationszahl einher.
b) In einer elektrochemischen Zelle entstehen an der Anode positiv geladene Ionen.
c) Bei einem Oxidationsmittel erhöht sich während einer Reaktion die Oxidationszahl.
d) Fluor ist ein starkes Oxidationsmittel.
Aussage c) trifft nicht zu.

Ist die Aussage richtig oder falsch?
a) Thiolgruppen können zu einer Disulfidbindung reduziert werden.
b) In einem tertiären Amin ist das Ammoniak über drei Bindungen mit C-Atomen verknüpft.
c) Innerhalb eines Moleküls kann sich eine Amidbindung ausbilden, wobei es zum Ringschluss kommt.
a) Falsch b) Richtig c) Richtig

Welche Aussage trifft nicht zu?
a) Sind 100 oder mehr Aminosäuren zu einer Kette verknüpft, spricht man von einem Protein.
b) Eine Peptidbindung ist eine Amidbindung.
c) Die Aminosäurenkette wird von N- nach C-Terminal angegeben.
d) Die Sekundärstruktur wird durch Wasserstoffbrückenbindungen zwischen OH-Gruppen der Seitenketten von Serin und Threonin stabilisiert.
Aussage d) trifft nicht zu.

Zeichne die allgemeine Struktur einer Aminosäure und vergleiche diese mit der → Abb. 22.2 in → Kap. 22.

→ Abb. 22.1

Berechne den isoelektrischen Punkt von Lysin (pKs-Werte: 2,2–8,9–10,28).

9,74

Zeichne die 4 wichtigen Basen der RNA.

→ Abb. 24.1, → Abb. 24.2

Welche Aussage trifft nicht zu?
a) Die Phospholipiddoppelschicht bildet das Grundgerüst der biologischen Einheitsmembran.
b) Eukaryonten besitzen 80S-Ribosomen.
c) Prokaryonten besitzen 60S-Ribosomen.
d) Die Natrium-Kalium-ATPase transportiert Natrium aus der Zelle heraus und Kalium in die Zelle hinein.
Aussage c) trifft nicht zu.

Fülle die Lücken aus. Lipophile Substanzen können die Zellmembran entlang eines Konzentrationsgradienten via ______ überwinden. Da Phospholipide sowohl über polare als auch über apolare Strukturen verfügen, bezeichnet man sie als _______. _______ und ______ werden als quergestreifte Muskulatur zusammengefasst.
Diffusion – amphiphil – Skelett- und Herzmuskulatur

Welche Aussage trifft zu?
a) Im Inneren des Lysosoms ist der pH normalerweise < 7.
b) Einer der wichtigsten Stoffwechselwege des Mitochondriums ist die Glykolyse.
c) Die Endosymbiontentheorie besagt, dass Mitochondrien ehemals eigenständige Eukaryonten waren.
d) Bakterielle 70S-Ribsomen bestehen aus einer 40S- und einer 60S-Untereinheit.
Aussage a) trifft zu.

Vervollständige. Das Startcodon ____ codiert für die Aminosäure _______. Die Reife mRNA trägt eine ____Cap und einen ____Poly-A-Schwanz.
AUG – Methionin – 5'- – 3'-

Welche Basen bilden in der DNA Wasserstoffbrücken miteinander? Und wie viele?
A paart mit T (2 Wasserstoffbrücken); G paart mit C (3 Wasserstoffbrücken).

Welche Aussage trifft zu?
a) Aminoglykoside binden an die 50S-Untereinheiten bakterieller Ribosomen.
b) Mitochondriale DNA codiert alle Proteine, die das Mitochondrium für seine Stoffwechselwege benötigt.
c) Beim Spleißen der hnRNA werden die Exons entfernt.
d) Beim Spleißen der hnRNA werden die Introns entfernt.
Aussage d) trifft zu.

Ordne die Zellzyklusphasen G1, G2, M und S aufsteigend nach ihrer Länge.
$M < G2 < S < G1$

Welche Aussage trifft nicht zu?
a) Der DNA-Gehalt einer Zelle am Ende der S-Phase beträgt 2n2c.
b) Die Single-Stranded Binding Proteins stabilisieren Einzelstrang-DNA während der Replikation.
c) Manche Zellen treten aus der G0-Phase wieder in den Zellzyklus ein, während sich andere terminal differenzieren.
d) Da die DNA-Polymerase der Eukaryonten keine Helikase-Aktivität besitzt, gibt es dafür ein extra Enzym.
Aussage a) trifft nicht zu.

Beschreibe die Pathogenese des Morbus haemolyticus neonatorum und vergleiche sie mit der Erklärung im Kapitel.

Fülle die Lücken aus. _______ kann durch den Konsum von mit _______ verseuchtem Rindfleisch verursacht werden. Der bekannteste Vertreter der Fadenpilze ist _________. Die ______ ist eine Form der Parasexualität, bei der Viren die genetische Information übertragen.
CJD, BSE – Aspergillus (*flavus* oder *fumigatus*) – Transduktion

Welche Aussage trifft nicht zu?
a) Der Mensch und seine Hautflora sind ein Beispiel für Kommensalismus.
b) Autotrophen Organismen reichen die Faktoren der abiotischen Umwelt zum Leben.
c) Ist ein Partner in einer Symbiose wesentlich kleiner, bezeichnet man ihn als Symbiont.
d) Herbivoren essen Karnivoren.
Aussage d) trifft nicht zu.

Physik

Bei der _______ Bewegung entspricht die Momentangeschwindigkeit der Durchschnittsgeschwindigkeit.
gleichförmigen

Die Erdbeschleunigung beträgt rund ____ m s^{-2}.
10

Welches ist die Einheit der Leistung?
a) Joule
b) Watt
c) Volt
d) Newton
e) Sievert
Watt

Welche der folgenden Größen kommt im Gesetz von Hagen-Poiseuille-Gesetz nicht vor?
a) Druck
b) Viskosität
c) Radius
d) Frequenz
e) Länge
Frequenz

Wie lautet die allgemeine Gasgleichung?
$p \times V = n \times R \times T$

Ein Voltmeter wird ________ geschaltet, wohingegen ein Amperemeter ________ geschaltet wird.
parallel – in Reihe

Die Wellenlängen des sichtbaren Lichts liegen zwischen ca. _____ und _____ nm.
400 nm – 700

Welche Aussage ist richtig? Beim Alpha-Zerfall gilt:
a) Massezahl ändert sich, Protonenzahl bleibt gleich.
b) Massezahl und Protonenzahl bleiben gleich.
c) Massezahl und Protonenzahl ändern sich.
d) Massezahl bleibt gleich, Protonenzahl ändert sich.
Aussage c) ist richtig.

Anhang

BASICS

53 Abbildungen 136
54 Quellenverzeichnis 138
55 Register 139

Hauptgruppen

Nebengruppen

	1 (IA)	2 (IIA)	3 (IIIB)	4 (IVB)	5 (VB)	6 (VIB)	7 (VIIB)	8	9 (VIIIB)	10	11 (IB)	12 (IIB)	13 (IIIA)	14 (IVA)	15 (VA)	16 (VIA)	17 (VIIA)	18 (VIIIA)
1. Periode	1.0079 Wasserstoff $_{1}$**H**																	4.0026 Helium $_{2}$**He**
2. Periode	6.941 Lithium $_{3}$**Li**	9.0122 Beryllium $_{4}$**Be**											10.811 Bor $_{5}$**B**	12.011 Kohlenstoff $_{6}$**C**	14.007 Stickstoff $_{7}$**N**	15.9994 Sauerstoff $_{8}$**O**	18.998 Fluor $_{9}$**F**	20.180 Neon $_{10}$**Ne**
3. Periode	22.990 Natrium $_{11}$**Na**	24.305 Magnesium $_{12}$**Mg**											26.982 Aluminium $_{13}$**Al**	28.086 Silicium $_{14}$**Si**	30.974 Phosphor $_{15}$**P**	32.066 Schwefel $_{16}$**S**	35.453 Chlor $_{17}$**Cl**	39.948 Argon $_{18}$**Ar**
4. Periode	39.098 Kalium $_{19}$**K**	40.078 Calcium $_{20}$**Ca**	44.956 Scandium $_{21}$**Sc**	47.88 Titan $_{22}$**Ti**	50.942 Vanadium $_{23}$**V**	51.996 Chrom $_{24}$**Cr**	54.938 Mangan $_{25}$**Mn**	55.847 Eisen $_{26}$**Fe**	58.933 Cobalt $_{27}$**Co**	58.69 Nickel $_{28}$**Ni**	63.546 Kupfer $_{29}$**Cu**	65.39 Zink $_{30}$**Zn**	69.723 Gallium $_{31}$**Ga**	72.61 Germanium $_{32}$**Ge**	74.922 Arsen $_{33}$**As**	78.96 Selen $_{34}$**Se**	79.904 Brom $_{35}$**Br**	83.80 Krypton $_{36}$**Kr**
5. Periode	85.468 Rubidium $_{37}$**Rb**	87.62 Strontium $_{38}$**Sr**	88.906 Yttrium $_{39}$**Y**	91.224 Zirkonium $_{40}$**Zr**	92.906 Niob $_{41}$**Nb**	95.94 Molybdän $_{42}$**Mo**	98.906 Technetium $_{43}$**Tc***	101.07 Ruthenium $_{44}$**Ru**	102.91 Rhodium $_{45}$**Rh**	106.42 Palladium $_{46}$**Pd**	107.87 Silber $_{47}$**Ag**	112.41 Cadmium $_{48}$**Cd**	114.82 Indium $_{49}$**In**	118.71 Zinn $_{50}$**Sn**	121.75 Antimon $_{51}$**Sb**	127.60 Tellur $_{52}$**Te**	126.90 Iod $_{53}$**I**	131.29 Xenon $_{54}$**Xe**
6. Periode	132.91 Caesium $_{55}$**Cs**	137.33 Barium $_{56}$**Ba**	57–71	178.49 Hafnium $_{72}$**Hf**	180.95 Tantal $_{73}$**Ta**	183.85 Wolfram $_{74}$**W**	186.21 Rhenium $_{75}$**Re**	190.2 Osmium $_{76}$**Os**	192.22 Iridium $_{77}$**Ir**	195.08 Platin $_{78}$**Pt**	196.97 Gold $_{79}$**Au**	200.59 Quecksilber $_{80}$**Hg**	204.38 Thallium $_{81}$**Tl**	207.2 Blei $_{82}$**Pb**	208.98 Bismut $_{83}$**Bi**	208.98 Polonium $_{84}$**Po***	209.99 Astat $_{85}$**At***	222.02 Radon $_{86}$**Rn***
7. Periode	223.02 Francium $_{87}$**Fr***	226.03 Radium $_{88}$**Ra***	89–103	261 Rutherfordium $_{104}$**Rf***	262 Dubnium $_{105}$**Db***	263 Seaborgium $_{106}$**Sg***	Bohrium $_{107}$**Bh***	Hassium $_{108}$**Hs***	Meitnerium $_{109}$**Mt***	Darm- stadtium $_{110}$**Ds***	Roent- genium $_{111}$**Rg***	Copernicum $_{112}$**Cn***						

Lanthanoide	138.91 Lanthan $_{57}$**La**	140.12 Cer $_{58}$**Ce**	140.91 Praseodym $_{59}$**Pr**	144.24 Neodym $_{60}$**Nd**	146.92 Promethium $_{61}$**Pm***	150.36 Samarium $_{62}$**Sm**	151.97 Europium $_{63}$**Eu**	157.25 Gadolinium $_{64}$**Gd**	158.93 Terbium $_{65}$**Tb**	162.50 Dysprosium $_{66}$**Dy**	164.93 Holmium $_{67}$**Ho**	167.26 Erbium $_{68}$**Er**	168.93 Thulium $_{69}$**Tm**	173.04 Ytterbium $_{70}$**Yb**	174.97 Lutetium $_{71}$**Lu**
Actinoide	227.03 Actinium $_{89}$**Ac***	232.04 Thorium $_{90}$**Th***	231.04 Protactinium $_{91}$**Pa***	238.03 Uran $_{92}$**U***	237.05 Neptunium $_{93}$**Np***	244.06 Plutonium $_{94}$**Pu***	243.06 Americium $_{95}$**Am***	247.07 Curium $_{96}$**Cm***	247.07 Berkelium $_{97}$**Bk***	251.08 Californium $_{98}$**Cf***	252.08 Einsteinium $_{99}$**Es***	257.10 Fermium $_{100}$**Fm***	258.10 Mendelevium $_{101}$**Md***	259.10 Nobelium $_{102}$**No***	260.11 Lawrencium $_{103}$**Lr***

* radioaktive Elemente; angegeben ist die Masse eines wichtigen Isotops (soweit bekannt)

Abb. 53.1 Periodensystem der Elemente. Jeder Kasten enthält: Name, Elementsymbol, Ordnungszahl und relative Atommasse. Alle Hauptgruppenelemente sind blau unterlegt. [L253]

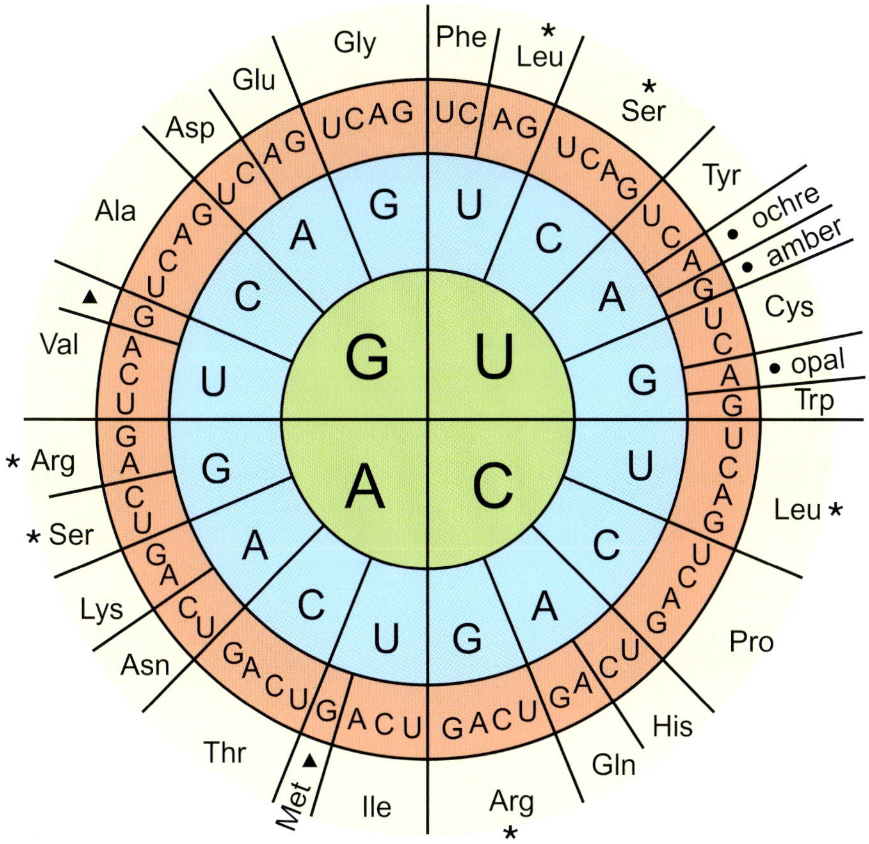

Abb. 53.2 Die Code-Sonne: Dreiecke kennzeichnen Start-Codons, Punkte kennzeichnen Stopp-Codons. Die Sternchen machen deutlich, dass die jeweiligen Aminosäuren durch unterschiedliche Codons, die sich in der ersten Base unterscheiden, codiert werden. [L253]

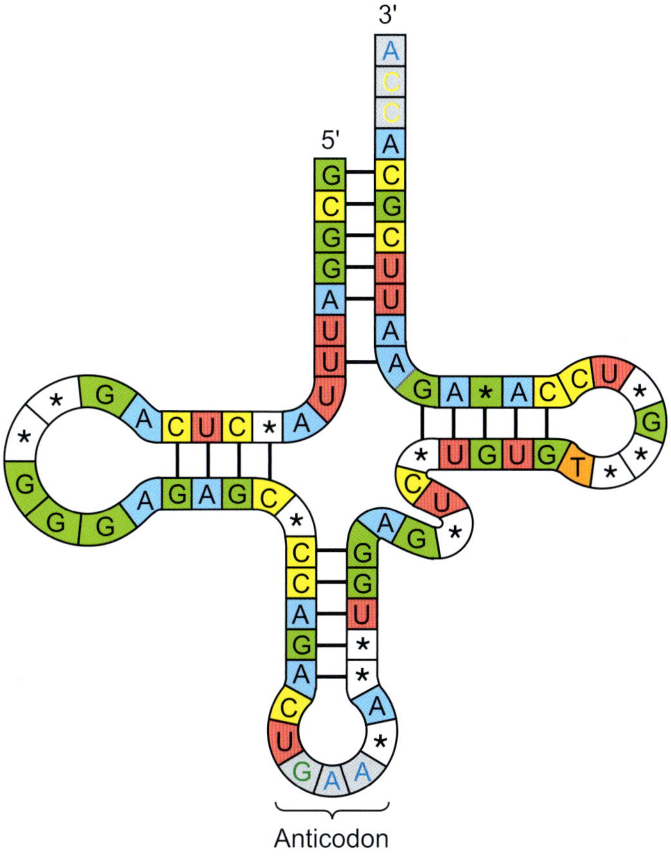

Abb. 53.3 Schema einer tRNA. Die Sternchen stehen für „seltene Basen". [L253]

→ 54 Quellenverzeichnis

Der Verweis auf die jeweilige Abbildungsquelle befindet sich bei allen Abbildungen im Werk am Ende des Legendentextes in eckigen Klammern.

[F362-002] Zhang Y. et al.: Urine derived cells are a potential source for urological tissue reconstruction. The Journal of Urology. 2008; 180 (5): S. 2226–2233.

[G157] Goering R. et al.: Mims' Medical Microbiology. Elsevier/Mosby, 4. Aufl. 2008.

[G166] Goljan E. F.: Rapid Review Pathology. Mosby Elsevier, 3. Aufl. 2010.

[G577] Xiu P.: Crash Course Pathology. Mosby Elsevier, 4. Aufl. 2012.

[L106] Henriette Rintelen, Velbert.

[L107] Michael Budowick, München.

[L126] Dr. med. Katja Dalkowski, Erlangen.

[L190] Gerda Raichle, Ulm.

[L231] Stefan Dangl, München.

[L253] Dr. Wolfgang Zettlmeier, Barbing.

[P118] Veronika Sonnleitner, München.

Symbole
5'-Cap 78
α-Helix 56
β-Faltblatt 56

A
AB0-System 92
abiotische Umwelt 105
Acetalbildung 46
Addieren
– Brüche 3
Addition 39
Adenin 61
Aggregatzustände 20
Aktinfilamente 72
Aktivierungsenergie 25, 26
Aldehyd 45, 58
Aldohexose 58
Alkan 40
Alken 42
Alkin 43
Alkohole 44
Alkoxyalkane 45
Alpha-Zerfall 124
Amidbildung 48
Amine 48
Aminosäure 54
Ammoniak 29, 48
Ammoniumsalz 48
amphipathisch 64
amphiphil 53, 64
Ampholyt 29
Anaphase 83, 84
Anticodon 79
Antiport 66
Apoptose 80
Äquationsteilung 85
Äquivalenzpunkt 34
Arbeit 112
arithmetisches Mittel 108
Atom
– Bau 10
– Bindung 16
– Masse 10
– Modell 10
– Radien 12
Auftrieb 115
autosomal-dominant 89
autosomal-rezessiv 89
Autosomen 77
autotroph 105

B
Bakterien 96
– Wachstumsverhalten 99
Bakteriophage 98
Base 28
– schwache 32
– starke 32
Basenkonstante 32
Beschleunigung 110
Beschleunigungsarbeit 113
Beta-Zerfall 124
Bicyclen 42
Bilayer 65
Bindegewebe 73
Bindung
– Atom- 16
– Doppel- 43
– glykosidische 59
– Ionen 14
– koordinative 17
– metallische 14
– Wasserstoffbrücken 18
– zweifach, dreifach 16
Blunt Ends 98
Blutgruppen 92
Blutgruppenantigene 87
Brechung 122
Brønsted-Säure 28
Brownsche Molekularbewegung 20
Bruchrechnen 2

C
Capping 78
Carbonsäuren 46
Carbonylgruppe 45
Carboxylgruppe 46
Cardiolipin 69
Chiralitätszentrum 50
Chromosomen 75
Codon 78
Coulomb 10
Coulomb-Kraft 118
Creutzfeldt-Jakob-Krankheit 104
Crossing Over 84
Cycloalkane 42
Cytochrom P450 (CYP) 70
Cytosin 61

D
Dalton 10
Deletion 94
Destruenten 105
Diacylglycerid 53
Diastereomer 51
Dicarbonsäuren 47
Diffusion 21
Diktyosomen 71
Dipol 18
Disaccharid 59
Disulfidbrücke 49
Dividieren
– Brüche 3
DNA 77
DNA-Helikase 82
DNA-Polymerase 82
dominant 87
Donnan-Gleichgewicht 21
Doppelbindung 17, 43
Doppelhelix 77
Drehmoment 111
Dreifachbindung 17
Druck 111
– hydrostatischer 115
Duktilität 14
Durchschnitt 108
D-Zucker 58

E
Edelmetalle 36
Edukte 22
Einheiten 4
– Umrechnen 6
Elektrizität 118
elektrochemische Zelle 37
Elektronegativität 12, 28
Elektronen 10
Elektronenhülle 11
Elektronenpaar
– Akzeptoren 28
– Donatoren 28
elektrophil 38
Element, chemisches 10
Eliminierung 39
Enantiomer 50, 51
endoplasmatisches Retikulum (ER) 70
Endosymbiontentheorie 69
endotherm 23, 25
Endozytose 67
Energie 112
Energieerhaltungssatz 113
Enolat-Ion 45
Enolform 45
Enthalpie 25
Entropie 25
Enzyme 26
Epithelien 72
Erbgang
– autosomal-dominanter 89
– autosomal-rezessiver 89
– gonosomaler 90
– mitochondrialer 91
– X-chromosomal-dominanter 90
– X-chromosomal-rezessiver 90
– Y-chromosomaler 91
Erweitern 3
Esterbildung 47
Ethan 40
Ether 44
Ethin 43
Eukaryonten 64
Exon 77
exotherm 23, 25
Exozytose 67

F
Fadenpilze 100
Fehling-Probe 46
Feldstärke 118
Feststoffe 20
Fettsäure 53
Fischer-Projektion 52
Flagellen 96
Fluid-Mosaik-Modell 65
Fluorwasserstoff 28
Flüssigkeiten 20, 114
Frameshift 94
Frequenz 112

Fructose 58
Furanose 59

G
G0-Phase 80
G1-Kontrollpunkt 80
G1-Phase 80
G2-Phase 81
Gain-of-Function-Mutation 95
Galaktose 58
Gameten 84
Gammastrahlung 124
Gase 16, 20, 116
– ideale 116
Gasgleichung 116
Gaskonstante 117
Gaußsche Glockenkurve 108
Gen 78
genetischer Code 78
Genotyp 87
Geschwindigkeit 110
Geschwindigkeitskonstante 26
Gewicht 10
Gewichtskraft 10
Gibbs freie Energie 25
Gleichgewichtskonstante 23, 24
Gleichungen 4
Gliazellen 74
Glucose 58
Glucose-6-phosphatase 70
Glycerin 53
Glykokalix 65
Golgi-Apparat 71
gonosomal 90
Gonosomen 77
gramnegativ 96
grampositiv 96
Gravitationskraft 110
Guanin 61

H
Hagen-Poiseuille-Gesetz 114
Halbacetalbildung 46
Halbmetalle 14
Halbwertszeit , 6, 124
Hämophilie 90
Haworth-Struktur 58
Hebelgesetz 111
Henderson-Hasselbalch-Gleichung 33
Herbivoren 105
Heteroatome 42
Heteroglykan 59
heterotroph 105
Histon 75
hnRNA 78
Homoglykan 59
homologe Reihe 40, 46
homolytisch 39
Hubarbeit 113
Hutchinson-Gilford-Progerie-Syndrom 75
hydrophobe Wechselwirkungen 19
Hydroxygruppe 44

I
Iminbildung 48
Importine 75
Impuls 110
Impulserhaltungssatz 110
induktiver Effekt 38
Insertion 94
Intermediärfilamente 72
intermolekular 18
Interphase 81
intramolekular 18
Intron 77
Ionen 29
Ionenbindung 14
Ionengitter 15
isobar 117
Isobutan 41
isochor 117
isoelektrischer Punkt 54
Isomer 43
Isomerisierung 39
isotherm 117
Isotop 11

K
Karnivoren 105
Katalysator 26
Kernlamina 75
Keton 45, 58
Kinetik 26
Kinetochor 77
kodominant 87
Kohlenhydrate 58
Kohlenstoff 38
Kommensalismus 105
Konfigurationsisomer 43
Konformationsisomer 41
Konjugation 98
Konstitutionsisomer 40
Kontinuitätsgleichung 114
Konzentration 22
Kraft 110
Kreuzungsschemata 87
Kürzen 3

L
Lactase 59
Lactose 59
Ladung 10, 118
Legierungen 14
Leistung 113
Leitfähigkeit 14
Lewis-Säure 28
Licht 122
Lipid 53
Lipidoppelschicht 65
Logarithmen 6
Longitudinalwellen 122
Loss-of-Function-Mutation 95
Lysosomen 71
L-Zucker 58

M
Magnetfeld 118, 120
Magnetismus 120
Maltose 59
Mannose-6-phosphat 71
Masse 10
– Atom 10
Massenwirkungsgesetz 23
Massenzahl 10
Mechanik 110
Median 108
Meiose 84
– Prophase I 84
Membranproteine 65
Mendelsche Regeln 87
Mercaptane 49
Messfehler 109
Metallbindung 14
Metallkomplexe 17
Metaphase 83, 84
Methan 40
Mikrotubuli 72
Missense-Mutation 94
Mitochondrium 64, 68
Mitose 81, 82
Mittelwert 108
MN-System 92
Modalwert 108
Mol 15
Monoacylglycerid 53
Monocarbonsäuren 46
Monosaccharid 58
Morbus hämolyticus neonatorum 93
Multiplizieren
– Brüche 2
Murein 96
Muskelgewebe 73
Mutarotation 59
Mutationen 94
Mykosen 100

N
Natronlauge 29
Nervengewebe 74
Nervenzelle 74
Neukombinationsregel 88
Neuron 74
Neutralisation 34
Neutralpunkt 34
Neutronen 10
Newman-Projektion 41
Newton 10
Nonsense-Mutation 94
Normalverteilung 108
Nuclear Localization Signal (NLS) 75
Nucleolus Organizer Regions (NOR) 75
Nukleinbase 60
Nukleinsäure 60
Nukleinsäurekette 60
Nukleolus 75
nukleophil 38

Nukleosid 60
Nukleotid 60
Nukleus 75

O
OH-Gruppe 44
Ohmsches Gesetz 119
Okazaki-Fragmente 82
Ökologie 105
Oktettaufweitung 29
Oktettregel 12, 29
Omega-3-Fettsäure 53
Oogenese 84, 85
optische Aktivität 51
Orbitalmodell 11, 12
Ordnungszahl 11
Origins of Replication (ORI) 82
Osmose 21
Oxidation 36
– Aldehyd 46
Oxidationsmittel 36
Oxidationszahl 36
Oxosäure 28

P
Parallelschaltung 120
Parasitismus 105
Partikelstrahlung 124
Peptid 54, 56
Peptidbindung 54
Periodendauer 112
Periodensystem 10, 12
Peroxisomen 71
pH 31
Phänotyp 87
Phospholipid 64
Phosphorsäure 29, 32
Photonen 122
pH-Wert-Berechnung 32
Pili 96
Pilze 100
pKb 31
pKs 31
Plasmide 96, 98
pOH 31
Poly-A-Ende 78
Polycyclen 42
Polysaccharid 58, 59
Potenzen 6
prä-mRNA 78
Primase 82
Primer 82
Prionen 104
Produkte 22
Prokaryonten 64, 96
Prometaphase 83
Prophase 83
Proteasom 69
Protein 54, 56
Protonen 10
– Akzeptoren 28
– Donatoren 28
Prozentrechnen 2, 4
Pseudodominanz 90
Pseudogen 95
Pufferlösung 33
Purin 60
Purinbase 60
Pyranose 59
Pyrimidin 60
Pyrimidinbase 60

R
Radialgeschwindigkeit 111
radikalisch 39
Radioaktivität 124
Readthrough-Mutation 94
Reaktion
– 1./2. Ordnung 27
– endotherme 23, 25
– exotherme 23, 25
– gekoppelte 25
– Kohlenstoff 38
– organische Chemie 39
– Redox 36
Reaktionsgeschwindigkeit 26
Reaktionsgleichgewicht 23
Reaktionsgleichung 22
Reaktionsordnung 27
Rechnen
– Brüche 2
– Einheiten 4
– Gleichungen 4
– Halbwertszeit 6
– Logarithmen 6
– Potenzen 6
– Prozente 2
– Statistik 108
– Textaufgaben 5
Redoxreaktionen 36
Reduktion 36
Reduktionsmittel 36
Redundanz 77
Reflexion 122
Reifeteilung 84
Reihenschaltung 120
Replikation 82
Replikationsgabel 82
Restriktionsendonukleasen 98
reverse Transkriptase 103
rezessiv 87
Rhesussystem 93
Ribose 77
Ribosom 69
– Bakterien 96
Ringbildung 58
RNA
– Struktur 77
– Typen 79
RNA-Polymerase 78
Rot-Grün-Sehschwäche 90

S
Saccharose 59
Salze 14, 35
– Formeln 15
Säure 28, 30
– mehrprotonig 32
– schwache 32
– starke 32
Säureanhydridbildung 47
Säureanhydridbindung 60
Säurekonstante 32
Schmelztemperatur 20
Schwefelwasserstoff 49
Shine-Delgarno-Sequenz 96
SI-Basiseinheiten 4
Siedetemperatur 20
Signalpeptid 70
Silent-Mutation 94
Skelettformeln 41
small nuclear RNA 78
Snellius-Brechungsgesetz 123
Solenoid 75
Spaltungsregel 87
Spannung 118
Spannungsreihe 36
Spermatogenese 84, 86
S-Phase 81
Spindelapparat 72
Spleißen 78
Sprosspilze 100
Spule 121
Standardabweichung 108
Statistik 108
Stereoisomer 50
Stickstoff 48
Sticky Ends 98
Stöchiometrie 22
Stoffgemische 24
Strahlung 124
Strom 118
Stromkreis 119
Stromrichtung 119
Strömungsgeschwindigkeit 114
Strukturformel 40
Substitution 39
Subtrahieren
– Büche 3
Summenformel 40
Symbiose 105
Symport 66

T
Telomer 77
Telophase 83, 84
Temperatur 20
Textaufgaben 5
Thermodynamik 25, 116
Thioester 49
Thioether 49
Thiole 49
Thymin 61
Titration 34

Tollens-Reagenz 46
Transduktion 98
Transformation 98
Transkription 78
Translation 79
Translocon 70
Transversalwellen 122
Transzytose 67
Triacylglycerid 53
tRNA 79

U
Unabhängigkeitsregel 88
Uniformitätsregel 87
Uniport 66
Uracil 77

V
Valenzelektronen 12
Van-der-Waals-Kräfte 18
Viren 101
Virenhülle 103
Virion 101
Virostatika 103
Volumen 114
Volumenstromstärke 114

W
Wärme 116
Wassermolekül 17, 18
Wasserstoffbrücken 18, 61
Wasserstoffperoxid 36
Widerstand 119
Winkelgeschwindigkeit 111

X
X-chromosomal-dominant 90
X-chromosomal-rezessiv 90

Y
Y-chromosomal 91

Z
Zellmembran 64
- bakterielle 96
- Transportmechanismen 66
Zellwand 96
Zellzyklus 80
Zentrifugalkraft 111
Zentripetalkraft 111
Zentromer 77
Zucker-Phosphat-Rückgrat 60
Zustandsänderung 117
Zygote 84
Zytokinese 83
Zytoplasma 64, 68
Zytoskelett 72

Waschke Böckers Paulsen

Leseprobe
JETZT REINLESEN

Anatomie

Das Lehrbuch

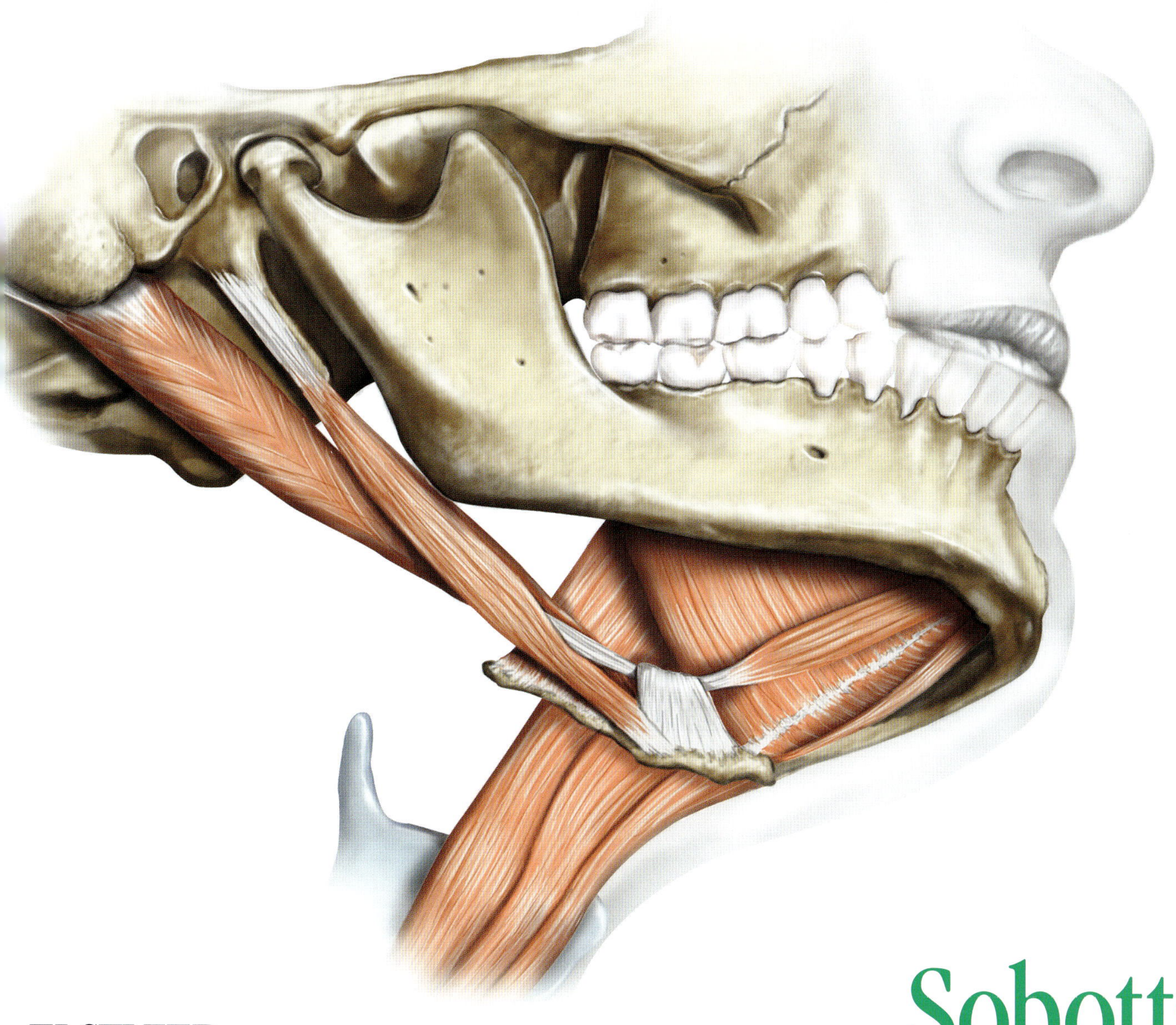

ELSEVIER

Sobotta

Myokardinfarkt (akutes Koronarsyndrom)

Anamnese

Der Notarzt wird zum 73-jährigen Rentner Klaus M. gerufen. Herr M. berichtet, dass er morgens nach dem Frühstück akut auftretende Brustschmerzen verspürt habe, die in den Nacken und linken Arm ausstrahlten. Hinzu kamen Atemnot, Schweißausbruch und ein Engegefühl in der Brust. Die Schmerzen seien so stark gewesen und hätten sich auch in vollständiger Ruhe nicht gebessert, sodass er den Notarzt gerufen habe. Anamnestisch lässt sich eine bekannte arterielle Hypertonie erfragen; sonst sind keine kardialen Vorerkrankungen bekannt. Herr M. gibt an, starker Raucher zu sein und deswegen auch häufiger Probleme mit der Lunge zu haben. Der Notarzt bringt den Patienten umgehend ins Krankenhaus.

Untersuchungsbefund

Kaltschweißiger, dyspnoischer Patient (Atemfrequenz 15/min) mit retrosternal betontem Brustschmerz, ausstrahlend nach links in Hals und Arm. Die Herzfrequenz ist mit 120/min erhöht, der Blutdruck mit 100/60 mmHg erniedrigt. Auskultatorisch ist ein Systolikum mit Punctum maximum oberhalb der Aortenklappe feststellbar. Die Lungen sind frei.

Diagnostik

Troponin T, Myoglobin, Kreatinkinase (CK und CK-MB) und C-reaktives Peptid (CRP) sind erhöht.
Im EKG zeigen sich ausgeprägte Ischämiezeichen über der Vorderwand (ST-Strecken-Hebung in I, aVL und V_1–V_6).

Vorläufige Diagnose

Diagnostisch weist alles auf ein akutes Koronarsyndrom hin. Zum akuten Koronarsyndrom gehören der Myokardinfarkt (Herzinfarkt) mit oder ohne ST-Strecken-Hebung im EKG und die instabile Angina pectoris. Weil die Marker für Zellnekrose Myoglobin und Kreatinkinase und das herzmuskelspezifische Enzym Troponin erhöht sind, scheidet die instabile Angina pectoris aus. Die ST-Strecken-Hebung im EKG weist auf einen ST-Hebungs-Infarkt hin. Der klinische Befund ist am ehesten vereinbar mit einem Verschluss des R. interventricularis anterior der A. coronaria sinistra (RIVA). Differenzialdiagnostisch müssen eine Angina pectoris, eine Aortendissektion, eine Lungenembolie oder Herzfehler ausgeschlossen werden.

Therapie

In der Herzkatheteruntersuchung mit perkutaner transluminaler Koronarangioplastie (PTCA) wird die Gefäßstenose zunächst angiografisch als Ursache bestätigt. Dann wird der R. interventricularis anterior noch während der gleichen Untersuchung mit einem Ballonkatheter erweitert und eine Gefäßstütze (Stent) implantiert.

Weiterer Verlauf

Das Herzkranzgefäß kann mit dem Stent rekanalisiert werden. Im weiteren Verlauf sind die Ischämiemarker rückläufig und es treten keine Komplikationen auf. Der Patient kann nach 2 Wochen mit einer medikamentösen antithrombogenen Therapie in die Anschlussheilbehandlung verlegt werden. Insgesamt handelt es sich dabei um einen sehr günstigen Verlauf nach Herzinfarkt.

Du bist Student im achten Semester und erlebst während deines Praktikums in der Notaufnahme diesen Fall. Für den Bericht, den du über das Praktikum schreiben musst, machst du dir folgende Notizen:

V.a. ACS!
(Was tun bei Brustschmerzen?!)

A.: 73-jähriger Pat., seit dem Morgen akute thorakale Schmerzen, ausstrahlend in li. Arm u. Hals. Atemnot, Schweißausbruch, thorakales Engegefühl; keine vollständige Besserung in Ruhe
Raucher (Probleme mit Lunge!), arterielle Hypertonie (AHT)
KU: kaltschweißig, Dyspnoe, HF 120/min, RR 100/60 mmHg
Systolikum mit
p.m. über Aortenklappe, Lungen frei
Dx.: Trop positiv, Myoglobin, CK, CK-MB und CRP ↑
EKG: ST-Hebungen in I, aVL und V1 – V6 (→ V.a. STEMI!)
Th: Herzkatheter mit PTCA und Stent (RIVA)
Proc.: Thrombozyten-Aggregationshemmung!

6.1 Herz

Kompetenzen

Nach Bearbeitung dieses Lehrbuchkapitels sollten Sie in der Lage sein:

- die Herzentwicklung mit möglichen Fehlbildungen in Grundzügen zu erklären
- die Umstellung vom fetalen auf den postnatalen Kreislauf darzulegen
- Lage, Ausrichtung und Projektion des Herzens mit randbildenden Strukturen am Präparat und im Röntgenbild zu erläutern
- die innere und äußere Struktur der Herzhöhlen am Präparat zu beschreiben
- Wandschichten des Herzens und des Herzbeutels zu erklären
- Lage, Struktur und Funktion des Herzskeletts zu beschreiben
- Bau, Funktion und Projektion der verschiedenen Herzklappen am Präparat zu erklären
- Herztöne und Herzgeräusche herzuleiten und ihre Auskultationsorte anzugeben
- das Reizleitungssystem mit genauer Lokalisation von Sinus- und AV-Knoten am Präparat zu zeigen und die anatomischen Grundlagen des EKG zu verstehen
- die vegetative Innervation des Herzens zu erklären
- die Herzkranzgefäße mit allen wichtigen Ästen am Präparat zu zeigen und deren Bedeutung bei Entstehung, Diagnostik und Therapie der koronaren Herzerkrankung zu beschreiben
- die Venen und Lymphbahnen des Herzens in Grundzügen anzugeben

6.1.1 Überblick

Das Herz (Cor) ist ein kegelförmiges, vierkammeriges, muskuläres Hohlorgan. Die Größe entspricht in etwa der Faust der jeweiligen Person und das Gewicht beträgt durchschnittlich 250–300 g (0,45 % des Körpergewichts; Männer: 280–340 g; Frauen: 230–280 g). Durch die Herzscheidewand wird es in eine linke und eine rechte Hälfte geteilt. Die beiden Herzhälften sind jeweils durch Klappen in einen rechten und linken Vorhof (Atrium dextrum und sinistrum) sowie eine rechte bzw. linke Kammer (Ventriculus dexter und sinister) unterteilt. Die Vorhöfe weisen blind endende Aussackungen auf, die als Herzohren (Auricula dextra und sinistra) bezeichnet werden. Das Herz ist als übergeordnetes Organ des Herz-Kreislauf-Systems absolut lebensnotwendig. Seine Bedeutung für die Medizin ist u. a. daran zu erkennen, dass sich neben dem Allgemeinmediziner und Hausarzt mehrere Fachdisziplinen wie der Kardiologe und der Herzchirurg auf Erkrankungen des Herzens spezialisiert haben.

Klinik

Ab einem **Herzgewicht von 500 g** reicht die Durchblutung des Herzmuskels durch die versorgenden Eigengefäße (Koronargefäße) nicht mehr aus. Daher steigt das Risiko, dass es zum Durchblutungsmangel (Ischämie) und daher zum Absterben von Herzgewebe kommt (Herzinfarkt). Dieses Gewicht wird als **kritisches Herzgewicht** bezeichnet. Unter pathologischen Bedingungen kann das Herzgewicht bis 1 100 g erreichen, was als **Cor bovinum** (Rinderherz) bezeichnet wird.

6.1.2 Funktion

Das Herz treibt den Blutkreislauf an, der in einen kleinen Kreislauf (Lungenkreislauf) und einen großen Kreislauf (Körperkreislauf) eingeteilt werden kann. Der Kreislauf dient dem Transport des Bluts und seiner Verteilung im Körper. Daher sind seine Funktionen mit denen des Bluts identisch.

Die **wichtigsten Funktionen** des Herz-Kreislauf-Systems sind:

- Sauerstoff- und Nährstoffversorgung des Organismus (Transport von Atemgasen und Nährstoffen)
- Thermoregulation (Wärmetransport im Blut)
- Abwehrfunktion (Transport von Abwehrzellen und Antikörpern)
- hormonelle Steuerung (Transport von Hormonen)
- Blutstillung (Transport von Blutplättchen und Gerinnungsfaktoren)

Beide Kreisläufe bilden ein geschlossenes System, in dessen Zentrum als treibende Kraft das Herz als muskuläre Saug- und Druckpumpe

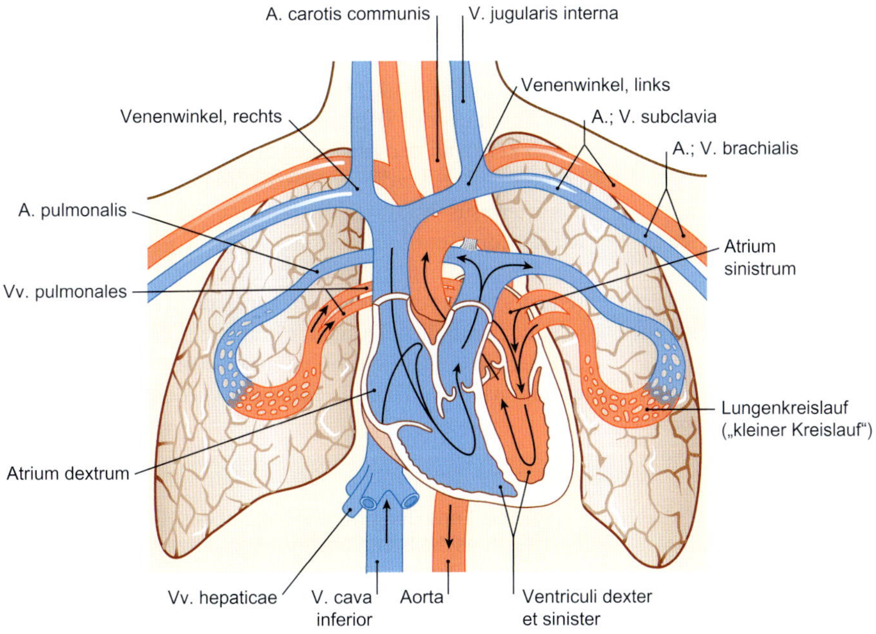

Abb. 6.1 Blutfluss durch Herz und Lungen als Teil des Herz-Kreislauf-Systems; blau = sauerstoffarmes, rot = sauerstoffreiches Blut. [L126]

wirkt. Das Herz ist für die kontinuierliche Blutzirkulation zuständig und schlägt im Durchschnitt 70-mal pro Minute. Hierbei gelangt sauerstoffarmes Blut aus dem großen Körperkreislauf über die V. cava inferior und V. cava superior erst in den rechten Vorhof und dann in den rechten Ventrikel. Von dort wird das Blut über den Truncus pulmonalis in den Lungenkreislauf gepumpt und mit Sauerstoff angereichert. Mit Sauerstoff gesättigt, fließt es über die Vv. pulmonales zurück in den linken Vorhof, von dort über die linke Kammer und Aorta zurück in den großen Körperkreislauf (➤ Abb. 6.1).

6.1.3 Entwicklung von Herz und Blutgefäßen

Das Herz-Kreislauf-System ist das erste funktionierende Organsystem des Embryos (ab 3. Entwicklungswoche!).

Entwicklung der Blutgefäße

Das Herz-Kreislauf-System entwickelt sich aus dem **Mesoderm.** Die ersten Blutgefäße bilden sich in der *3. Woche* zunächst im Dottersack und im Haftstiel, 2 Tage später auch im Embryo (Splanchno- und Somatopleura). Aus den Mesodermzellen gehen dabei zunächst Hämangioblasten als Vorläuferzellen von Blutgefäßendothel und roten Blutkörperchen hervor **(Vaskulogenese)** und bilden Blutinseln. Aus den ersten einfachen Blutgefäßen sprossen weitere neue Gefäße aus **(Angiogenese).** Arterien und Venen weisen zunächst keine strukturellen Unterschiede auf, sondern werden nur nach der Richtung des Blutflusses in Bezug zum Herz unterschieden:

- Arterien: führen das Blut vom Herz weg
- Venen: leiten das Blut zum Herz zurück

Zunächst bilden sich **3 paarige Venenstämme,** die sich im Sinus venosus des Herzens vereinigen (➤ Abb. 6.2):

- **Nabelvene** (V. umbilicalis): bringt sauerstoffreiches Blut aus der Placenta zum Embryo zurück (auch ➤ Kap. 8.6.6)
- **Dottersackvenen** (Vv. vitellinae): führen sauerstoffarmes Blut aus dem Dottersack
- **Kardinalvenen** (Vv. cardinales communes, superiores et inferiores, Vv. sub- et supracardinales): sammeln das sauerstoffarme Blut aus der oberen und unteren Körperhälfte; aus ihnen entstehen die Hohlvenen (Vv. cavae superior et inferior) mit ihren Zuflüssen sowie V. azygos und V. hemiazygos

Aus dem **Saccus aorticus** entspringen die Schlundbogenarterien, die das Blut in die zunächst paarige Aorta leiten, die sich dann zur Aorta dorsalis vereinigen (➤ Abb. 6.2). Aus der Aorta gehen **3 Arten von Arterien** hervor:

- **Nabelarterien** (Aa. umbilicales): leiten sauerstoffarmes Blut zur Placenta
- **Dottersackarterien** (Aa. vitellinae): bilden nach der Einbeziehung des Dottersacks in das Darmrohr die Gefäße für die 3 Darmabschnitte (Truncus coeliacus für den Vorderdarm, A. mesenterica superior für den Mitteldarm, A. mesenterica inferior für den Hinterdarm)
- **Intersegmentalarterien** (Aa. intersegmentales): aus ihnen werden die Aa. vertebrales, die Interkostal- und Lumbalarterien sowie die Arterien für die Extremitätenanlagen

Die **Schlundbogenarterien** versorgen die Schlundbögen, die sich in der 4.–5. Woche bilden. Von den 6 paarigen Schlundbogenarterien bilden sich die ersten beiden und die fünfte zurück. Derivate der 3., 4. und 6. Schlundbogenarterien sind:

- A. carotis communis (3. Schlundbogenarterie)
- A. subclavia (rechts) und Aortenbogen (links) (4. Schlundbogenarterie)
- Pulmonalarterien (beidseits) und Ductus arteriosus (links) (6. Schlundbogenarterie)

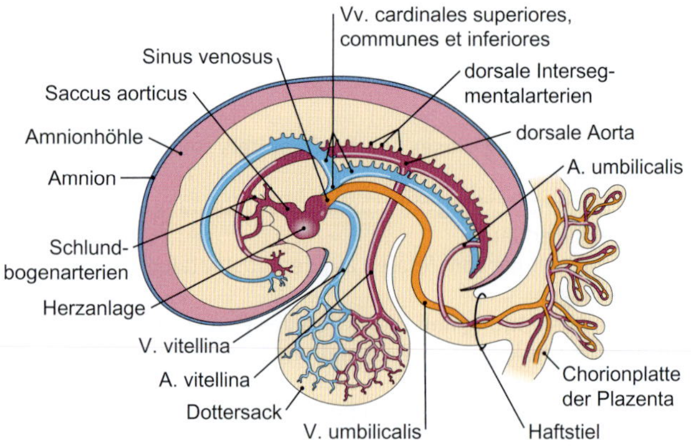

Abb. 6.2 Früher embryonaler Blutkreislauf in der 4. Woche (Tag 26). [E347-09]

> **Klinik**
>
> Weil die Umbildungsprozesse bei der Bildung der Hohlvenen sehr kompliziert sind, können Anomalien vorkommen wie eine **doppelte oder linksseitige Ausbildung** der V. cava superior oder inferior.
> Anomalien der Schlundbogenarterien sind z. B. ein **doppelter oder rechter Aortenbogen** und ein abnormer Ursprung der A. subclavia auf der rechten Seite **(A. lusoria).** Diese Fehlbildungen verlaufen meist dorsal von Trachea und Oesophagus, können diese einengen und werden dann durch Atemnot und Schluckstörung auffällig.

Entwicklung des Herzens

Bildung von Herzschlauch und Herzschleife

In der *3. Woche (18. Tag)* bildet sich im Mesoderm des kranialen Pols der Keimscheibe aus der hufeisenförmigen kardiogenen Platte ein Gefäßplexus, dessen Schenkel sich zu einem unpaaren **Endokard**rohr vereinigen. Spalträume um das Endokardrohr führen dorsal der Herzanlage zur Bildung der Perikardhöhle (➤ Kap. 6.5.5). Die innere Schicht (Zölomepithel) des Perikards verdichtet sich zum **Myokard,** welches das Endokard umgibt und einen Herzschlauch bildet, der sich ab dem Ende der 3. Woche rhythmisch kontrahiert. Der Herzschlauch gliedert sich in (➤ Abb. 6.3a, b; ➤ Abb. 6.4):

- ein primitives Atrium mit Sinus venosus als Einströmungssegment
- einen Ventrikel mit Truncus arteriosus als Ausströmungssegment

Der Anschluss des Truncus arteriosus an den Saccus aorticus wird durch Zellen an den Abgängen der Schlundbogenarterien gesteuert (sekundäres kardiogenes Feld). Zwischen Ventrikel und Truncus arteriosus wölbt sich der Bulbus cordis vor, dessen distaler Anteil als Conus cordis bezeichnet wird.

Das **Epikard** entsteht aus einem kleinen Zellareal auf der Außenseite des Sinus venosus (Proepikard), die dann den gesamten Herzschlauch umhüllen. Durch die kraniale Abfaltung verlagert sich das Herz in der Perikardhöhle zusammen mit dem Septum transversum nach kaudal und ventral des Vorderdarms (➤ Abb. 6.3b).

> **Klinik**
>
> Ab dem Ende der 3. Woche beginnt das Herz zu schlagen. Mittels Ultraschall kann ab der 5. Schwangerschaftswoche, d. h. ab der 7. Woche nach der letzten Periode, eine **Schwangerschaft** anhand des Herzschlags nachgewiesen werden.

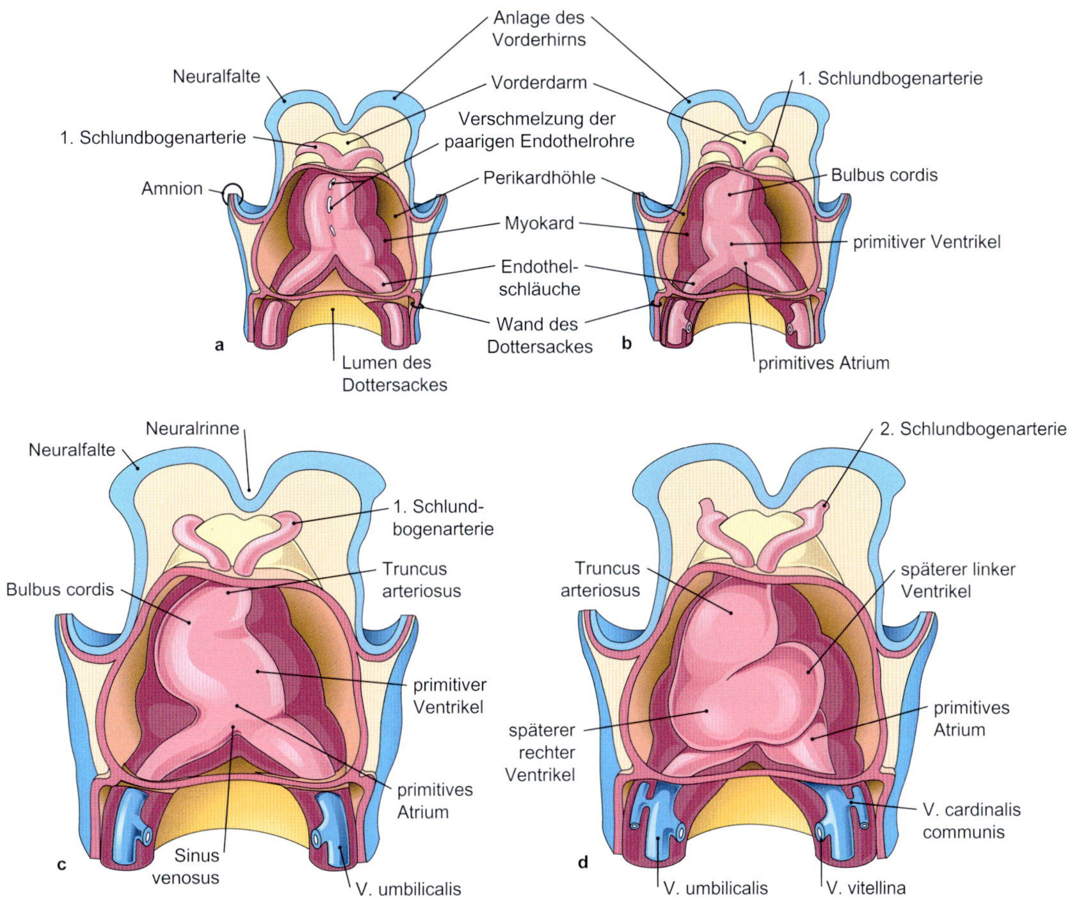

Abb. 6.3 Entwicklung von Herz und Perikardhöhle in der 4. und 5. Woche. [E347-09]

In der *4.–5. Woche* wächst der spätere rechte Ventrikel schneller als die übrigen Abschnitte, sodass eine S-förmige **Herzschleife** entsteht (➤ Abb. 6.3c, d; ➤ Abb. 6.4). Dabei werden Vorhof und Sinus venosus nach kranial und dorsal verlagert, sodass nun Ein- und Ausstrombahn nach oben gerichtet sind. Der Sinus venosus wird zum rechten und linken Sinushorn verlängert und besitzt Sinusklappen, die den Rückfluss von Blut verhindern sollen. Die Einmündung des Sinus venosus verschiebt sich im Folgenden zunehmend nach rechts. Dabei wird das **rechte Sinushorn** größer und in den rechten Vorhof inkorporiert, wo es den **Sinus venarum cavarum** bildet. Dieser glattwandige Teil des rechten Atriums wird durch die Crista terminalis (kranialer Teil der rechten Sinusklappe) vom übrigen Teil des Vorhofs abgetrennt, der einschließlich des rechten Herzohrs aus dem primitiven Atrium hervorgeht und Muskelbalken (Mm. pectinati) aufweist. Das **linke Sinushorn** wird zum **Sinus coronarius,** der ebenso wie die Mündung der unteren Hohlvene eine eigene Klappe besitzt (kaudaler Teil der rechten Sinusklappe). Ähnlich wie auf der rechten Seite wird die primitive Pulmonalvene bis zu ihrer Verzweigung in den linken Vorhof einverleibt, sodass nun 4 Pulmonalvenen getrennt in den glattwandigen Vorhof einmünden. Nur das linke Herzohr entstammt dem primitiven Vorhof und besitzt Muskelbalken.

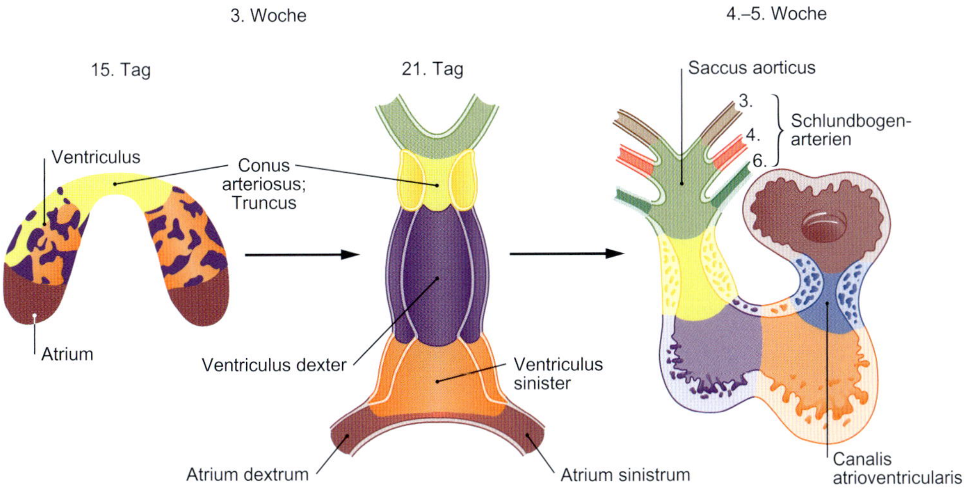

Abb. 6.4 Stadien der Herzentwicklung in der 3.–5. Woche.

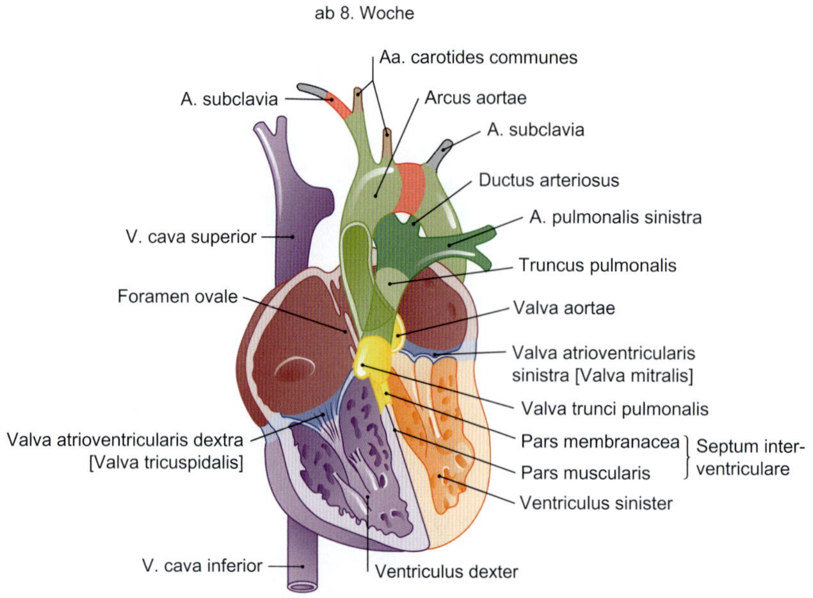

Abb. 6.5 Septierung der Ventrikel in der 5.–7. Woche.

Die Zellen des Sinus venosus haben bei der Kontraktion des Herzens Schrittmacherfunktion und bilden nach Integration in den rechten Vorhof dort den **Sinus-** und **AV-Knoten.**

Die Verbindung zwischen Atrium und Ventrikel wird zum Atrioventrikularkanal (Canalis atrioventricularis) eingeengt, der in die Mittellinie verlagert und durch Endokardkissen in eine rechte und linke Atrioventrikularöffnung unterteilt wird (➤ Abb. 6.4). Die Endokardkissen entstammen der Herzgallerte, die sich zwischen Endokard und Myokard ausbildet, und werden später zu den **Segelklappen.**

Bei seiner Entwicklung verliert das Herz zunehmend seine Verbindung zur dorsalen Wand der Perikardhöhle (Mesocardium dorsale), bis diese auf die Umschlagfalten des Epikards in das Perikard reduziert sind. Zwischen diesen bildet sich der **Sinus transversus pericardii.**

Septierung des Herzens

In der *5.–7. Woche* entwickelt sich die **Kammerscheidewand** (Septum interventriculare). Hier bildet sich kaudal nahe der Herzspitze zunächst der muskuläre Teil des Septums (Pars muscularis), das die beiden Ventrikel unvollständig separiert. Diese kommunizieren aber bis zum Ende der 7. Woche durch ein **Foramen interventriculare** miteinander, bis die Pars membranacea des Septums die beiden Ventrikel endgültig trennt (➤ Abb. 6.5).

In der *5. Woche* werden auch der Conus cordis und der Truncus arteriosus durch Wülste getrennt, die durch Proliferation von Neuralleistenzellen gebildet werden (➤ Abb. 6.6). Diese Wülste vereinigen sich unter Ausbildung eines **Septum aorticopulmonale,** das die Ausstrombahn spiralig untergliedert, und bildet mit dem sich anschließenden Saccus aorticus den **Truncus pulmonalis** und die **Aorta.** Im Truncus arteriosus bilden je 3 Endokardkissen die Taschenklappen der Pulmonal- und Aortenklappe.

Die Vorhofseptierung erfolgt ebenfalls in der *5.–7. Woche* und beginnt mit der Bildung des **Septum primum,** das von dorsal oben einwächst und unten zunächst das Ostium/Foramen primum freilässt (➤ Abb. 6.7a). Im oberen Abschnitt des Septum primum entsteht durch programmierten Zelltod (Apoptose) das Ostium/Foramen secundum (➤ Abb. 6.7b). Dann entwickelt sich rechts vom Septum primum das **Septum secundum,** mit dem die linke Sinusklappe verschmilzt (➤ Abb. 6.7c, e). Beide Septen legen sich aneinander und begrenzen zusammen das **Foramen ovale** (➤ Abb. 6.7d, f).

Das Septum primum bildet die Valvula foraminis ovalis, die eine gerichtete Strömung des Blutes vom rechten in den linken Vorhof ermöglicht. Nach der Geburt verschließt die Valvula foraminis ovalis das Foramen ovale durch den Druckanstieg im linken Vorhof. Vom Septum secundum bleibt der Limbus fossae ovalis.

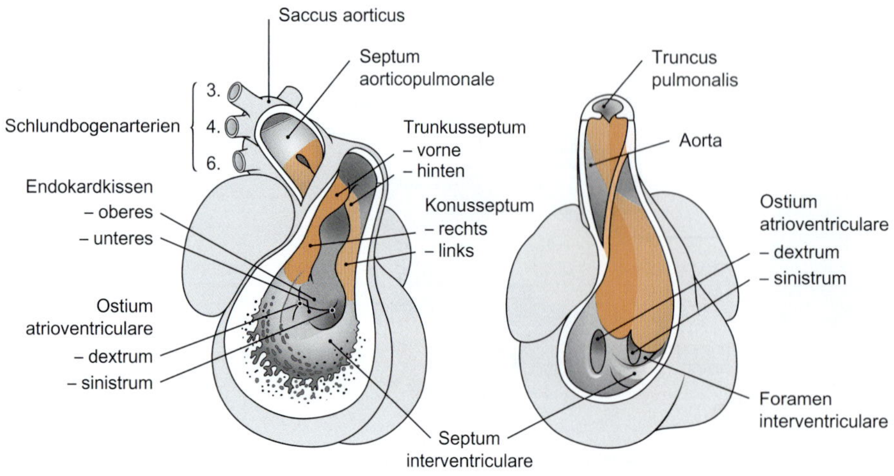

Abb. 6.6 Septierung der Ausstrombahn. [L126]

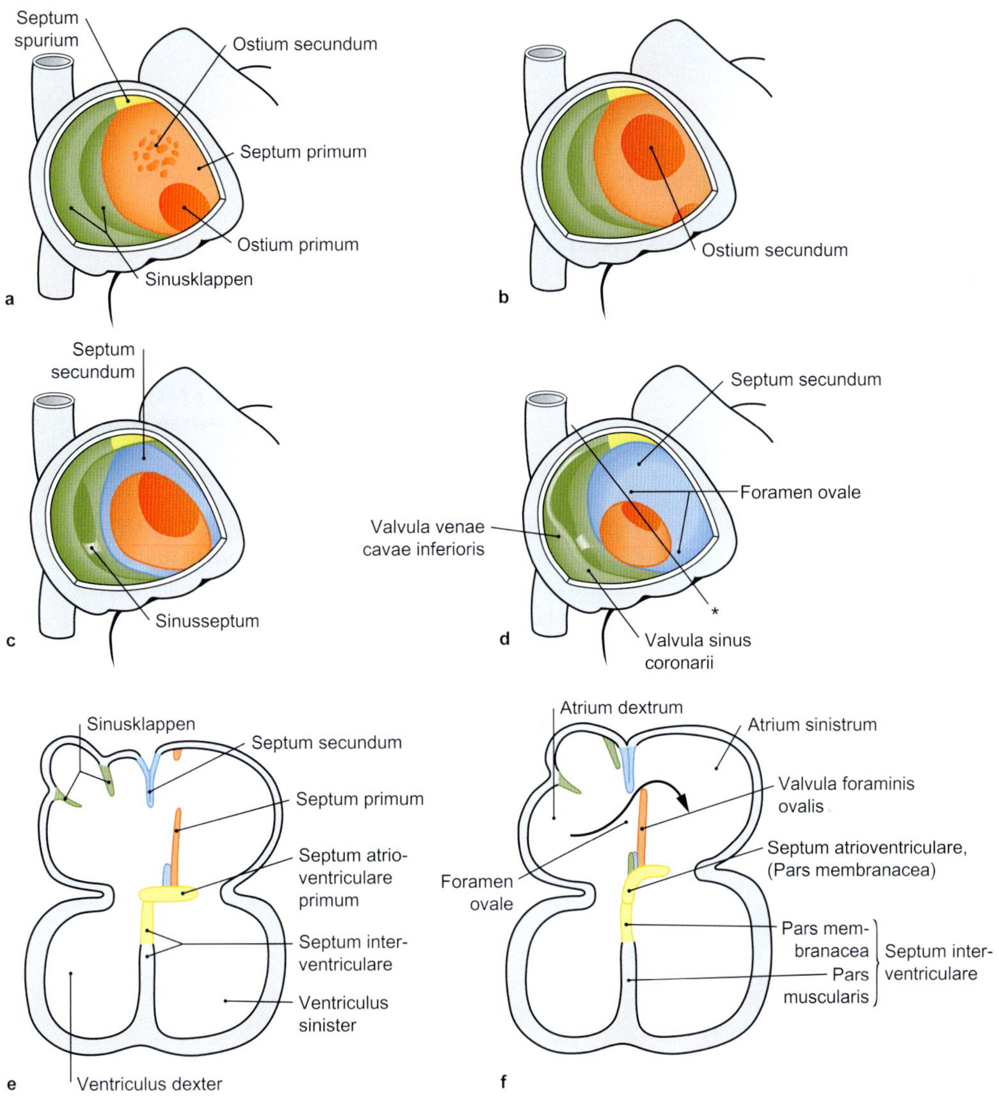

Abb. 6.7 Septierung der Vorhöfe. a, b In der 5. Woche. **c, e** In der 6. Woche. **d, f** In der 7. und 8. Woche; * Schnittebene in e und f.

Klinik

Angeborene Herzfehler treten bei 0,75 % aller Neugeborenen auf und sind damit die häufigsten Entwicklungsstörungen. Nicht alle Herzfehler (Vitien) sind behandlungsbedürftig, weil sie funktionell oft nicht relevant sind und sich z. T. spontan schließen. Pathophysiologisch lassen sich die häufigsten Herzfehler in 3 Gruppen einteilen:

- **Vitien mit Links-rechts-Shunt** zählen zu den häufigsten angeborenen Herzfehlern: Ventrikelseptumdefekt 25 % (häufigster angeborener Herzfehler! [➤ Abb. 6.8b]), Vorhofseptumdefekt 12 %, offener (persistierender) Ductus arteriosus 12 % (➤ Kap. 6.1.4). Das Blut fließt aufgrund des höheren Drucks im Körperkreislauf von links nach rechts in den Lungenkreislauf. Erfolgt keine operative Sanierung, kommt es durch die pulmonale Hypertonie zur Rechtsherzinsuffizienz.
- **Vitien mit Rechts-links-Shunt:** FALLOT-Tetralogie 9 % (➤ Abb. 6.8a), Transposition der großen Gefäße 5 %. Diese Vitien sind durch Blaufärbung der Haut (Zyanose) gekennzeichnet, weil sauerstoffarmes Blut aus dem Lungenkreislauf in den großen Körperkreislauf gelangt.
- **Vitien mit Obstruktion:** Pulmonalklappenstenose 6 %, Aortenklappenstenose 6 %, Aortenisthmusstenose 6 % (➤ Kap. 6.1.4, ➤ Abb. 6.11). Es kommt zur Hypertrophie des jeweiligen Ventrikels.

Die **FALLOT-Tetralogie** ist der häufigste zyanotische Herzfehler und macht 65 % aller angeborenen zyanotischen Herzfehler aus (➤ Abb. 6.8a). Es handelt sich um eine Kombination aus:

- Pulmonalklappenstenose
- „reitender" Aorta
- rechtsventrikulärer Hypertrophie
- Ventrikelseptumdefekt

Durch die asymmetrische Septierung des Conus arteriosus ist die Pulmonalklappe zu eng, die Aorta dagegen zu weit und über das Septum verlagert („reitend"). Durch die enge Pulmonalklappe kommt es zur Rechtsherzhypertrophie, die für den Rechts-links-Shunt durch den Ventrikelseptumdefekt und damit die Zyanose verantwortlich ist.

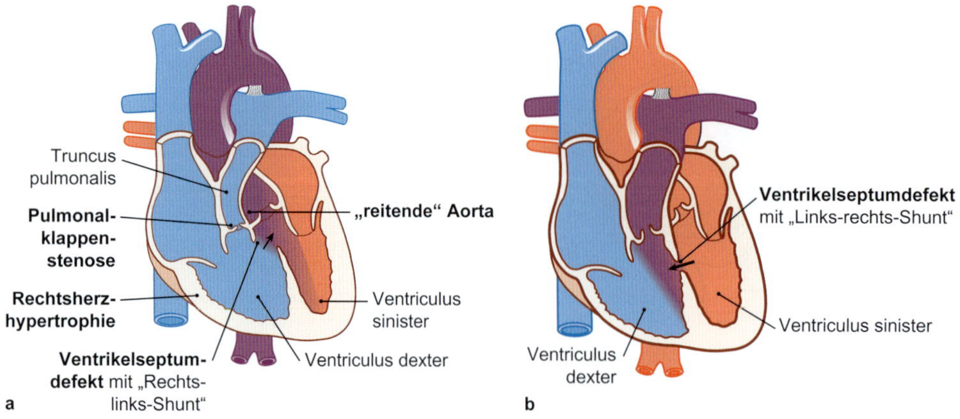

Abb. 6.8 a FALLOT-Tetralogie, b Ventrikelseptumdefekt. [L126]

6.1.4 Prä- und postnataler Blutkreislauf

Pränataler Kreislauf

Die Entwicklung von Herz und Blutgefäßen ist in ➤ Kap. 6.1.3 dargestellt.

Der pränatale Kreislauf weist verschiedene Besonderheiten auf, die dadurch begründet sind, dass verschiedene Organe noch nicht vollständig entwickelt sind und nicht ihre endgültige Funktion haben. Die Lunge ist noch nicht vollständig entfaltet, da sie noch mit Fruchtwasser gefüllt ist und die Sauerstoffversorgung des Kindes von der Placenta übernommen wird (➤ Kap. 8.6.6). Daher sind die Pulmonalgefäße vor der Geburt eng gestellt und es findet kein Gasaustausch in der Lunge statt. Auch das Kapillarbett der noch unreifen Leber besitzt einen hohen Strömungswiderstand. Diese Organe müssen in der pränatalen Zirkulation durch Umgehungskreisläufe ausgespart werden, sodass nicht das ganze Blut die Organe passieren muss. So gibt es im Vorhof und an den großen Gefäßen des Herzens einen **physiologischen Rechts-links-Shunt** und eine Umgehung an der Leber, die direkt in die V. cava inferior mündet (➤ Abb. 6.9).

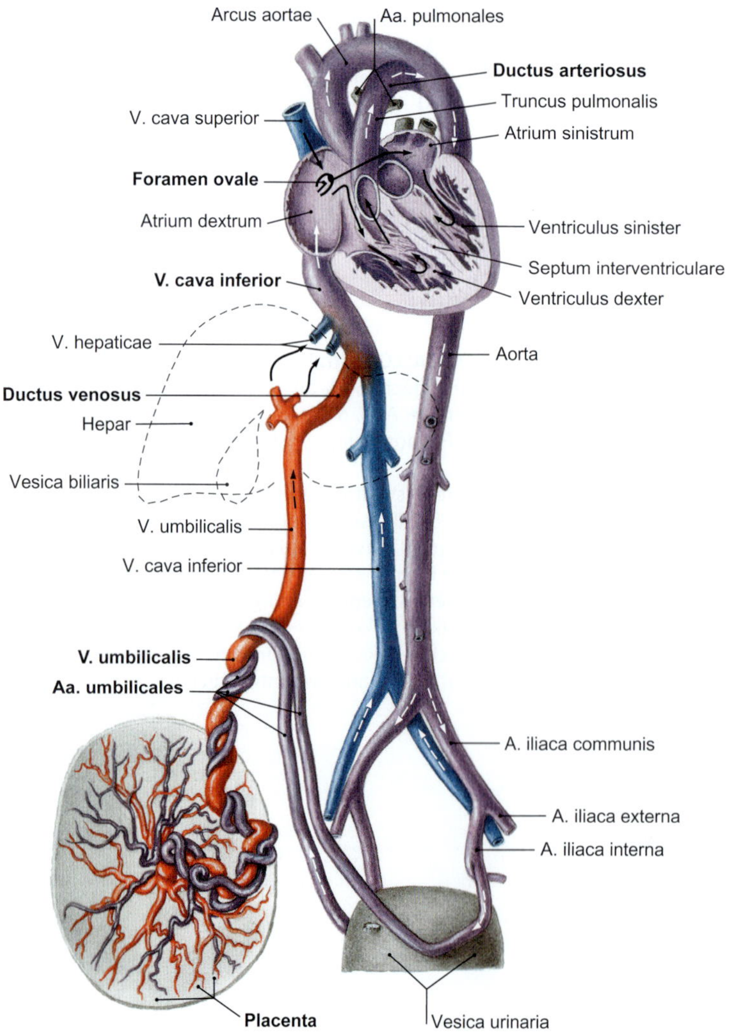

Abb. 6.9 Pränataler Kreislauf.

Die 3 wichtigsten Strukturen des **pränatalen Umgehungskreislaufs** sind:

- das Foramen ovale: Shunt auf Vorhofebene
- der Ductus arteriosus BOTALLI: Shunt an den großen Herzgefäßen
- der Ductus venosus (klinisch ARANTII): Umgehungsgefäß um die Leber

Das sauerstoffreiche Blut fließt aus der Placenta in der V. umbilicalis der Nabelschnur durch den Bauchnabel (Umbilicus) zur Leber. Ein Teil des Blutes gelangt direkt in die Kapillaren der Leber, der überwiegende Anteil umgeht wegen des hohen Strömungswiderstandes die Leber und gelangt über den **Ductus venosus** (klinisch ARANTII) direkt in die untere Hohlvene (V. cava inferior) und weiter in den rechten Vorhof (Kurzschluss der Leber). In der V. cava inferior findet bereits eine Durchmischung des sauerstoffreichen Blutes der Placenta mit dem Blut aus der unteren Körperhälfte statt. Die Klappe an der unteren Einmündung der V. cava inferior (Valvula venae cavae inferioris) leitet das Blut im rechten Vorhof direkt auf das Foramen ovale zu. Das **Foramen ovale** ist eine direkte Kurzschlussverbindung in der Scheidewand zwischen rechtem und linkem Vorhof, sodass das Blut auf direktem Weg unter Umgehung der Lunge über die Aorta in den großen Kreislauf geleitet werden kann. Ein Teil des Blutes, vor allem das Blut aus der oberen Körperhälfte, das über die obere Hohlvene (V. cava superior) in den rechten Vorhof fließt, gelangt in den rechten Ventrikel. Dieses Blut fließt zum großen Teil über den **Ductus arteriosus,** einer direkten Verbindung zwischen Truncus pulmonalis und Aorta, in den Körperkreislauf. 65 % des Blutes fließen über die Aa. umbilicales zurück zur Placenta. Die restlichen 35 % verbleiben in den Organen der unteren Körperhälfte.

Postnataler Kreislauf

Nach der Geburt wird der plazentare Kreislauf durch Abklemmen der Nabelschnur unterbrochen. Der CO_2-Partialdruck im Blut des Neugeborenen steigt an. Das Atemzentrum wird angeregt und die Lunge nimmt ihre Funktion auf. Die Kurzschlussverbindungen müssen nun unterbrochen werden (➤ Abb. 6.10):

- Durch die Druckerhöhung im linken Vorhof kommt es zum funktionellen Verschluss des **Foramen ovale.** Die Valvula foraminis ovalis verwächst später mit dem Septum secundum. Als Relikt verbleibt die Fossa ovalis.
- Der **Ductus arteriosus** verschließt sich aktiv durch Kontraktion der glatten Muskulatur, die durch den hohen Sauerstoffgehalt ausgelöst wird. Vier Tage nach Geburt ist er im Regelfall ganz verschlossen. Als Relikt findet man beim Erwachsenen das Lig. arteriosum.
- Der **Ductus venosus** obliteriert nach der Geburt zum Lig. venosum.
- Die **V. umbilicalis** obliteriert zum Lig. teres hepatis zwischen Leber und Bauchwand.
- Die beiden **Aa. umbilicales** kontrahieren sich ebenfalls und verhindern so einen Blutverlust. Der distale Teil der A. umbilicalis wird beidseits zum Lig. umbilicale mediale, das jeweils die Grundlage der Plica umbilicalis medialis am Innenrelief der Bauchwand bildet.

MERKE

Nach der Umstellung des pränatalen Kreislaufs wird
- das Foramen ovale zur Fossa ovalis
- der Ductus arteriosus zum Lig. arteriosum
- der Ductus venosus zum Lig. venosum
- die V. umbilicalis zum Lig. teres hepatis
- die A. umbilicalis (distaler Anteil) zum Lig. umbilicale mediale

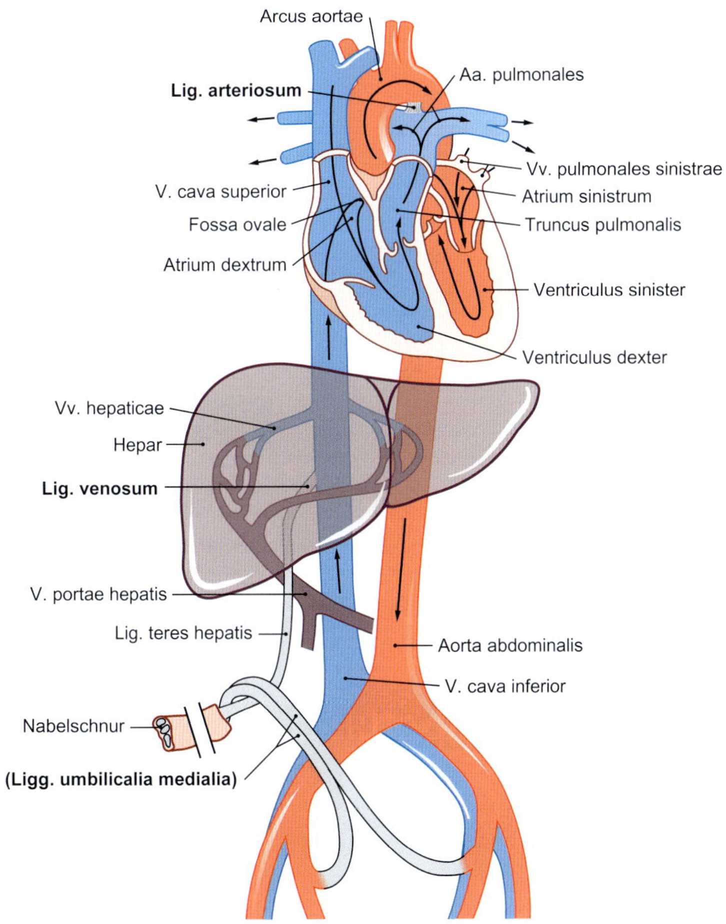

Abb. 6.10 Postnataler Kreislauf.